AutoCAD LTで
きちんと機械製図が
できるようになる本

AutoCAD LT 2020/2019 対応

吉田裕美 著

本書をご購入・ご利用になる前に必ずお読みください

- 本書の内容は、執筆時点（2019年5月）の情報に基づいて制作されています。これ以降に製品、サービス、その他の情報の内容が変更されている可能性があります。また、ソフトウェアに関する記述も執筆時点の最新バージョンを基にしています。これ以降にソフトウェアがバージョンアップされ、本書の内容と異なる場合があります。

- 本書は、AutoCAD LT 2020/2019の解説書です。本書の利用に当たっては、AutoCAD LT 2020/2019がパソコンにインストールされている必要があります。

- AutoCAD LTのダウンロード、インストールについてのお問合せは受け付けておりません。また、AutoCAD LT無償体験版については、開発元・販売元および株式会社エクスナレッジはサポートを行っていないため、ご質問は一切受け付けておりません。

- 本書はWindows 10がインストールされたパソコンで、AutoCAD LT 2020/2019を使用して解説を行っています。そのため、AutoCAD LT 2020/2019の画面が一部混在していますが、内容はAutoCAD LT 2020/2019のいずれも検証済みです。ただし、ご使用のOSやアプリケーションのバージョンによって、画面や操作方法が本書と異なる場合がございます。

- 本書は、パソコンやWindowsの基本操作ができる方を対象としています。

- 本書の利用に当たっては、インターネットから教材データをダウンロードする必要があります（P.11参照）。そのためインターネット接続環境が必須となります。

- 教材データを使用するには、AutoCAD LT 2020/2019が動作する環境が必要です。これ以外のバージョンでの使用は保証しておりません。

- 本書に記載された内容をはじめ、インターネットからダウンロードした教材データ、プログラムなどを利用したことによるいかなる損害に対しても、データ提供者（開発元・販売元等）、著作権者、ならびに株式会社エクスナレッジでは、一切の責任を負いかねます。個人の責任においてご使用ください。

- 本書に直接関係のない「このようなことがしたい」「このようなときはどうすればよいか」など特定の操作方法や問題解決方法、パソコンやWindowsの基本的な使い方、ご使用の環境固有の設定や特定の機器向けの設定などのお問合せは受け付けておりません。本書の説明内容に関するご質問に限り、P.327のFAX質問シートにて受け付けております。

以上の注意事項をご承諾いただいたうえで、本書をご利用ください。ご承諾いただけずお問合せをいただいても、株式会社エクスナレッジおよび著作権者はご対応いたしかねます。予めご了承ください。

- Autodesk、Autodeskロゴ、AutoCAD、AutoCAD LTは、米国Autodesk,Incの米国およびそのほかの国における商標または登録商標です。
- 本書中に登場する会社名や商品名は一般に各社の商標または登録商標です。本書では®およびTMマークは省略させていただいております。

カバーデザイン	坂内正景
編集協力	株式会社トップスタジオ
印刷	図書印刷株式会社

はじめに

　規格はなんのために存在するのでしょうか。みなさんの身近な規格、「地図記号」の例では、学校であれば「文」を記号化したもの、郵便局は郵便マーク、図書館は本のマークです。漢字で書くよりマークを使うことで狭いところにも書き込めて便利だし、一目でわかりますね。

　でも、これらのマークが地図会社によって違っていたらどうでしょう？　Ａ社の地図では本のマークは図書館を表すのに、Ｂ社の地図では本のマークが書店、Ｃ社の地図では本のマークは学校を表す。そうなると地図を見る人は地図会社の数だけ、マークと建物の関係を覚えなくては地図が読めません。これではとても不便ですね。「本のマークは図書館を表す」と統一することで初めて「マーク化が便利だ」といえるのです。

　設計者の意図を製作者など他の人に伝えるための図面も同じです。伝え方を統一し規格化することで、図を簡略化し、より少ない指示で図面の意図を読み手に伝えることができるようになります。そのためには図面をかく人、読む人の双方に規格の知識が必要です。

　また規格に則ってかくことで「図面を読みやすくする」「誤解を避ける」ことにもつながります。

　さて、AutoCAD LT は機械・建築・土木・電気など幅広い方面で使われている汎用の２次元CADです。本書では、機械用にカスタマイズしたテンプレートを使って、ソフトの利点を生かした効率のよい作図方法をご紹介するとともに、初心者が最低限知っておくべき機械製図の規格の内容にも触れています。

　これからCADを学習する初心者の方も、また自己流の作図でAutoCAD LTの利点が生かし切れていない方も、そしてコマンドはわかるけれど規格に則った製図がよくわからないという方にも、参考にしていただければ幸いです。

吉田 裕美

目次

本書の使い方 ……………………………………………………………………… 9
教材データのダウンロードについて ………………………………………… 11
AutoCAD LTの動作環境と無償体験版 ……………………………………… 12

第1章　機械系CADと機械製図の基礎知識　　13

1-1　機械系CADとは …………………………………………………… 14
- 1-1-1　設計とは …………………………………………………………… 14
- 1-1-2　図面の必要性 ……………………………………………………… 15
- 1-1-3　機械系CADの種類 ……………………………………………… 16
- 1-1-4　AutoCAD LTについて …………………………………………… 16

1-2　機械製図の規格 …………………………………………………… 17
- 1-2-1　用紙サイズ ………………………………………………………… 17
- 1-2-2　図枠と表題欄 ……………………………………………………… 18
- 1-2-3　図面の尺度 ………………………………………………………… 19
- 1-2-4　線の種類と太さ …………………………………………………… 19
- 1-2-5　図面に用いる文字 ………………………………………………… 21
- 1-2-6　寸法 ………………………………………………………………… 21

1-3　投影法 ……………………………………………………………… 24
- 1-3-1　投影法の種類 ……………………………………………………… 24
- 1-3-2　第三角法 …………………………………………………………… 25

第2章　AutoCAD LTの基本操作　　27

2-1　本書を使用するための設定 ……………………………………… 28
- 2-1-1　色の変更 …………………………………………………………… 28
- 2-1-2　[プロパティ] パレットの表示 …………………………………… 30
- 2-1-3　作図補助設定のボタンの追加 …………………………………… 31
- 2-1-4　拡張子の表示 ……………………………………………………… 32

2-2　起動とファイル操作 ……………………………………………… 33
- 2-2-1　起動 ………………………………………………………………… 33
- 2-2-2　画面各部名称 ……………………………………………………… 33
- 2-2-3　ファイル操作 ……………………………………………………… 38

2-3　画面操作 …………………………………………………………… 43
- 2-3-1　画面の拡大・縮小 ………………………………………………… 43

4

2-3-2	画面の移動	44
2-3-3	全画面表示	45
2-3-4	その他画面操作	45
2-3-5	［再作図］コマンド	46

2-4 コマンドの実行 47

2-4-1	コマンドの実行方法	47
2-4-2	コマンドのキャンセル／終了方法	47
2-4-3	コマンドライン	49
2-4-4	コマンドオプション	50

2-5 座標入力と作図補助設定 52

2-5-1	座標入力と作図補助設定の概要	52
2-5-2	絶対座標入力と相対座標入力	53
2-5-3	［スナップモード］と［グリッド］	55
2-5-4	［直交モード］	56
2-5-5	［極トラッキング］	58
2-5-6	［オブジェクトスナップ］（Ｏスナップ）	60
2-5-7	［オブジェクトスナップトラッキング］（Ｏトラック）	64
2-5-8	［優先オブジェクトスナップ］	65

2-6 オブジェクトの選択と選択解除 68

2-6-1	オブジェクトを個別に選択／選択解除する	68
2-6-2	オブジェクトをまとめて選択／選択解除する	69
2-6-3	オブジェクトを削除する	73

第3章 機械部品の図面を作図する 75

3-1 プレートの作図 76

3-1-1	この節で学ぶこと	76
3-1-2	作図の準備	78
3-1-3	正面図の作図	83
3-1-4	側面図の作図	91
3-1-5	寸法の記入	96
3-1-6	図面のPDF書き出しと印刷	110

3-2 キューブの作図 114

3-2-1	この節で学ぶこと	114
3-2-2	作図の準備	117
3-2-3	正面図の作図	117
3-2-4	側面図の作図	127
3-2-5	寸法の記入	132
3-2-6	ハッチングの記入	136

3-3 フックの作図 138

  3-3-1 この節で学ぶこと 138

  3-3-2 作図の準備 140

  3-3-3 正面図の作図 140

  3-3-4 平面図の作図 150

  3-3-5 寸法の記入 158

3-4 ストッパーの作図 163

  3-4-1 この節で学ぶこと 163

  3-4-2 作図の準備 164

  3-4-3 正面図の作図 164

  3-4-4 寸法の記入 179

3-5 留め金の作図 183

  3-5-1 この節で学ぶこと 183

  3-5-2 作図の準備 184

  3-5-3 側面図の作図 184

  3-5-4 正面図の作図 188

  3-5-5 断面部の作図 195

  3-5-6 寸法の記入 199

第4章 機械要素の図面を作図する　　207

4-1 パッキンの作図 208

  4-1-1 この節で学ぶこと 208

  4-1-2 作図の準備 209

  4-1-3 正面図の作図 210

  4-1-4 寸法の記入 216

4-2 歯車の作図 221

  4-2-1 この節で学ぶこと 221

  4-2-2 作図の準備 224

  4-2-3 正面図の作図 224

  4-2-4 側面図の作図 231

  4-2-5 正面図の作図の続き 236

  4-2-6 寸法の記入 240

4-3 六角ボルトの作図 244

  4-3-1 この節で学ぶこと 244

  4-3-2 作図の準備 245

  4-3-3 側面図の作図 245

  4-3-4 正面図の作図 248

  4-3-5 作図の仕上げ 259

第5章 図面を編集する／便利なその他コマンド　261

5-1 六角ボルトの図面の修正 ……………………………………………… 262
　5-1-1 この節で学ぶこと ……………………………………………… 262
　5-1-2 準備 ……………………………………………………………… 263
　5-1-3 尺度と長さの変更 ……………………………………………… 263
　5-1-4 作図の仕上げ …………………………………………………… 273

5-2 ［回転］コマンドの練習 ………………………………………………… 274
　5-2-1 この節で学ぶこと ……………………………………………… 274
　5-2-2 現在位置からの角度を数値で指定して回転 ………………… 275
　5-2-3 任意の位置を指定して回転 …………………………………… 278

5-3 ［点で部分削除］コマンドの練習 ……………………………………… 280
　5-3-1 この節で学ぶこと ……………………………………………… 280
　5-3-2 かくれ線に変更するオブジェクトの分割 …………………… 281

5-4 知っておくと便利なその他のコマンド ……………………………… 285
　5-4-1 ドーナツ形状を作成する［ドーナツ］コマンド …………… 285
　5-4-2 点を作成する［点］コマンド ………………………………… 286
　5-4-3 均等に点を配置する［ディバイダ］コマンド ……………… 286
　5-4-4 幾何公差を記入する［リーダー］コマンド ………………… 287
　5-4-5 線に幅を指定できる［ポリライン］コマンド ……………… 291
　5-4-6 不揃いの寸法をそろえる［寸法線間隔］コマンド ………… 293

第6章 テンプレートを作成する　295

6-1 テンプレートに必要な各種設定 ……………………………………… 296
　6-1-1 この章で作るテンプレートについて ………………………… 296
　6-1-2 テンプレート作成の準備 ……………………………………… 296
　6-1-3 単位の設定 ……………………………………………………… 297
　6-1-4 図面範囲の設定 ………………………………………………… 298
　6-1-5 点スタイルの設定 ……………………………………………… 298
　6-1-6 文字スタイルの設定 …………………………………………… 299
　6-1-7 寸法スタイルの設定 …………………………………………… 300
　6-1-8 マルチ引出線スタイルの設定 ………………………………… 304

6-2 線、画層の設定 ………………………………………………………… 307
　6-2-1 線種のロード …………………………………………………… 307
　6-2-2 画層の作成 ……………………………………………………… 308

6-3 画層の割り当て ………………………………………………………… 310
　6-3-1 ハッチングの優先画層の設定 ………………………………… 310
　6-3-2 寸法の優先画層の設定 ………………………………………… 310

7

| 6-3-3 | 中心線、中心マークの優先画層の設定 | 311 |

6-4 図枠と表題欄の作成 312

6-4-1	用紙サイズの作成	312
6-4-2	図枠の作成	312
6-4-3	表題欄の作成	313
6-4-4	図枠と表題欄をブロック化	315

6-5 ページ設定 319

| 6-5-1 | ページ設定の作成 | 319 |
| 6-5-2 | 印刷の確認 | 320 |

6-6 テンプレートとしての保存 321

| 6-6-1 | DWT形式での保存 | 321 |

6-7 図面ファイルの新規作成 322

| 6-7-1 | テンプレートをもとにした新規作成 | 322 |

索引 324
FAX質問シート 327

本書の使い方

本書のページ構成

本書の各節は、作業の区切りごとにいくつかの項に分かれています。

各節は基本的に次のような構成になっており、操作手順の解説と対応する画面が左右に並んで配置されています（第3章から第5章までは、節の冒頭でその節で学ぶ内容や完成図面も紹介しています）。

本書で使用する表記

本書では、AutoCAD LTの操作手順を簡潔にわかりやすく説明するために、次のような表記ルールを使用しています。本文を読む前にご確認ください。

■ 画面各部の名称

画面に表示されるリボン、タブ、パネル、ボタン、コマンド、ダイアログボックスなどの名称はすべて [ ] で囲んで表記します（例1）。

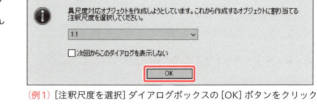

（例1）[注釈尺度を選択] ダイアログボックスの [OK] ボタンをクリック

リボン内のコマンドを指示するときは、そのコマンドが配置されているタブやパネルの名称を線（ー）でつないで表記します（例2）。
※リボンの「タブ」「パネル」といった領域や、[▼] 付きのアイコンについてはP.36～37を参照。

（例2）[ホーム] タブ ー [作成] パネル ー [線分] をクリック

■ キーボード操作

キーボードから入力する数値や文字は、「 」で囲み、色付きの文字として表記します。数値やアルファベットは原則的に半角文字で入力します（例3）。

キーボードのキーを押すときは、キーの名称を￣￣￣で囲んで表記します。

（例3）「10」と入力し、Enter キーを押す

■ マウス操作

本書では主にマウスを使用して作業を行います。マウス操作については右の表に示す表記を使用します。

操作	説明
クリック	マウスの左ボタンをカチッと1回押してすぐにはなす
ダブルクリック	マウスの左ボタンをカチカチッと2回続けてクリックする
右クリック	マウスの右ボタンをカチッと1回押してすぐにはなす
ドラッグ	マウスのボタンを押し下げたままマウスを移動し、移動先でボタンをはなす

本書の作業環境

本書の内容は、右の環境において執筆・検証したものです。本文に掲載する手順および画面はAutoCAD LT 2020/2019のものです。AutoCAD LT 2020と2019で表示や操作が異なる場合は、それについても補足説明しています。

- Windows 10 (64ビット版)
- AutoCAD LT 2020/2019 (64ビット版)
- 画面解像度　1440×900ピクセル
- メモリ　8GB

教材データのダウンロードについて

本書を使用するにあたって、まず解説で使用する教材データをインターネットからダウンロードする必要があります。

教材データのダウンロード方法

- Webブラウザ（Microsoft Edge、Internet Explorer、Google Chrome、FireFox）を起動し、以下のURLのWebページにアクセスしてください。

  `http://xknowledge-books.jp/support/9784767826370/`

- 図のような本書の「サポート＆ダウンロード」ページが表示されたら、記載されている注意事項を必ずお読みになり、ご了承いただいたうえで、教材データをダウンロードしてください。
- 教材データはZIP形式で圧縮されています。ダウンロード後は解凍して、デスクトップなどわかりやすい場所に移動してご使用ください。
- 教材データを使用するには、AutoCAD LT 2020/2019が動作する環境が必要です。これ以外のバージョンでの使用は保証しておりません。
- 教材データに含まれるファイルやプログラムなどを利用したことによるいかなる損害に対しても、データ提供者（開発元・販売元等）、著作権者、ならびに株式会社エクスナレッジでは、一切の責任を負いかねます。
- 動作条件を満たしていても、ご使用のコンピュータの環境によっては動作しない場合や、インストールできない場合があります。予めご了承ください。

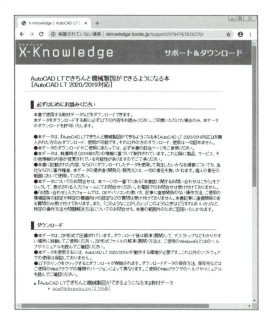

教材データの収録内容

　各章で使用する教材データが、ZIPファイルに収録されています。詳細はダウンロードページを参照してください。

　本書の第3章や第4章では、節ごとに新規作成したファイルに対して積み上げ式で作業を行っていきますが、途中の項からでも作業を開始できるように、途中段階のデータも用意してあります。途中段階のデータを使用できる場合は、該当の項の手順のはじめに"練習用ファイル「3-1-3.dwg」を開く（または3-1-2で作成した図面ファイルを引き続き使用）"のように明示しています。

　なお、練習用ファイルを使って作業を完了した状態のファイルが、教材データに「〇〇_完成.dwg」のような名前で収録されています。参考としてご利用ください。

AutoCAD LTの動作環境と無償体験版

AutoCAD LTは、米オートデスク社が提供している汎用CADソフトウェアで、2D（2次元）の図面を作成することができます。2019年5月時点で、最新のバージョンはAutoCAD LT 2020です。

AutoCAD LT 2020の動作環境

AutoCAD LT 2020（Windows版）をインストールして実行するには、次のような環境が必要です。

OS	Microsoft Windows 7 SP1（64ビットのみ。更新プログラムKB4019990のインストールが必要） Microsoft Windows 8.1（64ビットのみ。更新プログラムKB2919355のインストールが必要） Microsoft Windows 10（64ビットのみ。バージョン1803以降）
CPU	最小：2.5〜2.9GHzのプロセッサ 推奨：3GHz以上のプロセッサ
メモリ	最小：8GB 推奨：16GB
画面解像度	従来型ディスプレイ：True Color 対応 1920 x 1080 高解像度および4Kディスプレイ：Windows 10、64ビットシステムでサポートされる最大3840 x 2160の解像度（対応するディスプレイカードが必要）
ディスプレイカード	最小：帯域幅29GB/秒の1GB GPU（DirectX 11互換） 推奨：帯域幅106GB/秒の4GB GPU（DirectX 11互換）
ディスク空き容量	6.0GB
ブラウザ	Google Chrome（AutoCAD Webアプリ用）
ポインティングデバイス	マイクロソフト社製マウスまたは互換製品
.NET Framework	.NET Frameworkバージョン4.7

AutoCAD LT無償体験版について

オートデスク社のWebページから、インストール後30日間無料で試用できる無償体験版をダウンロード可能です。試用期間中は、製品版と同等の機能を利用できます。なお、無償体験版はオートデスク社のサポートの対象外です。

※AutoCAD LT 2020無償体験版の動作環境は、上記製品の動作環境に準じます。

※当社ならびに著作権者、データの提供者（開発元・販売元）は、無償体験版に関するご質問について、ダウンロードやインストールなどを含め一切受け付けておりません。あらかじめご了承ください。

■ AutoCAD LT無償体験版のダウンロード

オートデスク社のWebサイトのトップページ（http://www.autodesk.co.jp/）上部のメニューバーから［無償体験版］をクリックし、製品一覧から［AutoCAD LT］をクリックします。そして、［無償体験版をダウンロード］をクリックして操作を進め、Autodeskアカウントでのサインインが求められたらサインインしてダウンロードを開始します（2019年5月現在の方法）。

Autodeskアカウントをお持ちでない場合は、サインイン画面の「アカウントを作成」のリンクから作成できます。

第1章

機械系CADと機械製図の基礎知識

本書では汎用CADの1つである「AutoCAD LT」を使った製図について解説していきます。この章ではまず、「機械系CADとはなにか?」ということや、機械製図を行ううえでの基礎知識について説明します。

1-1 機械系CADとは
1-2 機械製図の規格
1-3 投影法

1-1 機械系CADとは

CAD (Computer Aided Design) とは「コンピュータで設計を支援し図面をかくこと、または設計を支援するソフト」のことです。なかでも機械を設計するのに適したCADのことを機械系CADと呼びます。本書では、汎用CADでありながら、機械設計によく用いられる「AutoCAD LT」を使った製図について解説していきます。

1-1-1 設計とは

みなさんは「設計」をしたことがありますか？ これからCADを習おうとする方のなかには「ありません」と答える人も多いのではないでしょうか。では、「子どもの頃、夏休みの工作の宿題など、自分で考えたものを作ったことがありますか？」と聞くと大半の人は「それならあります」と答えるのではないでしょうか。

そこでここではA君が夏休みの工作の宿題として本棚を作った例に当てはめて、設計と図面について考えてみましょう。

上記のように、「なにで作ろうか?→木にしよう→どんな本棚?大きさは?→机にのるサイズにしよう…」と考えていき、最終的には色や、表面の質感なども考慮していきます。

このような「作りたいものの詳細を決めていく作業」が「設計」なのです。

1-1-2 図面の必要性

夏休みの宿題の場合は、作成するものは1点限りのことが多いですね。頭の中で設計したものを作成して、そこで完了です。では、作成するものが1点限りではなかった場合はどうでしょうか。

作品展に出展したA君の本棚は大変人気で、クラスのみんなが同じものを作りたいと言い出しました。作成者のA君には、連日クラスメートから「どんな木を使ったの?」「塗ってある色はどこの、なんていうペンキ?」「表面はどのくらいの粗さのヤスリで磨いたの?」など、問い合わせが殺到します。そのたびにA君は「木は○○だよ」「ヤスリは○号」「ペンキの色は○○っていうメーカーの○○っていう色だよ」…次々と質問に答えなければなりません。作っている人たちも、A君に質問ができないと作業が滞ってしまいます。

A君が作成するクラスメートたちにその都度質問攻めにされないようにするにはどうしたらよいでしょうか。

たとえば、作成に必要な情報をすべて紙にかいておいたらどうでしょう。作りたい人はA君にその都度問い合わせなくても、その紙を見れば作ることができるようにしておきます。その紙を複写して持ち帰れば、みんな家で紙を見ながら作成することもできます。A君は作成するために必要なことを紙にかき、みんなに渡しました。

> ・大きさは○○センチ×○○センチ×○○センチ
>
> ・色は○○というメーカーの○○というペンキ
>
> ・表面は○号のヤスリでよく磨く

A君は「これで質問は来ないだろう」と安心していたのですが、質問はまだ来ます。

「大きさはどっちから見たほうがどの長さなの?」

「『ヤスリでよく磨く』って、どのくらいよく磨くの?」

「ペンキはどことどこに塗ればいいの?」

"よく磨く"のような"あいまい"な表現ではそっくり同じものを作ることはできません。夏休みの工作レベルの話ではそれほど問題ではないかもしれません。しかし、これが実際の工業製品であった場合はどうでしょう。どこの工場で作ってもどの製作者が作っても、設計者の意図通りの部品が作られなければなりません。

意図通りのものを作るには、あいまいな表現を避け、確実に伝わる表現が必要です。さらに、作成に必要な情報をすべて書き込まなければなりません。また、図面をかいた人と読み取る人が同じ基準で見なければ同一のものは作れません。そのため、図面をかくルールを決める必要があります。この「共通のルール」をまとめ、制定したものを「規格」といいます。

規格には、国際的な規格のISO、日本規格協会が定める日本工業規格(以下、「JIS」)などがあります。JISに則ってかかれた図面をJISの規格の知識がある人が読み取ることで、正確に意図が伝わります。図面をかく人は【規格に沿って】、【作成に必要なすべての情報】を、【あいまいな表現を避け】、【効率よく】かく必要があります。この「見ればどう作るのかがわかる内容を、規格に沿って効率よくかきまとめたもの」が図面です。

1-1-3　機械系CADの種類

　20〜30年ほど前まで、図面は製図者によって手がきでかかれていましたがコンピュータの発達に伴って、「コンピュータで設計を支援し図面をかくソフト」が現れました。それがCAD（Computer Aided Design）です。なかでも機械を設計するのに適したCADのことを機械系CADと呼び、さらに「3D CAD」と「2D CAD」に大別されます。

　「3D CAD」はその名の通り、機械パーツを3D（3次元の立体情報）で設計するためのCADです。3Dで設計・検討を行い、パーツを作成していきますが、図面として仕上げるには3D CADに搭載された2D化機能を使い、三面図へと展開する必要があります。代表的な3D CADとしては、オートデスク社の「Inventor」や「Fusion360」、ダッソーシステムズ社の「CATIA」や「SOLIDWORKS」などがあります。

　一方、「2D CAD」は機械パーツを最初から2D（2次元の平面情報）で設計するためのCADです。設計・検討とも2次元の平面上で行います。図面として仕上げるには設計・検討された図を使って、部品図などを三面図として作成していくのが一般的です。2D CADとして最も普及しているのが「AutoCAD LT」です。

1-1-4　AutoCAD LTについて

　AutoCAD LTは、建築・土木・機械分野をはじめとしたさまざまな分野で利用されています。2D CADで大きなシェアを誇るCADで、業界基準となっているDWG形式はAutoCADシリーズのネイティブファイル形式です。

　AutoCADシリーズには、AutoCADというレギュラー版のほか、レギュラー版から3次元機能やネットワークライセンス機能を除外したAutoCAD LTなどがあります。

　本書では、Windows 10環境で、「AutoCAD LT 2020」と「AutoCAD LT 2019」（64ビット版）を使って、機械図面をかくための基本操作と機械製図の基礎を解説していきます。AutoCAD LT 2020と2019で表示や操作が異なる場合は、それについても補足説明します。

1-2 機械製図の規格

　JISの製図の規格は、「機械」「建築」「土木」など業界ごとに分けられた部門別の製図規格と、共通で使われる「基本」の製図規格があります。さらに「CAD」の分類には「CAD機械製図」の規格もあり、これらを組み合わせて作図します。機械製図を行うとき、まず「機械製図」と「CAD機械製図」の規格に従い、これらに記載がない事柄に関しては「基本」に従います。機械製図に必要な規格は、「基本」「機械製図」「CAD機械製図」を合わせて1000ページを超える文書になります。すべてをここで取り上げることはできませんので、最低限必要となる要点を解説します。

1-2-1 用紙サイズ

　機械製図ではA列のA0〜A4サイズの用紙を使います。A列、B列というのはJISの用紙の大きさに関する規格の種類で、A列規格の代表的なものに新聞があります。新聞の折り目を全部広げた全面サイズがA1サイズです。B列でなじみのあるものとしては、一般的な大学ノートのサイズがB5サイズです。本書もB5サイズです。

注意 国際標準であるISOの規格と日本標準であるJISの規格では、B列のサイズに若干の違いがあります。ここではJISのB列について述べています。

　A列、B列ともに数字の部分、A4の「4」の部分や、A3の「3」の部分が、それぞれの大きさを表します。新聞の折り目を全部広げた大きさがA1、これの長い辺を中心で二つ折りをした大きさがA2、さらにA2の長い辺を中心で二つに折るとA3になります。

　機械製図では、A0〜A3サイズの用紙の長い辺を横に置きます。ただし、A4サイズに限っては、縦・横どちらを使ってもよいことになっています。

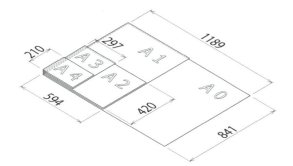

呼び方	寸法（横×縦）
A0	1189×841mm
A1	841×594mm
A2	594×420mm
A3	420×297mm
A4	297×210mm 210×297mm

HINT 図面はA列の各サイズに入るように配置しますが、入りきらない長い対象物の場合は、用紙の短辺を整数倍した延長サイズも使用できます。

1-2-2 図枠と表題欄

　機械製図では図面をかくために用紙に枠を配置し、その枠内に図形をかきます。この枠を「図枠」といいます。図枠の各部名称は次の通りです。図の一番外側の長方形を用紙の縁として見てください。その少し内側にある長方形が輪郭線です。輪郭線と用紙の縁の間を輪郭といいます。輪郭は、図面の縁からの損傷で図面の内容が損なわれないように設ける余白部分のことです。

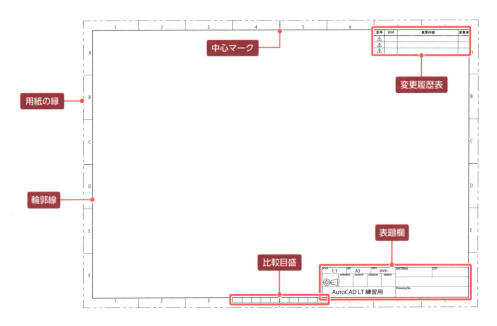

輪　郭　線：用紙の縁から図面をかく領域を守るために余白を設け、余白と図面をかく領域の境界位置を輪郭線で区切ります。輪郭線は最小太さ0.5mmの実線でかきます。なお、余白（輪郭）の幅にも次の表のような決まりがあります。

用紙サイズ	上下右輪郭 最小値	左輪郭の最小値 綴じない場合	左輪郭の最小値 綴じる場合
A0	20mm	20mm	20mm
A1	20mm	20mm	20mm
A2	10mm	10mm	20mm
A3	10mm	10mm	20mm
A4	10mm	10mm	20mm

中心マーク：図面の複写や撮影の位置合わせに使われるマークです。
表　題　欄：図面番号、図名、製図者、設計者などを明記するための表で、図面中の右下に配置します。機械製図では、表題欄の長さは170mm以下としています。
比　較　目　盛：図面を拡大・縮小したときの縮尺の目安にするために設けます。
変更履歴表：図面の変更や訂正について、日時や変更者、変更内容などを記しておきます。上の例では図面中の右上に配置していますが、位置の決まりはありません。

1-2-3 図面の尺度

対象物を拡大して実際の大きさよりも大きくかく場合の尺度を「倍尺」、縮小して実際の大きさよりも小さくかく場合の尺度を「縮尺」、実際の大きさ通りでかく尺度を「現尺」といいます。

尺度は、対象物の実際の大きさと、図面中での大きさの比率で、「A：B」のように表します。「A」にはものの図面上での長さ、「B」には対象物の実際の長さの数値を入れます。倍尺では「B」を「1」に、縮尺では「A」を「1」にすることになっており、「3：2」のような尺度は使いません。

ものの実際の大きさと、図面で表す大きさの比率

機械製図では、右の表のような「推奨尺度」を設けており、図面ではなるべくこの尺度を使うようにという決まりになっています。

1つの図面の中に複数の尺度の図がある場合は、主となる尺度のみを表題欄に記入し、残りの尺度は、その尺度の対象となる図の近くに記入します。

種別	推奨尺度		
倍尺	50：1	20：1	10：1
	5：1	2：1	
現尺	1：1		
縮尺	1：2	1：5	1：10
	1：20	1：50	1：100
	1：200	1：500	1：1000
	1：2000	1：5000	1：10000

 HINT AutoCAD LTでは、作図はすべて現尺（1：1）で行います。大きな対象物も大きなままかいて、印刷時に縮小印刷します。そのため、「図面上の長さ」は、「A3図面をA3用紙に印刷したときの長さ」ということになります。

1-2-4 線の種類と太さ

図形は線を組み合わせてかきますが、機械製図では用途に応じて線の種類「線種」や線の太さを使い分けるように指定しています。複数の線種を使うことによって図面を見やすくするためです。AutoCAD LTでは1つの線種に1つの画層を割り当てて使います（画層についてはP.81の「COLUMN」で説明します）。

次の図と表は、機械図面に使われる主な線種を用途ごとに分類したものです。

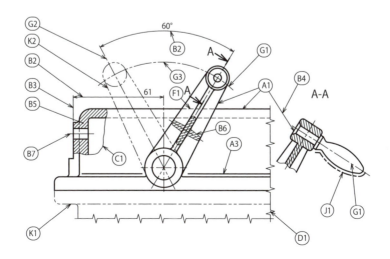

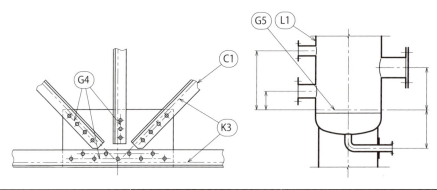

線の種類		定義	一般的な用途
A	———————	太い実線	A1　見える部分の外形線 A2　見える部分の稜を表す線 A3　仮想の相貫線
B	———————	細い実線（直線または曲線）	B2　寸法線 B3　寸法補助線 B4　引出線 B5　ハッチング B6　図形内に表す回転断面の外形 B7　短い中心線
C D	〜〜〜〜〜 ⋀⋁⋀⋁	フリーハンドの細い実線 細いジグザグ線（直線）	C1,D1　対象物の一部を破った境界、または 　　　　一部を取り去った境界を表す線
E F	― ― ― ― - - - - -	太い破線 細い破線	E1　隠れた部分の外形線 E2　隠れた部分の稜を表す線 F1　隠れた部分の外形線 F2　隠れた部分の稜を表す線
G	—・—・—・—	細い一点鎖線	G1　図形の中心を表す線（中心線） G2　対称を表す線 G3　移動した軌跡を表す線 G4　繰り返し図形のピッチをとる基準を表すのに用いる線 G5　特に位置決定のよりどころであることを明示するのに用いる線
H	▬・—・—・—・▬	細い一点鎖線で、端部および方向の変わる部分を太くしたもの	H1　断面位置を表す線
J	▬ ・ ▬ ・ ▬	太い一点鎖線	J1　特別な要求事項を適用すべき範囲を表す線
K	—・・—・・—	細い二点鎖線	K1　隣接する部品の外形線 K2　可動部分の可動中の特定の位置または可動の限界位置を表す線（想像線） K3　重心を連ねた線（重心線） K4　加工前の部品の外形線 K5　切断面の前方に位置する部品を表す線
L	━━━━━━━	極太の実線	L1　圧延鋼板、ガラスなどの薄肉部の単線図示をするのに用いる線

　図面には細線、太線、極太線の3種類の太さの線を使用します。細線：太線：極太線の比率が1：2：4になるように、0.13mm、0.18mm、0.25mm、0.35mm、0.5mm、0.7mm、1mm、1.4mm、2mm の中から選択します。

　2種類以上の線が重なるときは優先する種類の線でかきます。線の優先順位は表の通りです。

優先順位	線の種類
1	外形線
2	かくれ線
3	切断線
4	中心線
5	重心線
6	寸法補助線

1-2-5 図面に用いる文字

図面に用いる文字について、機械製図の規格では次のように定めています。

- 常用漢字（16画以上はできる限り仮名）
- 仮名はひらがな、カタカナを用い、混用しない
  （外来語の表記にカタカナを使う場合は混用とみなさない）
- ラテン文字、数字、記号は、直立体または斜体を用い、混用しない
- 文字の隙間「a」は、文字の線の太さ「d」の2倍以上とする（次の図を参照）
- ベースラインの最小ピッチ「b」は、用いている文字の最大の呼び「h」の14/10とする

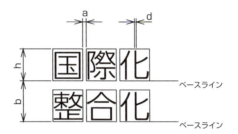

「呼び」というのは、工業分野では「基準の大きさ」を指すときに使います。図は色付きの線の間隔が5mmで、その間に「高さ5mmの文字」を記入したものです。ひらがなやカタカナなどが5mmより少し小さく作られていることがわかります。「大小混ざっていても基準は5mmなので『高さ5mmの文字』と呼びますよ」という意味の「呼び」です。
「呼び高さ」や「高さの呼び」といいます。
文字の高さのほかに、ボルトの径や配管の径なども「呼び径」といういい方をします。

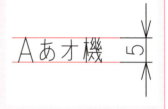

1-2-6 寸法

AutoCAD LTは、画面上のさまざまなタイプのオブジェクトに対して長さや角度などを示す寸法を記入できます。寸法の構成要素は次の図の通りとなり、主に寸法数値、寸法線、端末記号、寸法補助線などの要素から成り立っています。

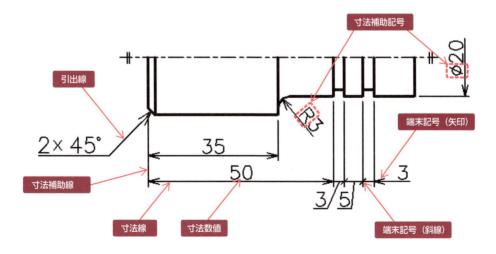

寸法記入の一般事項について、機械製図の規格の中から主な規定を抜粋すると、次のようなものがあります。

- 対象物の機能、製作、組立などを考えて、図面に必要不可欠な寸法を明瞭に指示する。
- 対象物の大きさ、姿勢および位置を最も明確に表すのに必要で十分な寸法を記入する。
- 寸法は、寸法線、寸法補助線、寸法補助記号などを用いて、寸法数値によって示す。
- 寸法は、なるべく正面図（主投影図）に集中して指示する。
- 図面には、特に明示しない限り、その図面に図示した対象物の仕上がり寸法を示す。
- 寸法は、なるべく工程ごとに配列を分けて記入する。
- 関連する寸法は、なるべく1カ所にまとめて記入する。
- 寸法は、重複記入を避ける。ただし、一品多葉図で重複寸法を記入したほうが図の理解を容易にする場合には、寸法の重複記入をしてもよい（その場合、重複寸法であることを表す記号として黒丸を付ける）。
- 長さ寸法は、ミリメートル（mm）の単位に基づいた数値を記入する。この場合、単位記号を付けない。

寸法を配置するうえでの注意点には、次のようなものがあります。

- 互いに傾斜する2つの面の間に丸みまたは面取りが施されているときは、加工以前の形状を細い実線で表し、交点から寸法補助線を引き出す。

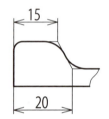

- 寸法が隣接して連続する場合や関連する寸法は、一直線上に揃えて記入するのがよい。

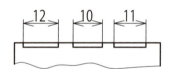

- 寸法補助線の間隔が狭くて、矢印を記入する余地がないときは、矢印の代わりに黒丸または斜線を用いてもよい。

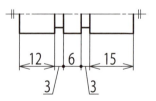

- 加工方法、注記、部品の番号などを記入するために用いる引出線は、斜め方向に引き出す。このとき、線から引き出す場合には矢印を、内側から引き出す場合には黒丸を引出個所に付ける。また、寸法線から引き出す場合、端末記号は付けない。

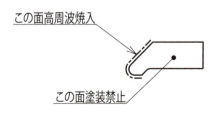

- 寸法線はなるべく交差しないようにする。やむを得ず交差する場合、寸法数値は交わらない個所に配置する。
  左図は寸法線と寸法補助線が交差した状態。右図は小さい寸法を内側にすることで交差を避けた例。

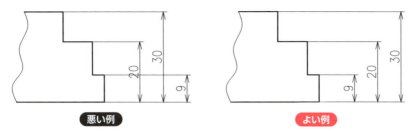

- 小数点に使う点は、「・」と中心に打つ点ではなく「.」と下に打つ点を使う（例：「12.3」）。
- 寸法線は、通常寸法補助線を使って図の外側に配置する。
  ただし、図の外に出すことでわかりにくくなるような場合は図の中に配置してもよい。
  左図は穴位置を表す寸法の寸法補助線が外形線のくぼみと重なっている。ぴったり重なっているのか、ずれているのかがわかりにくい。右図は図形の内側に寸法を配置することで、穴位置の寸法が明確にわかる。

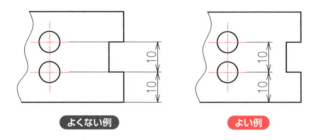

- 寸法線は、中心線、外形線、基準線の上または延長上に配置しない。

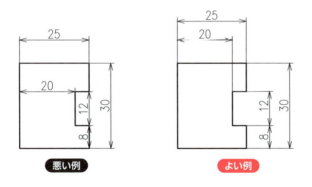

- 寸法数値がほかの線と重ならないようにする。

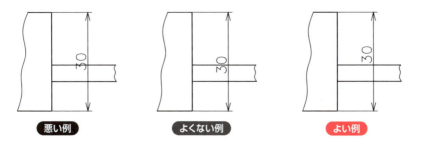

1-3 投影法

投影法というのは、JISの定義では「3次元の対象物を2次元に変換するために用いる規則」とあります。3次元である立体形状を2次元にかき表す投影法には、数多くの種類があります。

1-3-1 投影法の種類

投影法には、主に「平行投影」と「透視投影」の2種類があります。

平らなパネルの前に置いた対象物から、そのパネルに写し出す投影線同士を平行にして投影する方法が、平行投影（左図）、対象物から視点まで放射状に直線で結んだものを投影線としてパネルに映し出す方法が、透視投影（右図）です。機械製図では、平行投影を使います。

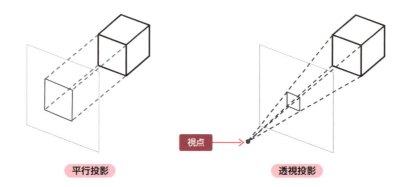

平行投影　　　　透視投影

平行投影には、見た方向に見た投影図を置く（右方向から見た図形を右側にかく）「第三角法」と、見た方向の反対側に投影図を置く（右方向から見た図形を左側に置く）「第一角法」があります。

機械製図の規格では「投影図は第三角法による」と定められています。

次の図は第三角法であることを示す記号です。この記号を図面中の表題欄またはその近くに示すことになっています。

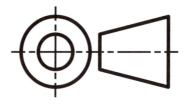

機械図面は基本的に「三面図」と呼ばれる配置で作成します。三面図のうち、そのものの形状を一番よく表している方向から見た形状を「正面図」とし、正面図を横から見た図を「側面図」、上から見た図を「平面図」といいます。これら「正面図」「側面図」などのことを「投影図」と呼び、正面図のことはほかの投影図と分ける意味で「主投影図」ともいいます。

1-3-2　第三角法

　第三角法のイメージをつかむため、図面を作成する部品を半透明の箱に入れて、箱の外側から部品のエッジを平行に、箱の外面に写し取った状態を想像してみてください（図）。

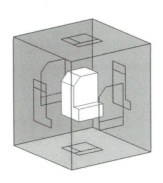

　このとき、実際に見えるエッジ（稜線）を実線でかき、視点の向こう側にあり、実際には見えないエッジを破線でかきます。
　6面すべてのエッジを箱の外面に写し取ったら、展開します。図面には、これを完全に展開したもの（右図）と同じ状態で配置するのが基本です。

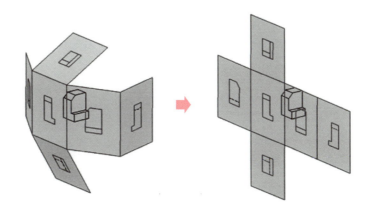

　この展開の考え方で配置するので、各投影図は次の左図のように、互いに水平、垂直を保った位置になります。右図のように奥行きが違っていたり、投影方向の位置がずれていたりしてはいけません。

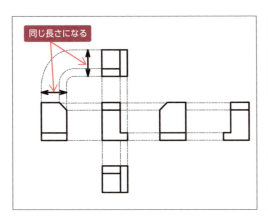
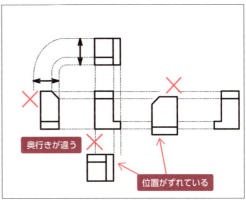

通常、投影対象物の最も主要な部分を正面図として選びます。図面を作成する際、正面図と組み合わせて利用するのは、そのほかどの方向からの投影図でもかまいませんが、「必要最小限」ということと、「読み手が理解しやすい」ということを念頭に選びます。

　必要がなければ1面だけ、2面だけで図面を仕上げることもあります。また、3面で情報が伝えきれない場合は4面以上利用することもあります。

　展開した6面をよく観察すると、正面図を挟んだ左右（左側面図と右側面図）の形状のシルエットが同じであることがわかります。正面図を挟んだ上下（平面図と下面図）、右側面図を挟んだ左右（正面図と背面図）もまた同様です。同じシルエットの形状はどちらか一方をかけば読み手に伝わります。どちらを使うかは、一般的にかくれ線が少ないほうを選びます。この例の左右の側面図では右側面図にかくれ線がないため、こちらを使います。同様に、平面図と下面図ではかくれ線がない平面図がよいでしょう。

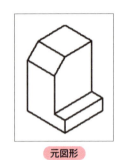

元図形

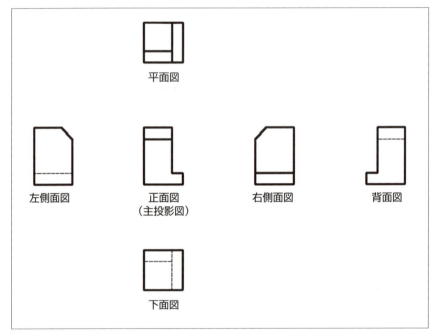

AutoCAD LTの基本操作

この章では、AutoCAD LTの起動・終了、ファイル操作のほか、画面拡大・縮小などの画面操作やコマンドの実行方法などについて説明します。

2-1 本書を使用するための設定
2-2 起動とファイル操作
2-3 画面操作
2-4 コマンドの実行
2-5 座標入力と作図補助設定
2-6 オブジェクトの選択と選択解除

2-1 本書を使用するための設定

練習用ファイルなし

AutoCAD LTはさまざまな分野で使われる汎用CADです。分野によって使いやすい環境が違うため、画面の表示状態などを個別にカスタマイズすることができます。ここでは、本書で使用している設定に変更する方法を解説します。

2-1-1 色の変更

本書では、紙面で操作手順を見やすくするため、AutoCAD LTの作図領域の背景色を初期設定の黒から白に変更し、さらにリボンやステータスバーの色を明るくしています。

まず、作図領域の背景色を変更します。AutoCAD LTを起動すると［スタート］タブが表示されており、何も図面が開いていないので、色を変更するために作図状態にします。ここでは、AutoCAD LTがもともと用意しているテンプレートを開きます（テンプレートについてはP.39の「COLUMN」参照）。

1. AutoCAD LTを起動する（起動方法についてはP.33参照）。

2. ［スタート］タブの［スタートアップ］から［テンプレート］をクリックする。

3. プルダウンリストに表示されたテンプレートの中から［acadltiso.dwt］（AutoCADレギュラー版を使っている場合は［acadiso.dwt］）を選択する。

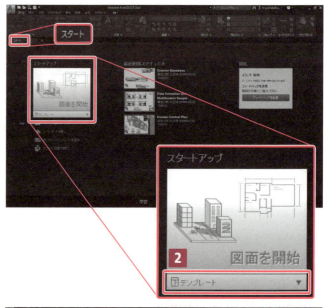

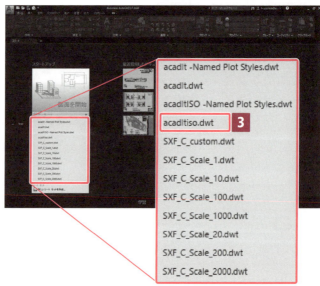

4 作図領域内を右クリックする。

5 ショートカットメニューから[オプション...]を選択する。

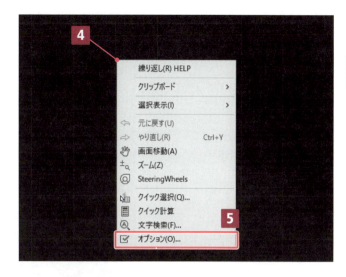

[オプション]ダイアログボックスが表示されます。

6 [表示]タブをクリックする。

7 [色...]ボタンをクリックする。

[作図ウィンドウの色]ダイアログボックスが表示されます。

8 [コンテキスト]から[2Dモデル空間]、[インタフェース要素]から[背景]を選択する。

9 [色]のプルダウンリストから[White]を選択する。

10 [適用して閉じる]ボタンをクリックして[作図ウィンドウの色]ダイアログボックスを閉じる。

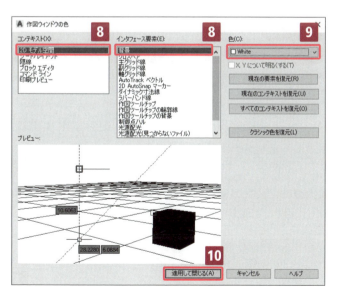

11 続けて、[配色パターン]から[ライト（明るい）]を選択する。

12 [OK]ボタンをクリックして[オプション]ダイアログボックスを閉じる。

これで、作図領域の背景色（モデルの背景）が白に変更され、リボンやステータスバーの色が明るくなります。

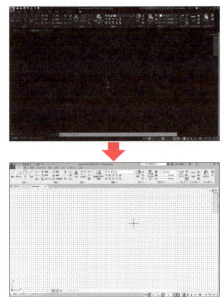

2-1-2 ［プロパティ］パレットの表示

続けて、要素の状態を見ることができる[プロパティ]パレット（[オブジェクトプロパティ管理]パレットともいいます）を表示させます。そして、[プロパティ]パレットをAutoCAD LTのウィンドウ内の左端に固定したうえで、幅を調整します。

1 キーボードから半角で「ch」と入力して Enter キーを押す（半角であれば大文字・小文字は問わない）。

[プロパティ]パレットが表示されます。

2 [プロパティ]とかかれている縦の帯部分を、AutoCAD LTのウィンドウの左端付近（リボンより下の位置）までドラッグする。

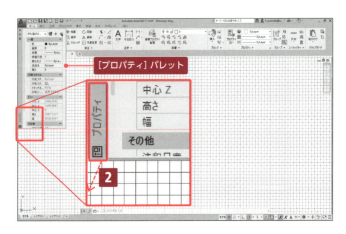

3 パレットが図のように枠だけの表示になったところでマウスの左ボタンを放すと、ウィンドウ内の左端に固定される。

 手順2で右側にドラッグすれば、右端に固定することができます。

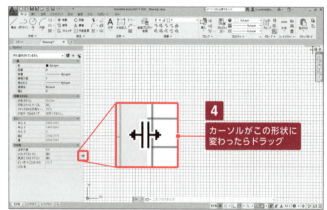

4 パレットと作図領域の境界にカーソルを合わせ、図のようにカーソルの形状が変わったところで左右にドラッグすることで、幅を好みに調整できる。

2-1-3 作図補助設定のボタンの追加

次に、必要な作図補助設定のボタンをステータスバーに追加表示します。

1 AutoCAD LTのウィンドウの右下隅にある［カスタマイズ］ボタンをクリックする。

2 リストが表示されるので、［ダイナミック入力］と［線の太さ］をそれぞれクリックしてチェックを入れる。

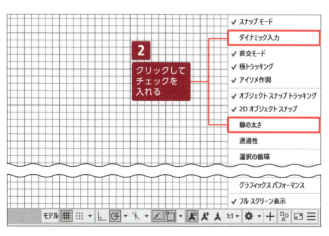

ステータスバーに［ダイナミック入力］
と［線の太さ］ボタンが表示されます。

［ダイナミック入力］についてはP.50「2-4-4　コマンドオプション」で触れます。また、作図補助設定の各ボタンの意味と一部のボタンの使い方は、P.52〜「2-5　座標入力と作図補助設定」で学習します。ここでは、ボタンの色（オン／オフを示します）が解説画像と違っていても気にせず進んでください。

2-1-4　拡張子の表示

Windowsでは、ファイル名の末尾にピリオド+「拡張子」という数文字を付けてファイルの種類を識別しています。Windowsの初期設定では拡張子は表示されませんが、本書では拡張子を表示するように設定しています。Windows 10では、以下の手順で拡張子を表示することができます。

1 エクスプローラーを開く。

2 ［表示］タブをクリックする。

3 ［ファイル名拡張子］をクリックしてチェックを入れる。

これで、図のように拡張子が表示されます。

2-2 起動とファイル操作

練習用ファイルなし

ここではAutoCAD LTの起動・終了やファイルを開くなどの基本操作、および画面の各部の名称を学習します。

2-2-1 起動

デスクトップのアイコン（図）をダブルクリックします。または、スタートメニューのアプリ一覧から［Autodesk］―［AutoCAD LT 2020 - 日本語（Japanese）］―［AutoCAD LT 2020 - 日本語（Japanese）］を選択しても、AutoCAD LTを起動できます。

2-2-2 画面各部名称

AutoCAD LTの画面の各部の名称を見ていきましょう。

AutoCAD LTの画面はコマンド（命令）アイコンが並んでいる領域、コマンドを入力する領域、実際に作図する領域など、複数の領域があります。ここでは各領域の名称を学習します。次の図はAutoCAD LT 2020を起動した状態ですが、AutoCAD 2020、およびAutoCAD 2019/AutoCAD LT 2019の画面もほぼ同じです。見た目の状態は表示するモニタの解像度によって多少違いがあります。次の図は解像度1440×900ピクセルでの状態です。

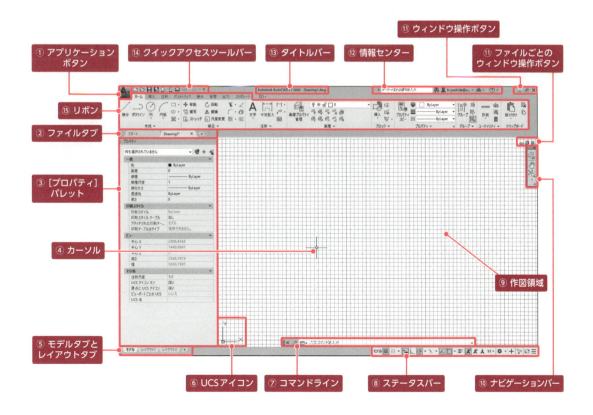

① アプリケーションボタン

アプリケーションボタンをクリックすると、アプリケーションメニュー（図）が開きます。アプリケーションメニューの左側には基本的なメニューが表示され、ファイルの新規作成、ファイルを開く、保存する、閉じるなどの操作を行うことができます。また、アプリケーションメニューの右側には最近使ったドキュメントが表示され、クリックすることでそのファイルを開くことができます。

アプリケーションメニュー

② ファイルタブ

開いている図面ファイルがタブに分けて表示されています。クリックしたタブが前面表示されます。タブ名にカーソルを合わせると、モデル空間、ペーパー空間の様子を見ることができます。

③ ［プロパティ］パレット

「［オブジェクトプロパティ管理］パレット」とも呼ばれます。［プロパティ］パレットには選択したオブジェクトのプロパティなどが表示され、ここで編集できるプロパティもあります。

COLUMN　オブジェクトとは

「オブジェクト」とは、CADで扱う図形要素のことを指します。円や線分、長方形のほか、テキスト、寸法などもオブジェクトです。

---

④ カーソル

「ポインタ」とも呼ばれます。カーソルは、作業中の状態によって形が変化します。カーソルの形と作業の関係を把握しておくことで、現在何をしている状態かが判断できるので便利です。主な形は次の通りです。

形状	解説	形状	解説
┼	コマンドに入る前の作図領域内	✋	画面移動操作時
┼	位置や距離を指定するとき	▶	メニューやツールの選択時
▫	範囲選択（窓選択）	▫	範囲選択（交差選択）
□	コマンド内でのオブジェクト選択時	I	文字入力時

なお、画面移動についてはP.44「2-3-2　画面の移動」、オブジェクトの選択と範囲選択についてはP.68「2-6　オブジェクトの選択と選択解除」で解説します。

⑤ **モデルタブとレイアウトタブ**

作図をするモデル空間とレイアウトに使うペーパー空間のシートを切り替えます。

⑥ **UCSアイコン**

「座標系アイコン」とも呼ばれ、作業領域内のXYの方向を表しています。

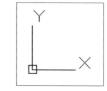

⑦ **コマンドライン**

「コマンドウィンドウ」とも呼ばれます。現在の作業の状態、次にできること、ユーザーが入力した文字などが表示されます。ユーザーがCADとの対話を行う部分です。詳しくはP.49「2-4-3　コマンドライン」で解説します。

⑧ **ステータスバー**

作図の精度を上げ、かつスピーディにかくための作図補助機能、注釈尺度、ワークスペースをカスタマイズするツールが表示されます。詳しくはP.52「2-5　座標入力と作図補助設定」で解説します。

⑨ **作図領域**

この領域内で作図作業を行います。

⑩ **ナビゲーションバー**

ここにはさまざまな画面操作ツールが並んでいます。詳しくはP.45「2-3-4　その他画面操作」で解説します。

⑪ **ウィンドウ操作ボタン／ファイルごとのウィンドウ操作ボタン**

ウィンドウを最小化、最大化、閉じるなど、Windowsの共通形式のウィンドウ操作ボタンです。ウィンドウ右上にある操作ボタンはAutoCAD LTそのものに対して行われる操作、作図領域の右上にある操作ボタンはAutoCAD LT内のファイルに対して行われる操作ボタンです。

⑫ **情報センター**

製品に関する情報にアクセスできるバーです。情報の検索やアカウントの管理をしたり、ヘルプを使うことができます。

⑬ **タイトルバー**

ソフト名、ファイル名が表示されます。ファイル名を付ける前は[Drawing1.dwg]、[Drawing2.dwg]…と「Drawing」の後に連番が振られる仮の名前が表示されています。

⑭ **クイックアクセスツールバー**

よく使うツールを並べ、即座にアクセスできるように配置したバーです。次ページの図の左から[クイック新規作成][開く][上書き保存][名前を付けて保存...][Webおよびモバイルから開く][Webおよびモバイルに保存][印刷][元に戻す][やり直し]のボタンです。また、右端のボタンからはクイックアクセスツールバーをカスタマイズできます。

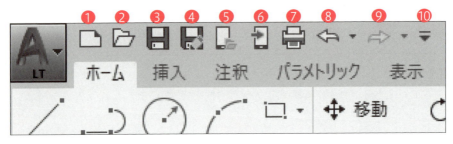

❶ クイック新規作成
❷ 開く
❸ 上書き保存
❹ 名前を付けて保存...
❺ Web およびモバイルから開く
❻ Web およびモバイルに保存
❼ 印刷
❽ 元に戻す
❾ やり直し
❿ クイックアクセスツールバーをカスタマイズ

　［元に戻す］と［やり直し］のボタンは、使用できないときはグレーに変化します。
　［クイックアクセスツールバーをカスタマイズ］ボタンをクリックすると、図のようなメニューが展開します。✔が入っている項目が、現在クイックアクセスツールバーに表示されているボタンです。クリックすることで、クイックアクセスツールバーへの追加と除外ができます。

⑮ **リボン**

　コマンドが種類ごとのタブに分けて収納されており、各タブには作図や編集をするためのコマンドが並んでいます。リボン上部にある［ホーム］［挿入］［注釈］などがタブ名です。タブ名をクリックすると、クリックしたタブが前面に表示されます。

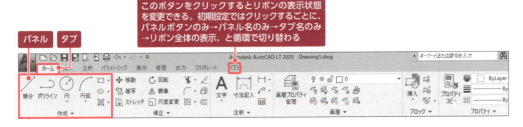

　リボンの中は［作成］や［修正］などで区切られています。この区切られた領域を「パネル」と呼びます。パネルの中に並んでいるボタンが「コマンドアイコン」（略して「アイコン」と呼びます）です。たとえば［円］アイコンは、「［ホーム］タブの［作成］パネル内にある［円］アイコン」という位置付けになります。

アイコンにカーソルを合わせて（クリックしない）しばらく待つと、そのアイコンの説明とコマンド名がツールチップとして表示され（左図）、さらにそのまま待つと使用例が表示されます（右図）。

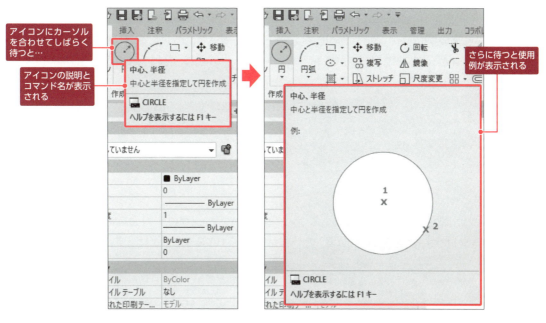

［▼］が付いたアイコンは、クリックするとそのコマンドの関連コマンド、またはそのコマンドのオプションが表示されます。次の図は［円］アイコン下の［▼］をクリックした状態です。さらにこの中から使用するかき方のアイコンをクリックして選択します。

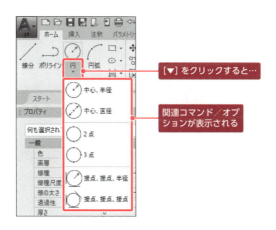

> **COLUMN　アイコンの［▼］以外をクリックした場合は？**
>
> アイコンの［▼］以外の部分（絵の部分）をクリックした場合は、「絵に表示されているコマンド／オプション」が実行されます。初期設定では関連コマンド／オプションの一番上にあるもの（上の図の例なら［円］コマンドの［中心、半径］のオプション）が絵の部分に表示されているので、一番上のコマンド／オプションが実行されることになります。ほかの関連コマンド／オプションを選んで実行した場合は、アイコンの絵はそのコマンド／オプションに変わり、次回アイコンの絵の部分をクリックしたときにはその絵のコマンド／オプションが実行されます。たとえば前回［円］コマンドの［2点］オプションを実行したなら、次回も［2点］オプションが実行されます。
> ただし、AutoCAD LTを終了すると、アイコンに表示される絵と実行されるコマンド／オプションは初期状態に戻ります。

機械製図では、主に次の3つのタブを使って作図を行います。

［ホーム］タブ

［ホーム］タブには、「線分をかく」「円をかく」などの基本的な作図関係のアイコンや、線分をトリムしたり、コーナーに面取りをしたり、複写や回転をしたりといった修正関係のアイコンが並んでいます。［作成］［修正］［注釈］［画層］［ブロック］［プロパティ］［グループ］［ユーティリティ］［クリップボード］のパネルに分けられて収納されています。

［挿入］タブ

［挿入］タブには、主にブロック関係のアイコンが並んでいます。［ブロック］［ブロック定義］［参照］［読み込み］［データ］［リンクと書き出し］［位置］のパネルに分けられて収納されています。

［注釈］タブ

［注釈］タブには、文字や寸法など、注釈関係のアイコンが並んでいます。［文字］［寸法記入］［中心線］［引出線］［表］［マークアップ］［注釈尺度］のパネルに分けられて収納されています。文字や寸法のコマンドは［ホーム］タブにもありますが、［注釈］タブにはさらに細かい使い方ができるコマンドが用意されています。

2-2-3 ファイル操作

P.34で説明した通り、基本的なファイル操作はアプリケーションメニューからも行えますが、新規作成、保存などのよく使う操作はクイックアクセスツールバーから行うと便利です。

■ ファイルの新規作成

現在ファイルが開いていても、追加で新しく図面ファイルを作成することができます。図面を新規作成するには次の手順を実行します。

1 クイックアクセスツールバーの［クイック新規作成］ボタンをクリックする。

2 ［テンプレートを選択］ダイアログボックスで、使用するテンプレートを選択する。

3 ［開く］ボタンをクリックする。

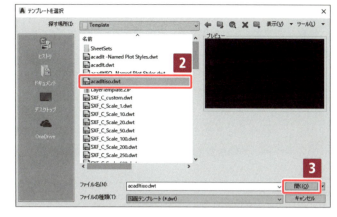

> **HINT** P.28の手順2〜3のように、［スタート］タブからテンプレートを選択して図面ファイルを新規作成することもできます。

COLUMN テンプレートとは

テンプレートとは、作図に必要な共通の基本設定を行って保存したファイルのことです。共通の基本設定を保存したテンプレートを開くことで、新規に図面を作成するたびに毎回設定を行わなくてもすぐに作図が始められます。AutoCAD LT でははじめからいくつかのテンプレートが用意されていますが、それらは最低限の設定しかされていません。そのため、一般的にはテンプレートをもとにして、さらに線の種類や文字・寸法のスタイルなどを設定したテンプレートを作成して使います。本書の練習では、「acadltiso.dwt」をもとに作成した機械製図用のテンプレートを使います。また、第6章では、「acadltiso.dwt」をもとに機械製図用のテンプレートを作成する方法を学びます。
テンプレートの拡張子は「.dwt」で、図面ファイルの拡張子（「.dwg」）とは異なります。
また、ファイルタブの右にある［+］をクリックすると、最後に使用したテンプレートをもとに新規図面が開きます。

■ 既存のファイルを開く

現在ファイルが開いていても、追加で新しく図面ファイルを開くことができます。既存の図面を開くには次の手順を実行します。

1 クイックアクセスツールバーの［開く］ボタンをクリックする。

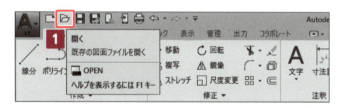

2 ［ファイルを選択］ダイアログボックスで図面の場所を指定する。

3 開くファイルを選択する。

4 ［開く］ボタンをクリックする。

> **HINT** アプリケーションメニューの右側には最近使ったドキュメントが表示されます。最近使ったファイルであれば、それをクリックしてファイルを開くこともできます。

■ **ファイルの保存**

作図したファイルは保存することができます。ファイルの保存には次の2種類があります。

- 上書き保存
- 名前を付けて保存

［上書き保存］は既存のファイルを同じ名前で「上書き保存」するときに使用し、［名前を付けて保存］は別の名前で保存するときに使用します。ただし、一度も保存したことがない、「Drawing1.dwg」などの仮の名前が付いているファイルに対して［上書き保存］を実行すると、［名前を付けて保存］が行われます。

上書き保存するには

1 クイックアクセスツールバーの［上書き保存］ボタンをクリックする。

名前を付けて保存するには

1 クイックアクセスツールバーの［名前を付けて保存...］ボタンをクリックする。

2 ［図面に名前を付けて保存］ダイアログボックスで保存する場所を指定する。

3 ファイル名を入力する。

4 ファイルの種類（形式やバージョン）を選択する。

5 ［保存］ボタンをクリックする。

［名前を付けて保存］には、保存するバージョンが複数用意されており、その中からバージョンを指定して保存することができます。

COLUMN　ファイルの種類について

AutoCAD LTでは複数の形式やバージョンで保存をすることができます。ファイル形式は、AutoCAD図面ファイルが「.dwg」、テンプレートファイルが「.dwt」という拡張子で区別されています。

ファイルの種類は、初期設定で[AutoCAD LT 2018/AutoCAD 2018図面(*.dwg)]が選択されています。AutoCAD 2018/AutoCAD LT 2018より前のバージョンでは、AutoCAD 2018〜2020/AutoCAD LT 2018〜2020で保存した[AutoCAD LT 2018/AutoCAD 2018図面(*.dwg)]ファイルを開けないため、ほかのバージョンのユーザーとファイル交換する場合には注意が必要です。たとえばAutoCAD 2012/AutoCAD LT 2012のユーザーにファイルを渡す場合には、[AutoCAD 2010/AutoCAD LT2010図面(*.dwg)]で保存をするなどの対処が必要です。

■ ファイルを閉じる

AutoCAD LTは終了せずにファイルのみを閉じるには、次のいずれかを実行します。

- ファイルタブの[×]をクリックする。
- ファイルごとのウィンドウ操作ボタンの[×]をクリックする。
- アプリケーションメニューから[閉じる]を選択する。
- 複数のファイルが開いている場合、それらをすべて閉じるには、アプリケーションメニューから[閉じる]にカーソルを合わせ、[すべての図面]を選択する。

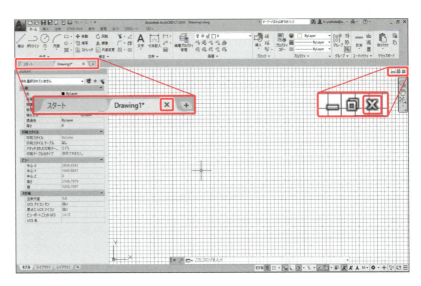

画面操作や作図操作などを行ったファイルを保存せずに閉じようとすると、次の図のように保存するか／保存しないかを問うウィンドウが開きます。保存をする場合は［はい］を、保存をせずに閉じる場合は［いいえ］を、閉じるのをやめる場合は［キャンセル］をクリックします。

■ AutoCAD LTの終了

AutoCAD LTを終了するには次のいずれかを実行します。

- ウィンドウ右上のウィンドウ操作ボタンの［×］をクリックする。
- アプリケーションメニューから［Autodesk AutoCAD LT 2020を終了］を選択する。

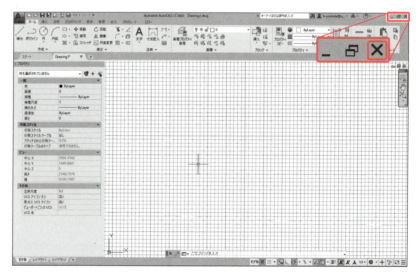

　作業を行ったファイルを保存せずにAutoCAD LTを終了しようとすると、保存せずにファイルを閉じる場合と同様に、保存するか／保存しないかを問うウィンドウが開きます。

2-3 画面操作

📄 2-3-1.dwg

作図中、細かい作業を行うときなどに、画面の一部を拡大表示させるなど、画面を操作することがあります。画面操作には拡大・縮小、画面移動、範囲拡大などがあります。画面操作は画面上で見た状態の拡大・縮小・移動などを行うだけで、実際の図形の拡大・縮小・移動とは異なります。

2-3-1 画面の拡大・縮小

画面を拡大・縮小する操作です。この操作では、カーソルの位置がどこにあるかで拡大・縮小後の結果が変わります。

■ **実習：画面の拡大・縮小をしてみよう**
この実習は、練習用ファイル「2-3-1.dwg」を開いて行ってください。

画面を拡大するには

1. カーソルを作図領域の中央付近に置く。
2. マウスの**ホイールボタンを前方に回転**する。

画面を縮小するには

1. カーソルを作図領域の中央付近に置く。
2. マウスの**ホイールボタンを後方に回転**する。

> ⚠ 注意　この操作では、カーソルの位置を中心として画面が拡大・縮小されます。カーソルの位置がどこにあるかで拡大・縮小後の結果が変わるので、カーソルの位置に注意しましょう。

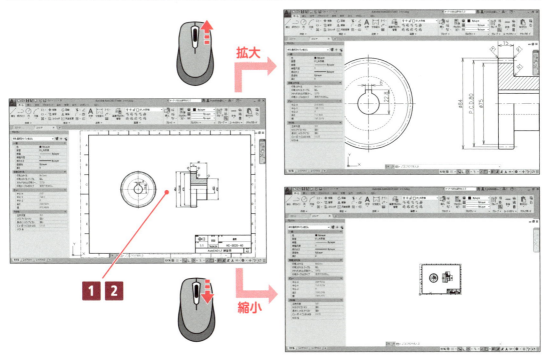

2-3-2 画面の移動

画面を移動する操作です。この操作ではカーソルをドラッグした方向と距離の分、画面が移動します。

■ 実習：画面の移動をしてみよう

2-3-1 で使った練習用ファイル「2-3-1.dwg」をそのまま使います。

1. カーソルを作図領域内に置く。
2. マウスのホイールボタンを押す。
3. カーソルが手の形に変わったら、ホイールボタンを押したまま移動する（ドラッグ）。

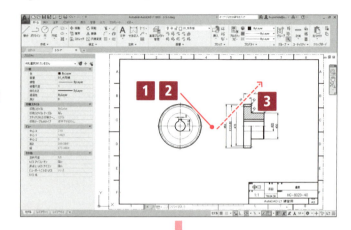

移動

2-3-3 全画面表示

作図領域にあるすべてのオブジェクトを画面いっぱいに表示する操作です。

■ 実習：全画面表示をしてみよう

2-3-1 で使った練習用ファイル「2-3-1.dwg」を引き続き使います。

1 カーソルを作図領域内に置く。

2 マウスのホイールボタンを素早く2回押す（ダブルクリック）。

全画面表示が実行され、図面上のすべてのオブジェクトが作図領域に最大表示されます。

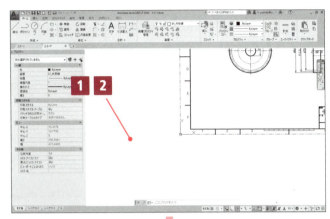

全画面表示

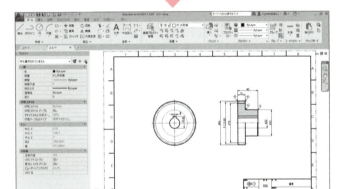

2-3-4 その他画面操作

画面操作には拡大・縮小、移動、全画面表示のほかにも選択したオブジェクトや、枠で囲んだ範囲を画面いっぱいに拡大する操作などがあります。

ナビゲーションバーにその他の画面操作のためのアイコンがあります。上から3つ目のアイコンは、[▼] をクリックして展開することでさまざまなズーム操作を選択することができます。

ナビゲーションバーで実行できる画面操作は次ページの表の通りです。

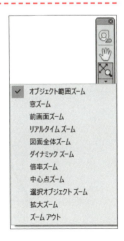

アイコン	名称	内容
	2Dホイール	作図領域上に2Dホイール（図）を表示させて［ズーム］［戻る］［画面移動］を行う。
	画面移動	マウスの左ボタンドラッグに合わせて画面移動を実行する。
	オブジェクト範囲ズーム	すべてのオブジェクトが含まれるよう最大表示する（2-3-3で解説した全画面表示と同じ）。
	窓ズーム	矩形の窓で指定した領域を最大表示する。
	前画面ズーム	直前のビューを表示する（最大10回まで）。
	リアルタイムズーム	マウスの左ボタンの上下ドラッグに合わせて、上方向で拡大、下方向で縮小表示する。
	図面全体ズーム	表示されているオブジェクトの範囲またはグリッドの範囲のどちらか大きいほうを表示する。
	ダイナミックズーム	矩形のビューボックスを使ってズームや移動を行う。
	倍率ズーム	倍率を指定して拡大率を変更する。
	中心点ズーム	図面の中心点と倍率または高さを定義してズームを行う。
	選択オブジェクトズーム	1つまたは複数選択したオブジェクトをビューの中心に拡大表示する。
	拡大ズーム	現在のビューの表示倍率を2倍にして表示する。
	ズームアウト	現在のビューの表示倍率を1/2にして表示する。

2-3-5 ［再作図］コマンド

［再作図］コマンドは、図面データを更新します。

作図中に拡大縮小を繰り返した結果、円が多角形に表示されたものをなめらかに表示しなおす場合や、画面比率で表示させている点の表示サイズを画面表示変更後の比率に反映させる場合などに「再作図」を行います。

次の図は、点オブジェクトのタイプを×、ディスプレイに対して相対表示を「5」に設定した点オブジェクトを含む図形の例です。拡大表示した際、前画面のサイズに合わせた表示サイズになっていた点が巨大化しています（左図）。［再作図］コマンドを実行することで、現在の画面表示サイズに対しての相対比率（右図）で点オブジェクトを表示しなおすことができます。

［再作図］コマンドを実行するには、「RE」と入力して Enter キーを押します。リボンには［再作図］コマンドのアイコンはありません。そのほか、メニューバーを表示させて［表示］メニューから実行する方法もあります（メニューバーの表示方法はP.297の上の手順3を参照）。

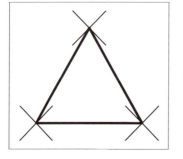 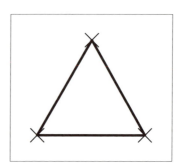

再作図

2-4 コマンドの実行

練習用ファイルなし

AutoCAD LTでは、ユーザーがCADに命令を送って作図をしていきます。この命令が「コマンド」です。命令を送ることを「コマンドを実行する」といいます。コマンドを実行するとコマンドラインにコマンド名と、次にできることの選択肢である「コマンドオプション」や、コマンドによっては現在の設定が表示されます。ユーザーはコマンドラインに表示された内容を見ながらCADと対話するような流れで作図を行います。

2-4-1 コマンドの実行方法

コマンドを実行するにはいくつかの方法があります。

- **A** リボンパネルのアイコンをクリックして実行する。
- **B** キーボードからコマンドを入力して実行する。
- **C** メニューバーから実行する。

Aの方法は、隠れているアイコンの場合、どこにあるか探さなければならず、アイコンの場所を把握しておく必要がありますが、視覚的に操作できるので初心者に向いています。

Bの方法は、入力するコマンド名を覚える手間はありますが、覚えてしまえば両手をそれぞれマウスとキーボードに役割分担させることで操作がスピードアップします（コマンド名のキー入力については、次ページの「COLUMN」参照）。さらに、リボンを最小化して作図領域を広く使えるという利点もあります。

Cの方法は、メニューバーが表示されている場合限定の操作です（メニューバーの表示方法はP.297の上の手順3を参照）。

2-4-2 コマンドのキャンセル／終了方法

実行中のコマンドは途中でキャンセルすることができます。また、コマンドによっては操作が完了すると自動的に終了するものと、終了の操作をするまでコマンドが継続するものがあります。

実行したコマンドを取り消したり、コマンド中の状態を終了したりするにはいくつかの方法があります。

- **A** Escキー（またはEnterキー）を押す。
- **B** 右クリックで開くショートカットメニューから［キャンセル］を選択する（図）。

図は［線分］コマンドを実行中の例です。ショートカットメニューの共通項目以外は、コマンドによって表示が変わります。

 コマンドが終了しているときにEnterキーを押すと、直前のコマンドが繰り返されるので注意しましょう。

コマンドをキャンセルしたり終了したりすると、コマンドラインは空白行になります。コマンドラインの上には直前にコマンドラインに表示されていた文字が表示されます。これは時間とともに薄くなり消えます（右図）。行が空白になっているときはコマンドが実行されていない、コマンド待ち（ユーザーからの命令をAutoCAD LTが待っている状態）を表します。

コマンド実行中

コマンドをキャンセルや終了したときは空白行

COLUMN コマンド名のキー入力について

コマンド名をキー入力するとき、コマンドの英語表記のスペルをすべて入力する代わりに、コマンドのエイリアス (コマンドの略称) を入力して実行することもできます。たとえば [線分] コマンドは「LINE」と入力しても実行できますが、エイリアスである「L」を入力することでも実行できます。

機械製図でよく使う主なエイリアスは、次の表の通りです (コマンド名とエイリアスは、半角であれば大文字・小文字は問いません)。頻繁に使うコマンドのエイリアスを覚えておきましょう。

オブジェクトの作成に使うコマンド				オブジェクトの編集に使うコマンド			
分類	アイコン	エイリアス	コマンド名	分類	アイコン	エイリアス	コマンド名
さまざまな線		L	線分 LINE	削除・伸縮 部分削除・ 結合		E	削除 ERASE
		XL	構築線 XLINE			BR	部分削除 BREAK
		SPL	スプライン SPLINE			※2	点で部分削除 BREAKの[1点目 (F)]オプション
		PL	ポリライン PLINE			TR	トリム TRIM
		CM	中心マーク CENTERMARK			EX	延長 EXTEND
		CL	中心線 CENTERLINE			S	ストレッチ STRETCH
閉じた形状		REC	長方形 RECTANG			LEN	長さ変更 LENGTHEN
		C	円 CIRCLE			J	結合 JOIN
		POL	ポリゴン POLYGON			SC	尺度変更 SCALE
		EL	楕円 ELLIPSE	コーナー 処理		F	フィレット FILLET
文字		MT	マルチテキスト MTEXT			CHA	面取り CHAMFER
		DT	文字記入 TEXT	移動・複写		M	移動 MOVE
ブロック		B	ブロック作成 BLOCK			CO	複写 COPY
		I	ブロック挿入 INSERT			O	オフセット OFFSET
その他		MLD	マルチ引出線 MLEADER			MI	鏡像 MIRROR
		H	ハッチング HATCH			RO	回転 ROTATE
		DO	ドーナツ DONUT			AR	配列複写 ARRAY
		PO	点 ※1 POINT	その他		X	分解 EXPLODE

※1 [点] コマンドは、アイコンをクリックすると「複数点」、エイリアスを入力すると「単数点」が実行されます。
　　複数点…点を描画してもコマンドは終了しない。
　　単数点…点を描画するとコマンドが自動的に終了する。

※2 エイリアスはありませんが、「BR」で [部分削除] コマンドを実行して [F] オプションを使うことで [点で部分削除] コマンドと同様のことが行えます (P.282の手順7〜11を参照)。

48

2-4-3 コマンドライン

　図面を新規作成したばかりのとき、コマンドラインは空白になっています（図）。コマンドを実行すると、さまざまな情報が表示されるようになります。

　[長方形]コマンドを例にコマンドラインの様子を確認しましょう（[長方形]コマンドについては第3章で解説します）。ここでは練習用ファイルを使った実習は行わず、コマンドを実行するとコマンドラインの表示がどう変わっていくかの流れを見ていきましょう。

1 ［ホーム］タブ－［作成］パネル－［長方形］をクリックする。

コマンドラインには図のように、コマンド名と標準の操作、コマンドのオプションが表示されます。この例では、オプションを使わない場合、ユーザーは一方のコーナーを指定します。

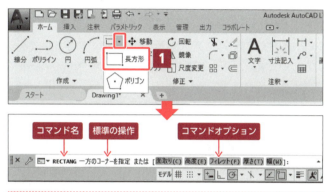

> **HINT**　[長方形]コマンドは、キーボードから「RECTANG」または「REC」と入力して Enter キーを押しても実行できます（コマンド名は、半角であれば大文字・小文字は問いません）。

2 標準の操作「一方のコーナーを指定」に従い、作図領域の任意の位置をクリックする。

コマンドラインは図のようになります。今まで表示されていた行は上に移動し、下に新しいコマンドオプションと標準の操作が表示されます。

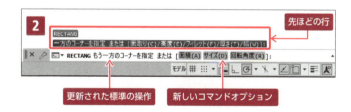

3 更新された標準の操作「もう一方のコーナーを指定」に従い、作図領域の任意の位置をクリックする。

コマンドラインは図のようになります。長方形が作図されて、コマンドが自動的に終了した状態です。

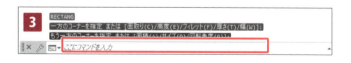

　コマンドラインにはユーザーが実行したコマンドのほかに、AutoCAD LTが自動的に実行している自動保存も表示されます。初期設定では、10分間隔で自動保存が行われます。コマンドラインには、保存されたタイミングで図のような案内が表示されます。

> **注意**　保存先のフォルダ名はユーザーや端末、設定によって異なります。

また、コマンドラインに表示された内容をさかのぼって確認したい場合、コマンドラインの右端にある［▲］をクリックするか、F2キーを押すことで展開して（図）表示することができます。

2-4-4 コマンドオプション

コマンドを実行したとき、標準の操作以外のかき方ができるものには、コマンドの「オプション」が用意されています。2-4-3の［長方形］コマンドの例では、長方形をかきながらフィレット（コーナーの丸み）も指定したい場合、オプションの［フィレット（F）］を使用します。

ダイナミック入力がオンになっているときには（初期設定ではオンです）、コマンドラインだけでなくカーソルの右にも標準の操作が表示されます。オプションが使用できるときには、このカーソル右の標準操作のすぐ後に のマークが表示されます。このマークが表示されているときにキーボードの↓キーを押すと、オプションのリストが展開します。オプションを実行するには、このリストの中から使いたいオプションをクリックする方法と、↓（↑）キーを押して●マークを使いたいオプション名まで移動させ（図）、Enterキーを押す方法があります。

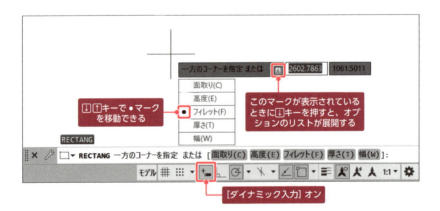

このほかにも、コマンドラインに表示されているオプション名をクリックして実行する方法や、オプション名の右にかかれたアルファベットを半角でキーボードから入力してEnterキーで実行する方法もあります。

キーボードから入力するオプションのアルファベットは、半角であれば大文字・小文字は問いません。

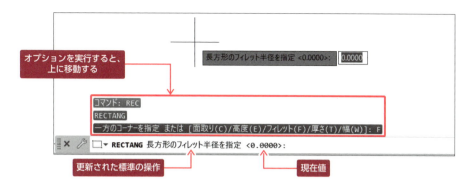

　［フィレット（F）］のコマンドオプションを実行したら、更新された標準の操作に従い、フィレット半径として指定したい数値を入力し、Enter キーを押します。

 「現在値」には直前に使用した半径の値（初期値から変更していない場合は初期値）が表示されます。値を変更せずにそのまま使いたい場合は、入力せずに Enter キーを押すと現在値が適用されます。

　ここでは［長方形］コマンドの例でオプションの確認をしましたが、これ以外にもオプションが用意されているコマンドがたくさんあります。よく使うオプションは以降の章で実際に作図を行いながら紹介します。

2-5 座標入力と作図補助設定

📄 2-5-3.dwg 📄 2-5-6.dwg 📄 2-5-7.dwg 📄 2-5-8.dwg

AutoCAD LTで正確な作図をするために役立つのが「座標入力」と「作図補助設定」です。ここでは、これらの基本的な使い方を学習します。

2-5-1 座標入力と作図補助設定の概要

　製図を行うとき、作図位置の指定の方法として任意の位置を指定することもありますが、多くの場合、「どこに」「どこから」「どこまで」など位置や距離を指定して正確な作図をする必要があります。AutoCAD LTでは作図中、正確な位置を座標入力で指定できます。座標入力には、原点を基点として座標を入力する「絶対座標入力」と、直前の点を基点として座標を入力する「相対座標入力」の2つの方法があります。

　さらに、それぞれの座標入力にはX軸方向、Y軸方向への距離数値を入力する「直交座標」と、指定した角度方向への距離を入力する「極座標」があります。

　座標入力は、コマンドラインに「○○を指定」と表示されているときに行います。

　また、正確な作図をするためのツールとして「作図補助設定」があります。作図補助設定には、方向を指定したり、既存のオブジェクトの特定の位置にスナップ（吸着、ぴったり合わせる）させてかいたりするためのツールなどが用意されています。作図補助設定のボタンは画面の一番下に用意されています（図・表）。

　ボタンの色が水色の状態がオン、グレーの状態がオフを表します。ボタンはクリックするごとにオン／オフが切り替わります。

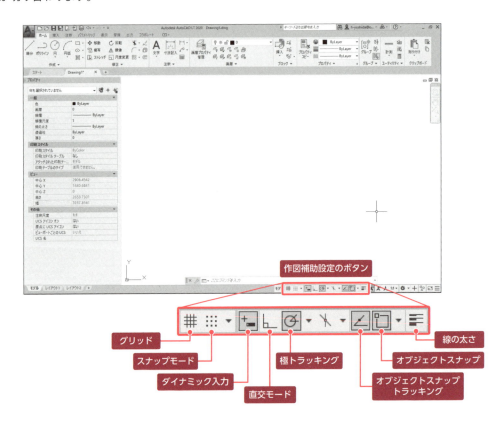

ボタンをオンにすると、それぞれ以下の機能を使うことができます。各ツールのオン／オフはボタンをクリックして切り替えるほかに、ツール名の（ ）内のキーを押しても切り替えることができます。

ボタン	ツール名	機能
▦	グリッド （F7 キー）	作図領域に設定したグリッド（格子）を表示させます。
⁝⁝⁝	スナップモード （F9 キー）	グリッドにスナップ（吸着、ぴったり合わせる）させます。設定したグリッドの格子の交点だけをカーソルで選択できるようになります。
＋	ダイナミック入力 （F12 キー）	入力項目やオプション選択などがカーソルのすぐ横で操作できるようになります（P.50参照）。
⌐	直交モード （F8 キー）	カーソルの動きを現在の座標系の軸と平行の方向のみに制限します。
⊘	極トラッキング （F10 キー）	カーソルの動きに合わせ、設定した固定間隔の角度ごとにガイドが表示されます。ガイドが表示されている状態で位置を指定することで、設定した角度に沿わせた作図ができます。
∠	オブジェクトスナップトラッキング （以下「Oトラック」） （F11 キー）	作図時にほかのオブジェクトとの特定の位置や、関係を持つ位置を指定することができます。Oトラックを使うときにはOスナップをオンにする必要があります。
▫	オブジェクトスナップ （以下「Oスナップ」） （F3 キー）	オブジェクトの端点・交点・中心点など幾何学的な重要点を検出して、クリック時にスナップさせます。
≡	線の太さ	線の太さを表示します。オフの状態のときは、すべての太さの線を細い線で表示します。

[直交モード]と[極トラッキング]は同時にオンにすることができません。

2-5-2 絶対座標入力と相対座標入力

絶対座標入力では、常に原点（0，0）を基点とします。位置の指定には2種類の方法があります。

- **直交座標**：［#X,Y］（X方向とY方向への距離）を入力
  例：［#15,30］
- **極座標**：距離と角度を入力
  例：［#10<25］

「#」はダイナミック入力がオンのときに「原点から」を表します。

相対座標入力では、直前に指定した点を基点とします。絶対座標入力同様、次の2種類の指定方法があります。

- **直交座標**：［X,Y］（X方向とY方向への距離）を入力
  例：［15,30］
- **極座標**：［距離<角度］を入力
  例：［10<25］

初期設定ではダイナミック入力がオンになっているので、上記のように表します。しかし、ダイナミック入力をオフにして座標を入力する場合、「X,Y」の前に何も付けないときが「絶対座標入力」となり、相対座標入力をする場合は「X,Y」の前に「@」を付けて入力します。
いずれも半角で入力します。

次の図は絶対座標値［5,4］の位置を「始点」にして、「直交座標」で「次の点」を指定した線分作図の例です。「次の点」として指定する座標は次の通りになります。

絶対座標入力の場合［#10,7］
相対座標入力の場合［5,3］

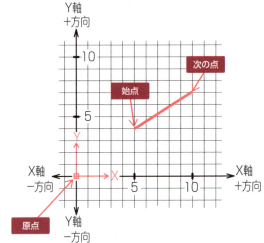

次の図は、「相対座標入力」の「極座標」で「次の点」を指定した線分作図の例です。「次の点」として指定する座標は［5<30］です。

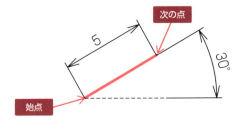

 数値入力フィールドを使い角度・長さを指定して線分をかくこともできます。
使用方法は実際の作図練習で紹介します。

COLUMN　角度について

AutoCAD LTでは、始点からX軸の＋方向（3時の方向）を0°としています。反時計回りが角度の＋方向です。
図は、中心の十字部分を始点としたときの線分の角度を15°ずつ数値にしたものです。内側の大きな文字の角度がプラス入力する場合、外側の小さな文字の角度がマイナス入力する場合の角度値です。
同じ水平線でも、始点から右方向にかいた場合は「0°の線分」、左方向にかいた場合は「180°(-180°)の線分」となります。

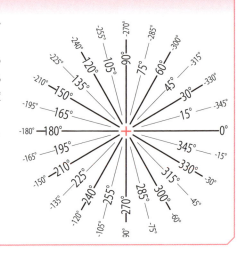

2-5-3 ［スナップモード］と［グリッド］

初期設定ではスナップとグリッドはどちらも10間隔で、同じ値になっています。そのため、［スナップモード］と［グリッド］をオンにすると、コマンド実行中のカーソルによる位置指定で、カーソルが座標上をグリッド単位、10間隔ごとに移動するようになります。

■実習：［スナップモード］と［グリッド］を使ってみよう

1. 練習用ファイル「2-5-3.dwg」を開く。
2. 作図補助設定のボタンでオンになっているものがある場合は、クリックしていったんすべてオフにする。

［グリッド］をオンにしてみましょう。

3. ［グリッド］ボタンをクリックする。

作図領域上にグリッドが表示され、コマンドラインの上には＜グリッドオン＞と表示されます。

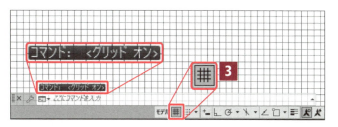

［スナップモード］をオンにしてみましょう。

4. ［グリッド］ボタンはそのままで、［スナップモード］ボタンをクリックする。

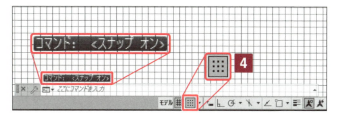

コマンドラインの上に＜スナップオン＞と表示されます。

コマンドの実行をしない状態でカーソルの動きを確認してみましょう。

5. カーソルの形を確認して動かす。

カーソルは図の形であり、動きがなめらかであることを確認します。

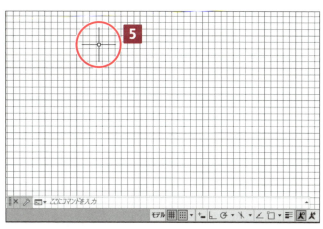

［線分］コマンドを実行し、カーソルの動きを確認してみましょう。

6. ［ホーム］タブ－［作成］パネル－［線分］をクリックする。

コマンドラインに標準の操作として「1点目を指定」と表示されます。カーソルは交点に□のない十字に変わります。

7 カーソルの形を確認して動かす。

カーソルは格子の交点の上のみを移動します。

8 [Esc]キーを押してコマンドをキャンセルする。

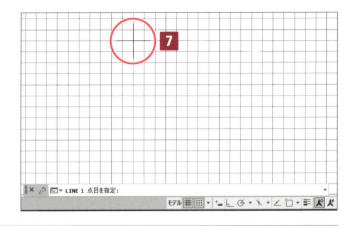

 HINT 手順7を行う際、画面を極端に縮小しているとグリッドの表示間隔（ミリメートルのテンプレートの初期値では10mm間隔）が省略され、100mm間隔など広い格子表示になることがあります。格子の間隔が省略されても、スナップは元の設定である10mm間隔で行われるため、見た目の格子の交点上へのスナップではなくなります。画面拡大操作を行って表示を元の10mm間隔のグリッドに戻せば、カーソルは格子の交点上にスナップします。

このようにスナップの機能は、コマンド実行中にカーソルで位置を指定するときに有効で、位置の指定時以外ではカーソルの動きを制限しません。

2-5-4 ［直交モード］

［直交モード］はカーソルの動きを水平／垂直方向のみに制限する機能です。

■ 実習：［直交モード］を使ってみよう

2-5-3 で開いた練習用ファイル「2-5-3.dwg」を引き続き使い、2-5-3 にならってコマンドを実行しない状態と、実行した状態でカーソルの動きを確認します。コマンド実行中の場合は[Esc]キーを押して解除し、作図補助設定のボタンをいったんすべてオフにしてから実習を開始します。

［直交モード］をオンにしてみましょう。

1 ［直交モード］ボタンをクリックする。

作図領域上では変化はありません。コマンドラインの上には＜直交モードオン＞と表示されます。

2 カーソルの動きを確認する。

3 ［ホーム］タブ ―［作成］パネル ―［線分］をクリックする。カーソルが交点に□のない十字に変わったら、カーソルの動きを確認する。

コマンドの実行をしない状態でも、実行した状態でも、カーソルが作図領域上をなめらかに移動します。

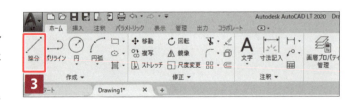

1点目を指定します。

4 作図領域上の任意の位置をクリックする。

コマンドラインに「次の点を指定」と表示されます。

5 カーソルを斜め方向に動かす。

1点目として指定した位置からカーソルの動きに合わせて、線分のプレビューが水平／垂直方向のみに制限されて表示されます。

6 [Esc]キーを押してコマンドをキャンセルする。

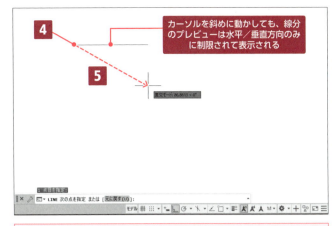

 ここでは[線分]コマンドを途中でキャンセルしていますが、「1点目」として作図領域上の任意の位置をクリックした後、「次の点」として別の位置をクリックすれば、線分が作図されます。また、1点目からカーソルを動かして方向を示した後で、数値を入力して[Enter]キーを押せば、次の点までの距離（線分の長さ）を指定できます。

このように直交モードの機能は、コマンド実行中に直前の指定点からカーソルで位置を指定するときに有効で、直前の指定点がない場合に位置を指定するときにはカーソルの動きを制限しません。

COLUMN 直交モードの機能を使ってかく線分が水平と垂直のどちらになるか

線分が水平と垂直のどちらになるかは、1点目とカーソルを結んだ角度がX軸とY軸のどちらに近いかで決まります。カーソルが1点目から45°の位置より低ければ線分は水平線になり（左図）、カーソルが1点目から45°の位置より高ければ垂直線になります（右図）。

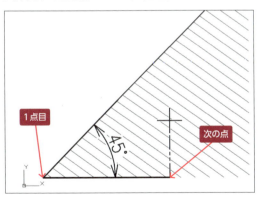
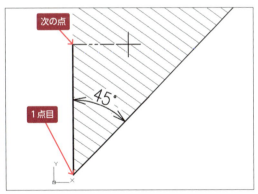

2-5-5 ［極トラッキング］

［極トラッキング］は、あらかじめ設定した角度にカーソルが重なると「位置合わせパス」（「ガイド」や「パス」ともいいます）を表示する機能です。位置合わせパスが表示されている状態でクリックしたり、数値を入力すると、位置合わせパスが表示されている角度上を指定することができます。［直交モード］の機能のようにカーソルの動きは制限されません。

■ 実習：［極トラッキング］を使ってみよう

2-5-3で開いた練習用ファイル「2-5-3.dwg」を引き続き使います。コマンドが実行中の場合は Esc キーを押して解除します。

［極トラッキング］を有効にする

1 ［極トラッキング］ボタンをクリックする。

［極トラッキング］がオンになると自動的に［直交モード］は解除されます。

［極トラッキング］の設定を変更する

初期設定では位置合わせパスが90°ごとに表示されるのを、30°ごとに変更します。この手順は設定を変更したいときのみ行うもので、毎回行う必要はありません。

1 ［極トラッキング］ボタンを右クリックし、ショートカットメニューから［トラッキングの設定…］を選択する。

［作図補助設定］ダイアログボックスの［極トラッキング］タブが表示されます。

2 ［極トラッキングオン］にチェックが入っていることを確認する。

3 ［極角度の設定］の［角度の増分］の入力欄に「30」と入力する。

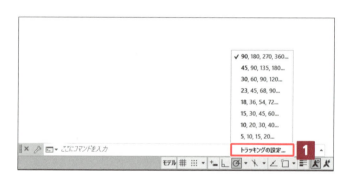

> **HINT** 入力欄右側の☑をクリックして、プルダウンリストから数値を選択することもできます。

4 ［OK］ボタンをクリックする。

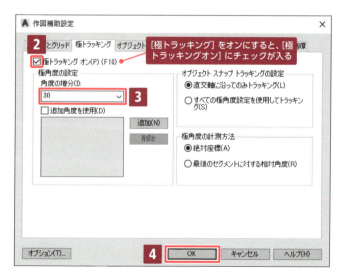

58

位置合わせパスの表示を確認する

[線分] コマンドを実行し、位置合わせパスを確認してみましょう。

1 [ホーム]タブ —[作成]パネル —[線分]をクリックする。

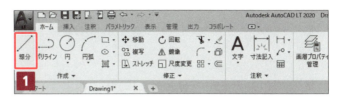

カーソルが交点に□のない十字に変わったら、1点目を指定します。

2 作図領域上の任意の位置をクリックする。

コマンドラインに「次の点を指定」と表示されます。

3 カーソルを右方向に動かす（クリックはしない）。

0°の方向に位置合わせパス（無限点線表示）が表示されます。

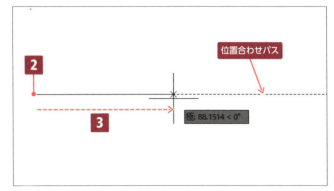

4 カーソルを少し上に動かす。

位置合わせパスが消えます。

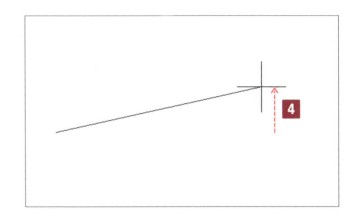

5 さらにカーソルを上のほうに動かす。

プレビューが30°になったところ、60°になったところ、といったように設定した30°の間隔ごとに位置合わせパスが表示されます。

6 [Esc]キーを押してコマンドをキャンセルする。

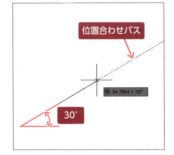

　作図補助設定の［極トラッキング］は［直交モード］のように作図の方向を制限するのではなく、設定した角度に基づいて表示された位置合わせパスに作図を沿わせる機能です。［極トラッキング］がオンになっていても、位置合わせパスが表示されていない任意の位置への作図が可能です。

2-5-6 ［オブジェクトスナップ］（O スナップ）

［O スナップ］は位置の指定時に、あらかじめ設定したオブジェクトの重要な点にスナップさせる機能です。

■実習：［O スナップ］を使わずに作図してみよう

1 練習用ファイル「2-5-6.dwg」を開く。

まずは［O スナップ］を使わずに作図して確認します。

2 作図補助設定をすべてオフにする。

3 ［ホーム］タブ ―［作成］パネル ― ［線分］をクリックする。

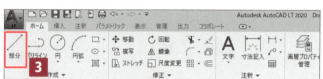

カーソルが交点に□のない十字に変わったら、1 点目を指定します。

4 既存の線分の上の端点をクリックする。

コマンドラインに「次の点を指定」と表示されます。

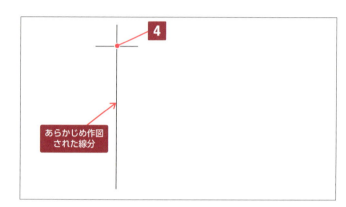

5 カーソルを右方向に動かし、任意の位置をクリックする。

6 Enter キーまたは Esc キーを押してコマンドを終了する。

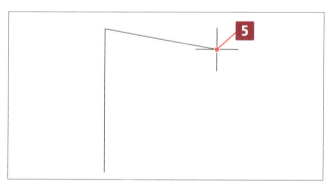

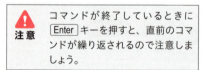

注意 コマンドが終了しているときに Enter キーを押すと、直前のコマンドが繰り返されるので注意しましょう。

7 既存の線分と、作図した線分の交点を拡大して確認する（画面拡大の方法は P.43「2-3-1　画面の拡大・縮小」を参照）。

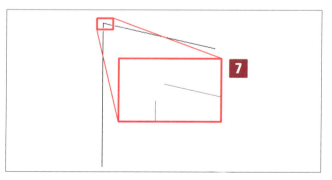

ここでは、端点どうしが離れてしまいました。これは例ですが、［O スナップ］を使わない場合、線分の端点にぴったり合わせてかくのはとても難しいことです。

■ 実習：[Oスナップ] を使って作図してみよう

今度は [Oスナップ] をオンにして作図し、確認します。

[Oスナップ] をオンにする

1 [Oスナップ]ボタンをクリックする。

[Oスナップ] の設定を変更する

[Oスナップ] の設定を変更します。この手順は設定を変更したいときのみ行うもので、毎回行う必要はありません。

1 [Oスナップ]ボタンを右クリックし、ショートカットメニューから[オブジェクトスナップ設定...]を選択する。

[作図補助設定] ダイアログボックスの[オブジェクトスナップ] タブが表示されます。

2 図のように設定する。

AutoCAD LTはさまざまな分野で使われる汎用CADですが、ここでは機械製図を行いやすい設定に変更します。

左の列すべてと、右の列の上から4つの項目にチェックを入れ、有効にします。

3 [OK]ボタンをクリックする。

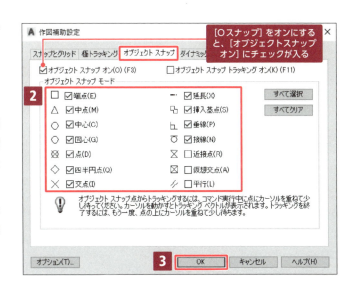

Oスナップの確認をする

[線分] コマンドを実行し、Oスナップの確認をしてみましょう。

1 [ホーム]タブ ―[作成]パネル ―[線分]をクリックする。

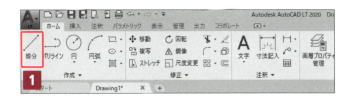

1点目を指定します。

2 既存の線分の下の端点にカーソルを近づける。

「AutoSnapマーカー」と呼ばれる四角いマーカー（図中の色付き部分）が線分の下の端点に表示され、カーソルの右下には［端点］という黒い枠で囲まれた文字が表示されます。

 HINT　「AutoSnapマーカー」とはOスナップを使うときに表示されるマークのことで、「ポインタキュー」や「マーカー」とも呼ばれます。

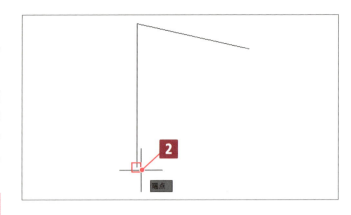

3 マーカーが表示された状態でクリックする。

コマンドラインに「次の点を指定」と表示されます。

4 任意の位置をクリックして指定する。

5 Enter キーまたは Esc キーを押してコマンドを終了する。

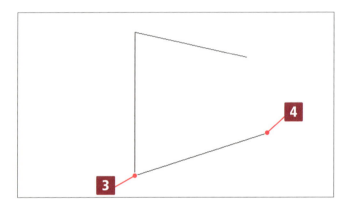

6 既存の線分と、手順1〜5で作図した下の線分の交点を拡大して確認する（画面拡大の方法はP.43「2-3-1　画面の拡大・縮小」を参照）。

どれだけ拡大しても、線分の端点にぴったりくっついています。［Oスナップ］のツールを使うことで、このように正確な作図を行うことができます。

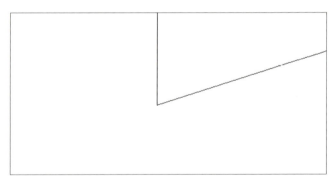

［Oスナップ］には［端点］のスナップのほかに、［中点］や円の［中心］にスナップさせるものもあります。［Oスナップ］の種類、概要、マーカーの形状は次の通りです。

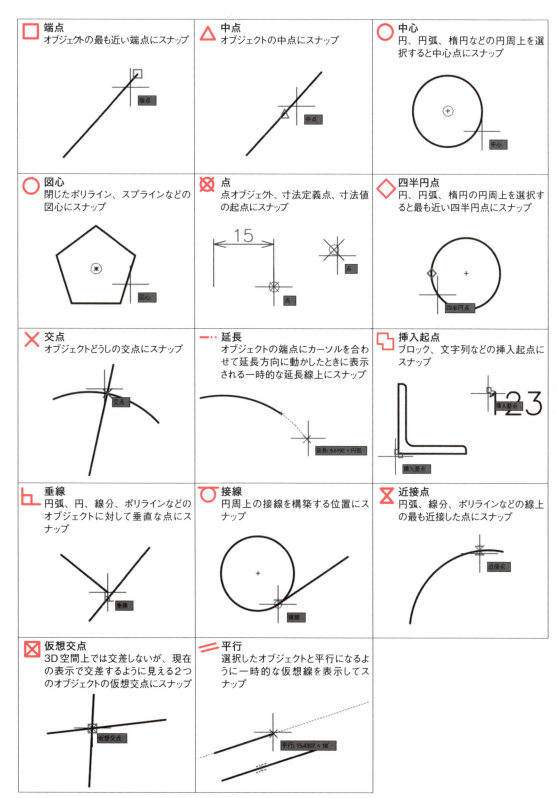

2-5-7 ［オブジェクトスナップトラッキング］（Oトラック）

［Oトラック］は位置の指定時に、ほかのオブジェクトから特定の距離や角度を指定することができます。［Oトラック］は［Oスナップ］を使い、［極トラッキング］で設定した角度に沿わせます。そのため、［極トラッキング］の設定をし、［Oスナップ］も同時にオンにしたうえで［Oトラック］を使用します。

■ 実習：［Oトラック］を使ってみよう

この実習では新しい練習用ファイルを使用します。2-5-5 で行った［極トラッキング］の設定、2-5-6 で行った［Oスナップ］の設定はそのまま使います。

1. 練習用ファイル「2-5-7.dwg」を開く。

既存の線分の上の端点からX軸プラス方向に50離れた位置から線分をかきます。

2. 作図補助設定の［極トラッキング］［Oスナップ］［Oトラック］をオンにする。

3. ［ホーム］タブ ─［作成］パネル ─［線分］をクリックする。

カーソルの形が交点に□のない十字に変わります。

4. 既存の線分の上の端点にカーソルを近づける。

［端点］のマーカーが表示されます。

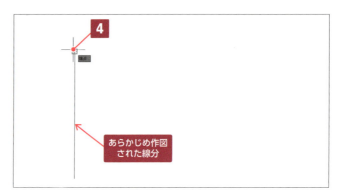

5. クリックはせずに、カーソルを水平に右へ動かす。

端点にマーカーが残ったまま、水平の位置合わせパスが表示されます。また、マーカーと同じ位置に小さな十字マークも表示されています。

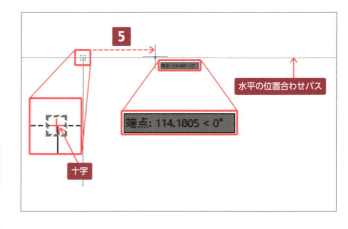

 小さな十字のマークが表示されれば、位置合わせパス自体は消えても、再びカーソルの高さを合わせることでパスが表示されます。この小さな十字マークにカーソルを重ねると、CADが記憶した位置が解除されて十字マークは消えてしまいます。

 手順5のときのカーソルの位置によっては、図のように位置合わせパスのみ表示されることもあります。手順5の図のようにではなくても、このように位置合わせパスが表示されていれば同様に機能します。

距離を指定します。

6 「50」と入力し、Enter キーを押す。

水平の位置合わせパスに沿って、既存の線分の上の端点から50離れた位置に、1点目 が指定されます。

 数字を入力したときにカーソルがずれてパスが消えてしまうと、正しい水平方向の指定ができません。入力したら、パスが消えていないか確認してから Enter キーを押しましょう。AutoCAD LT 2019の場合、数字入力時にパスが消えやすいです。[ダイナミック入力] ボタンをオンにしておくとパスが消えにくくなります。

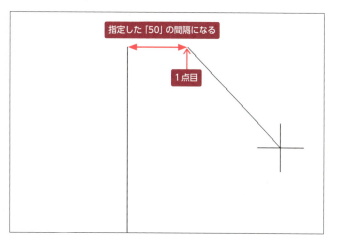

コマンドラインには「次の点を指定」と表示されます。まだ1点目が決まっただけなので、カーソルを動かすとプレビューはカーソルに追従します。

7 Esc キーを押してコマンドをキャンセルする。

2-5-8 ［優先オブジェクトスナップ］

　［優先オブジェクトスナップ］（［一時オブジェクトスナップ］ともいいます）は位置の指定時に、一時的に設定したオブジェクトの重要な点にスナップさせる機能です。選択したスナップが優先され、その他のスナップは効かなくなります。優先されたスナップは、一度使うと優先が解除されます。

■ 実習：［優先オブジェクトスナップ］を使ってみよう

　この実習では新しい練習用ファイルを使用します。2-5-5で行った［極トラッキング］の設定、2-5-6で行った［Oスナップ］の設定はそのまま使います。

1 練習用ファイル「2-5-8.dwg」を開く。

既存の線分の上の端点を始点として、既存の円に接した線分を作図します。

2 ［Oスナップ］をオンにする。

 ［極トラッキング］と［Oトラック］はオンでもオフでもこの操作には影響がありません。ここではいずれもオフにしています。

3 ［ホーム］タブ ー ［作成］パネル ー ［線分］をクリックする。

カーソルの形が交点に□のない十字に変わります。

4 既存の線分の上の端点にカーソルを近づける。

5 ［端点］のマーカーが表示される位置をクリックする。

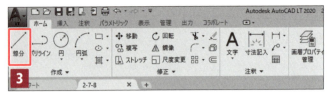

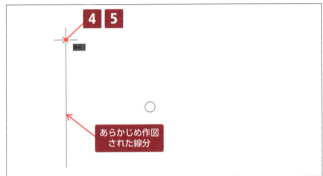

これで線分の1点目を指定できました。まず優先オブジェクトスナップを使わずに、既存の円まで線分を伸ばしてみましょう。

6 図に示したあたりまでカーソルを移動し、円の上端に沿うように左右にカーソルを動かす。

カーソルの位置によって、［垂線］→［中心］→［四半円点］→［接線］とマーカーが変化します。

円が小さいので、マーカーが混み合って選びにくいです。

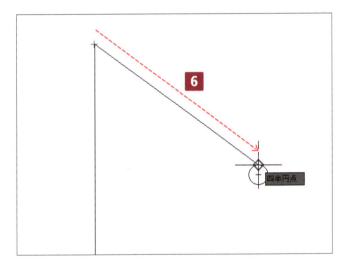

次に、優先オブジェクトスナップを使って試してみましょう。

7 線分のプレビューが表示された状態で、右クリックする。

8 ショートカットメニューから［優先オブジェクトスナップ］ー［接線］を選択する。

 HINT 手順7で Ctrl キーを押しながら右クリックすると、手順8の［優先オブジェクトスナップ］の選択操作を省略して、優先オブジェクトスナップのメニュー（図のメニューの右側）を表示できます。

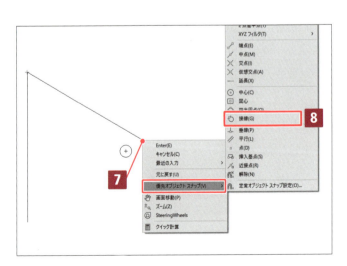

これで一時的に［接線］のスナップが優先的にオンになります。

9 図に示したあたりでカーソルを動かす。

［接線］のマーカーのみが表示されます。カーソルを動かしても、ほかのマーカーは表示されません。

10 Esc キーを押してコマンドをキャンセルする。

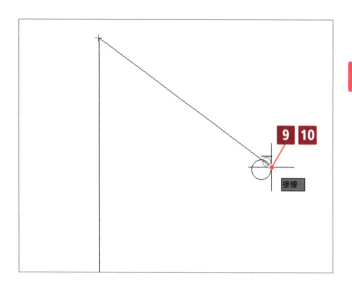

2-6 オブジェクトの選択と選択解除

📄 2-6-1.dwg   📄 2-6-2.dwg   📄 2-6-3.dwg

作図中、オブジェクトを削除したり、複写や回転をするなど、さまざまな場面でオブジェクトを選択します。ここではさまざまなオブジェクトの選択方法を学習します。

2-6-1 オブジェクトを個別に選択／選択解除する

オブジェクトの選択は、コマンド実行中にコマンドラインに「オブジェクトを選択」と表示されたときに行います。コマンドを何も実行していない状態でオブジェクトを選択することもできます。

■ **実習：クリックで「選択」「追加選択」「選択解除」を行ってみよう**

1 練習用ファイル「2-6-1.dwg」を開く。

 オブジェクトの選択では、作図補助設定のオン／オフは問いません。

一番右の線分を選択します。

2 右の線分をクリックする。

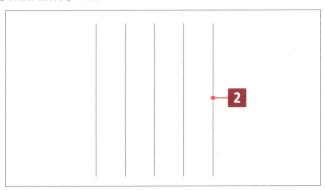

線分は水色表示になり、線分の両端点と中点に「グリップ」と呼ばれる青い■が表示されます。

 選択を解除するときは Esc キーを押します。

続けて、線分を追加選択します。

3 右から2番目の線分をクリックする。

初期設定ではクリックだけで選択オブジェクトが追加されます。

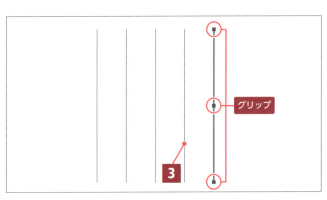

選択済みのオブジェクトを選択解除します。

4 Shift キーを押しながら、一番右の線分をクリックする。

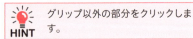 グリップ以外の部分をクリックします。

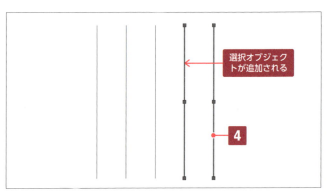

一番右の線分が選択解除されます。

一般的なWindowsの共通操作では、Shiftキーや Ctrl キーを押しながら追加選択（選択解除）を行います。しかし、AutoCAD LTではキーを押さずに追加選択でき、選択解除したいときにのみShiftキーを押しながら操作します。

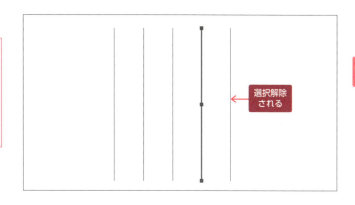

2-6-2 オブジェクトをまとめて選択／選択解除する

オブジェクトはまとめて選択することができます。枠で囲む「窓選択」と「交差選択」がよく使われます。左から右に囲む「窓選択」（実線の青い枠が表示される）は、囲んだ枠に完全に含まれるオブジェクトを一度にまとめて選択できます。右から左に囲む「交差選択」（破線の緑の枠が表示される）は、囲んだ枠に完全に含まれる、または一部が含まれるすべてのオブジェクトを一度にまとめて選択できます。

■ 実習：「交差選択」でまとめて選択してみよう

1　練習用ファイル「2-6-2.dwg」を開く。

オブジェクトの選択では、作図補助設定のオン／オフは問いません。

線分を「交差選択」でまとめて選択します。

2　カーソルを右の線分の右上に移動し、クリックする。

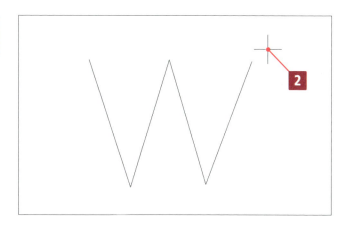

3　カーソルを左下に移動する。

手順2でクリックした位置から矩形状に点線が表示されます。枠内は半透明の緑色になり、カーソルの右下には「交差選択」であることを表すマークが表示されて、選択対象のオブジェクトは少し太い表示になります。

4　図のカーソルのあたり（右から2本目の線分の真ん中あたりを点線が通過するくらいの位置）をクリックする。

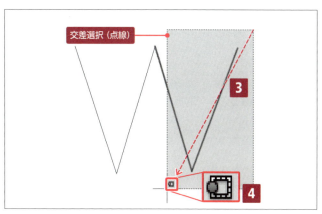

右から2本の線分が選択されます。

選択したオブジェクトをすべて選択解除します。

5 Esc キーを押す。

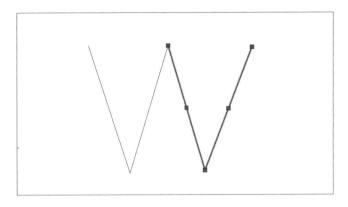

■ 実習：「窓選択」でまとめて選択してみよう

引き続き練習用ファイル「2-6-2.dwg」を使います。今度は線分を「窓選択」でまとめて選択します。

1 カーソルを中央上部の右上に移動し、クリックする。

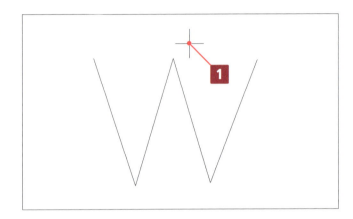

2 カーソルを右下に移動する。

手順1でクリックした位置から矩形状に実線が表示されます。枠内は半透明の青色になり、カーソルの右下には「窓選択」であることを表すマークが表示されて、選択対象のオブジェクトは少し太い表示になります。

3 図のカーソルのあたりをクリックする。

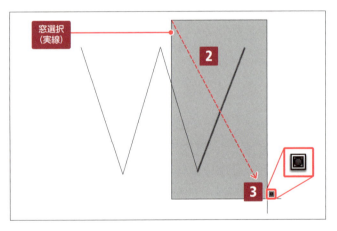

右から1本の線分のみが選択されます。

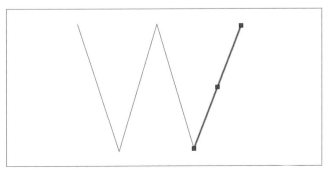

■ **実習：図面上のすべてのオブジェクトを選択、選択解除してみよう**

引き続き練習用ファイル「2-6-2.dwg」を使い、図面上のすべての線分を選択します。

1 [Ctrl]キーを押しながら[A]キーを押す。

この操作を行うと、図面上のすべてのオブジェクトが選択されます。

 [Ctrl]+[A]キーのショートカットキーはAutoCAD LT独自の機能ではなく、Windowsの共通機能です。AutoCAD LT以外のソフトやフォルダがアクティブになっている状態で行うと、そのソフトやフォルダ内が「全選択」されるので注意してください。

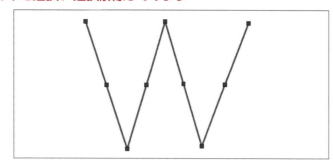

左から2本の線分の選択をまとめて解除します。

2 [Shift]キーを押しながら、カーソルを一番左の線分の左上に移動し、クリックする。

3 カーソルを右下に移動する。

手順2でクリックした位置から矩形状に青の枠が表示されます。カーソルの右下には「窓選択」であることを表すマークが表示されます。

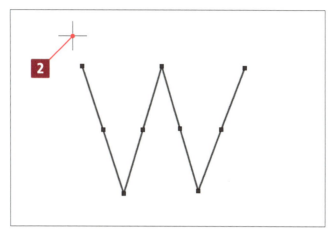

4 選択解除したい左から2本の線分がしっかり枠内に収まる位置（図に示したあたり）をクリックする。

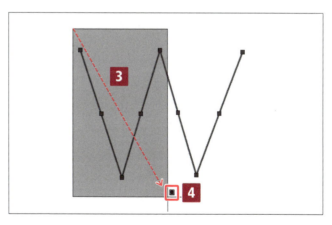

左から2本の線分の選択が解除され、図のようになります。

5 [Esc]キーを押して、すべての選択を解除する。

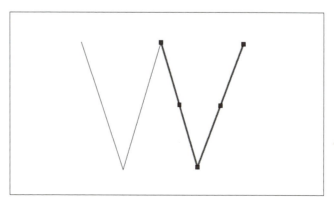

COLUMN　交差選択と窓選択のどちらを使うか

先ほどの実習のような単純な図形の場合、「交差選択」でも「窓選択」でも囲む範囲を変えれば、同じオブジェクトを選択することができます。しかし、オブジェクトが多く交差し合った図形の場合、どちらの選択を使うかで手数が違ってきます。たとえば、図のレバーの部分（色付きで示した部分）の8要素のみを選択したい場合、一度に行おうとすると「交差選択」では不要なものまで選択されてしまいます。

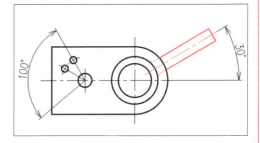

「完全に含まれるもののみ選択する」という「窓選択」の特徴を生かして左図のように選択すると、不要なものは選択せずに一度にレバーの部分のみを選択することができます。

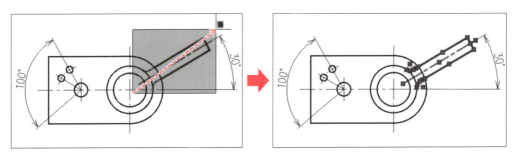

逆に「交差選択」でないとうまくいかない選択もあります。たとえば、4本の線分で作られた長方形の直交した2辺を選択する場合、「完全に含まれるもののみ選択する」窓選択では一度に選択することができません。しかし、交差選択で左図のように囲めば、同時に2本選択することができます。

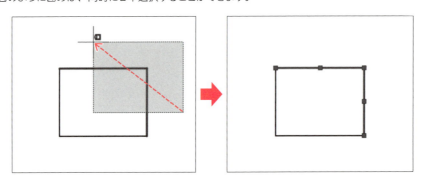

2-6-3 オブジェクトを削除する

オブジェクトを削除するには、主に2つの方法があります。1つはオブジェクトを選択した状態で Delete キーを押す方法、もう1つは［削除］コマンドを実行する方法です。

■ 実習：[削除] コマンドを使ってオブジェクトを削除してみよう

1. 練習用ファイル「2-6-3.dwg」を開く。

> **HINT** オブジェクトの削除では、作図補助設定のオン／オフは問いません。

2. ［ホーム］タブ ―［修正］パネル ―［削除］をクリックする。

コマンドラインに「オブジェクトを選択」と表示されます。カーソルはオブジェクト選択を表す□の形状になります。

3. 一番左の線分をクリックして選択する。

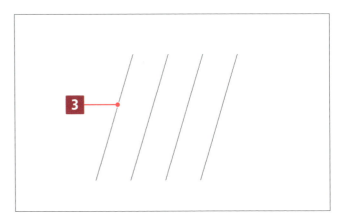

選択した線分が薄い表示になります。通常の選択時のようなグリップは表示されません。コマンドラインには「オブジェクトを選択」と表示され、削除対象を追加で指定できます。

4. 左から2本目の線分をクリックして選択する。

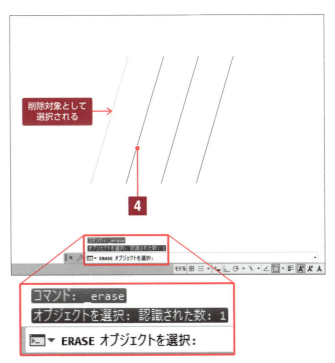

左から2本目が薄い表示になります。

5 Enter キーを押して確定する。

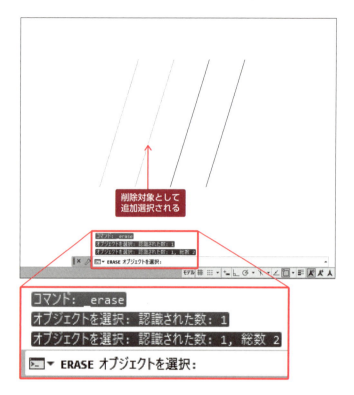

選択した2本の線分が削除されます。

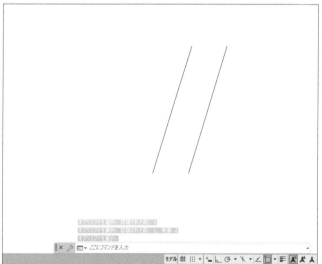

機械部品の図面を作図する

この章では、JISの製図規格に則った機械部品の図面作成を実際に行います。第2章で学習した作図の基本を生かし、図面を作成しながらAutoCAD LTのさまざまなコマンドや製図の基礎を習得しましょう。

3-1 プレートの作図
3-2 キューブの作図
3-3 フックの作図
3-4 ストッパーの作図
3-5 留め金の作図

3-1 プレートの作図

📄 A4_kikai_1.dwt　　📄 3-1-3.dwg　　📄 3-1-4.dwg　　📄 3-1-5.dwg

簡単なプレートを作図しながら、長方形や円の作図などのCAD操作、投影図の位置合わせなどの製図の基本を学びましょう。

3-1-1 この節で学ぶこと

この節では、次の図のような簡単なプレートを作図しながら、以下の内容を学習します。
このプレートは1枚の板に穴が開いた簡単な形状です。正面図と側面図の高さをそろえてかきます。

CAD操作の学習

- 長方形を作図する
- 円を作図する
- 線分を作図する
- 十字中心線を記入する
- 中心線を記入する
- オブジェクトの複写を作成する
- 画層を使い分ける
- 寸法を記入する
  ・長さ寸法
  ・直列寸法
  ・並列寸法
  ・直径寸法
- 図面をPDFファイルに書き出す、または印刷する

製図の学習

- 中心線の線種
- 投影図の位置合わせ
- 投影図の省略
- 寸法線の間隔
- 複数個所の寸法指示と直径記号

完成図面

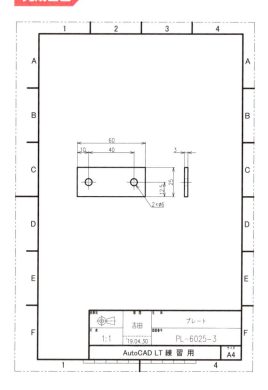

作図部品の形状

> ⚠️ **注意**　AutoCAD LTは2D CADのため、3Dモデルのレンダリングはできません。ここに載せた「作図部品の形状」の3Dモデルは、別のソフトを使ってレンダリングしたものです。

この節で学習するCADの機能

[長方形] コマンド
（RECTANG／
エイリアス：REC）

● 機能
正方形や長方形を作図するコマンドです。このコマンドで作成された長方形は閉じたポリラインの1つの要素になります。オプションには回転や、フィレット／面取りなどのコーナー処理を施したかき方もあります。

● 基本的な使い方
1 [長方形] コマンドを実行する。
2 一方のコーナーを指定する。
3 もう一方のコーナーを指定する。

[円] コマンド
（CIRCLE／
エイリアス：C）

● 機能
円を作図するコマンドです。基本的に円の中心と半径を指定して作図しますが、機械図面では、ほかの要素に接した円を指定して作図するオプションもよく使われます。

● 基本的な使い方
1 [円] コマンドを実行する（初期設定では [中心、半径] オプションが自動的に選ばれる）。
2 円の中心点を指定する。
3 半径（通過点）を指定する。

[線分] コマンド
（LINE／
エイリアス：L）

● 機能
有限線をかくコマンドです。1点目と次の点を指定してかいたり、1点目と方向、長さを指定してかいたりします。

● 基本的な使い方
1 [線分] コマンドを実行する。
2 1点目を指定する。
3 次の点（または方向と長さ）を指定する。
　形状を閉じるか、コマンドを終了するまで連続して線分をかくことができる。

[中心マーク] コマンド
（CENTERMARK／
エイリアス：CM）

● 機能
選択した円や円弧に関連付けられた十字中心線（中心マーク）を記入するコマンドです。中心マークに使う画層を設定しておくことで、中心マーク記入時に画層を手動で変えなくても、設定した画層で記入することができます（画層についてはP.81の「COLUMN」を参照）。

● 基本的な使い方
1 [中心マーク] コマンドを実行する。
2 円または円弧をクリックして選択する。

[中心線] コマンド
（CENTERLINE／
エイリアス：CL）

● 機能
選択した線分やポリラインの線に関連付けられた中心線を記入するコマンドです。中心線に使う画層を設定しておくことで、中心線記入時に画層を手動で変えなくても、設定した画層で記入することができます。

● 基本的な使い方
1 [中心線] コマンドを実行する。
2 1本目の線分（またはポリラインの線）をクリックして選択する。
3 2本目の線分（またはポリラインの線）をクリックして選択する。

[複写] コマンド （COPY／ エイリアス：CO）	●機能 オブジェクトを複製するコマンドです。コマンドを実行してから複写するオブジェクトを指定、複写するオブジェクトを指定してからコマンドを実行、どちらの手順でも複写できますが、後者は選択を確定する Enter キーを押す操作を省くことができます。
	●基本的な使い方 1 複写したいオブジェクトを選択する。 2 ［複写］コマンドを実行する。 3 1点目を指定する。 4 次の点（複写先の点）を指定する。 　コマンドを終了するまで複製を作り続けることができる。
［画層プロパティ管理］ コマンド（LAYER／ エイリアス：LA）	●機能 画層の管理（新規作成、削除など）や画層プロパティの設定を行います（画層についてはP.81の「COLUMN」を参照）。印刷する画層の設定も行えます。
	●基本的な使い方 1 ［画層プロパティ管理］コマンドを実行する。 2 画層を確認し、画層の新規作成や削除、印刷する画層の設定などを行う。
寸法コマンド 	●機能 既存の形状に寸法を入れるコマンドです。寸法の種類によって使い方が変わるので、作図しながら覚えていきましょう。 ●基本的な使い方 1 各寸法コマンドを実行する。 2 寸法基点やオブジェクトを指定する。 3 寸法数値の配置位置を指定する。

3-1-2 作図の準備

ここからは、実際にAutoCAD LTを操作していきます。ここで行う準備の手順は 3-1 から 3-5 まで共通です。

■ 図面ファイルを新規作成する

テンプレートをもとに図面ファイルを新規作成します。

1 AutoCAD LTを起動する。

2 クイックアクセスツールバーの［クイック新規作成］ボタンをクリックする。

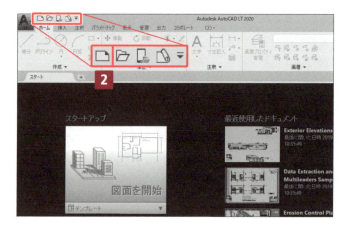

[テンプレートを選択] ダイアログボックスが表示されます。

3 ファイルの種類が[図面テンプレート(*.dwt)]になっていることを確認する。

4 練習用ファイル「A4_kikai_1.dwt」を指定する。

5 [開く]ボタンをクリックする。

テンプレートをもとにした図面ファイルが作成されます。

6 左下のモデル／レイアウトタブが[モデル]になっていることを確認する。

タブをクリックして切り替えることができます。

本書ではレイアウトタブは使いません。モデルタブで作図練習を行います。

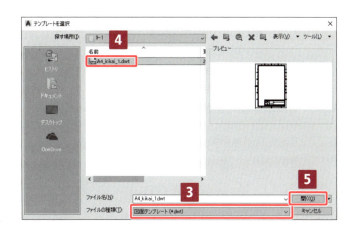

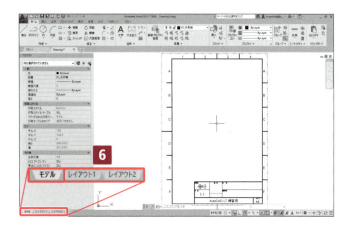

■ 作図補助設定をする

1 （左から）[ダイナミック入力] [極トラッキング] [オブジェクトスナップトラッキング] [オブジェクトスナップ] [線の太さ]をオンにする。

 注意　手順2～7は、設定を変更したいときのみ行うもので、毎回行う必要はありません。

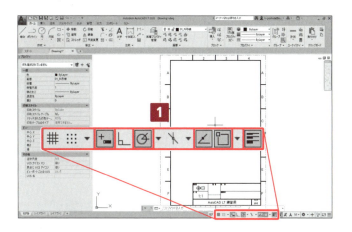

COLUMN 線の太さの表示を調整する

図面上の線が太すぎると感じる場合など、線の太さの表示を調整することができます（モニタ上での表示を変えるだけで、線の太さそのものを変えるわけではありません）。

1 図面を開いた状態で作図領域を右クリックし、ショートカットメニューから［オプション...］を選択する（P.28の手順1～5を参照）。

［オプション］ダイアログボックスが表示されます。

2 ［基本設定］タブをクリックする。
3 ［線の太さを設定...］ボタンをクリックする。

［線の太さを設定］ダイアログボックスが表示されます。

4 ［表示倍率を調整］のスライダーを左にドラッグし、左から2目盛半ほどに合わせる。

スライダーを左にドラッグすると、表示が細くなります。線の太さはお使いの環境やお好みで調整してください。

5 ［適用して閉じる］ボタンをクリックする。
6 ［オプション］ダイアログボックスに戻るので、［OK］ボタンをクリックする。

 HINT 線をすべて太い表示にしたくないという場合は、作図補助設定の［線の太さ］をオフにすれば、すべてが細い表示になります。

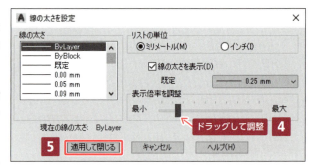

2 ［極トラッキング］ボタンの右の［▼］をクリックし、ショートカットメニューから［トラッキングの設定...］を選択する。

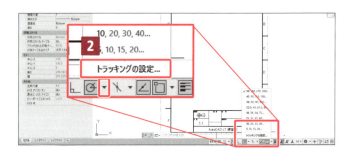

3 ［作図補助設定］ダイアログボックスの［極トラッキング］タブが表示されるので、図のように設定する。

ここでは［追加角度を使用］にもチェックを入れ、角度を「45」「135」「225」「315」と指定します。

HINT 複数の角度を指定する場合は、［追加］ボタンをクリックして角度を入力、の操作を繰り返します。

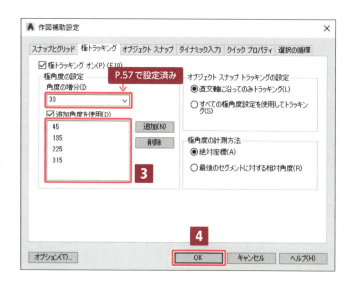

4 ［OK］ボタンをクリックする。

5 オブジェクトスナップの設定がP.61の手順2の図の通りになっていることを確認する。

画層を確認する

1 ［ホーム］タブ ー ［画層］パネルで画層が［01_外形線］と表示されていることを確認する。

画層を［01_外形線］から変更した場合は、 をクリックしてプルダウンリストから［01_外形線］を選択します。

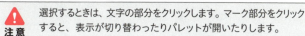

注意 選択するときは、文字の部分をクリックします。マーク部分をクリックすると、表示が切り替わったりパレットが開いたりします。

COLUMN　**画層とは**

「画層」（「レイヤー」とも呼ばれる）は、よく「透明なフィルム」にたとえられます。CADを使った製図では一般的に、この「透明なフィルム」を何枚も重ね合わせて1枚の図面を表現します。

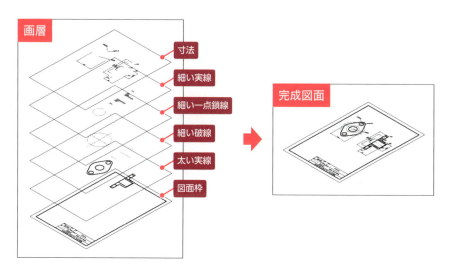

本書のテンプレート「A4_kikai_1.dwt」にも、いくつかの画層があらかじめ設定されています。たとえば［01_外形線］という画層は外形線を作図するとき、［03_かくれ線］という画層はかくれ線を作図するとき、というように画層を切り替えながら作図していきます。

それぞれの画層には個別に、作図の際に自動で適用される線の色、種類、太さや、その画層を表示する／表示しない、といった設定をすることができます。

なお、AutoCAD LT特有の機能として、ハッチング、寸法、中心線、中心マークはテンプレートであらかじめ「作図時に優先画層に自動的に切り替える」という設定をしておくことが可能です（P.310「6-3　画層の割り当て」を参照）。本書のテンプレートでもこの機能を使っているため、たとえば寸法を記入するときには自動的に［07_寸法］画層に切り替わります。

■ 図面番号や図面名などを入力する

入力見本に色付きで示したように、図枠の右下に図面番号や図面名などを入力します。

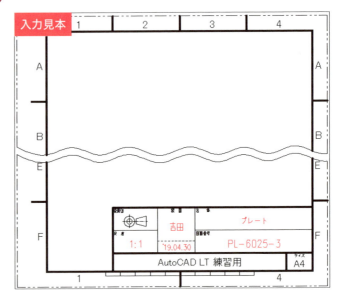

1 図枠をクリックして選択する。

図枠が、選択を表す青色表示になります。また、画層が［99_図枠］に切り替わり、図枠の属性を編集できるようになります。

2 ［プロパティ］パレットのスクロールバーを一番下までドラッグする。

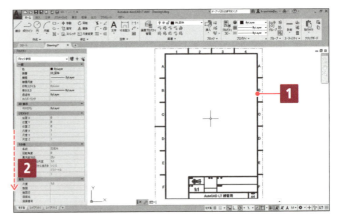

3 ［属性］項目の［製図］欄をクリックする。

選択した枠が青く囲まれます（AutoCAD LT 2019では枠内のグレーが濃い表示になります）。

4 製図者名を入力し、変換を確定して Enter キーを押す。

5 青い枠（AutoCAD LT 2019ではグレーの表示）が［製図日］欄に移動するので、製図を行った日を入力して Enter キーを押す。

6 同様に［図面名］欄と［図面番号］欄も図を参考に入力する。

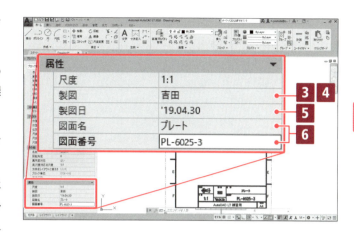

7 すべての入力を確定し、Enter キーを押したら、入力した値が図枠に反映されたことを確認する。

8 カーソルを作図領域に戻してから Esc キーを押して図枠を選択解除する。

画層は［99_図枠］から［01_外形線］に戻ります。

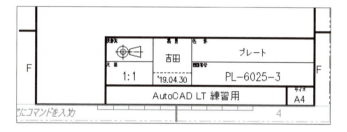

3-1-3　正面図の作図

プレートの正面図を作図します。まず長方形、次に円を作図しましょう。

■ 長方形を作図する

作図見本に色付きで示したように、任意の位置に長方形を作図します。

1 練習用ファイル「3-1-3.dwg」を開く（または 3-1-2 で作成した図面ファイルを引き続き使用）。

 注意 作図補助設定は図面ファイルに保存されません。たとえば図面ファイルを［極トラッキング］をオンにして保存して終了しても、次の起動時に［極トラッキング］をオフにした状態でそのファイルを開くと、オフのままになります。

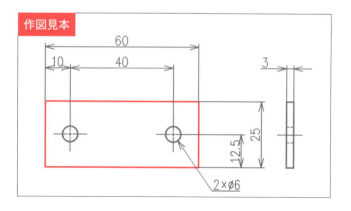

3-1 プレートの作図

83

2 [ホーム]タブ −[作成]パネル −[長方形]をクリックする(あるいは「RECTANG」または「REC」と入力してEnterキーを押す)。

カーソル横に「一方のコーナーを指定」と表示されます。

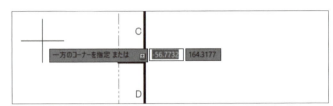

3 始点として、長方形の左下にしたい任意の位置をクリックする。

カーソル横に「もう一方のコーナーを指定」と表示され、カーソルを動かすと、カーソルに長方形の対角の頂点が一緒についてきます。

この後、カーソルを移動して任意の位置でクリックし、長方形の対角の頂点を指定することもできますが、ここでは対角の位置を数値入力で指定します。

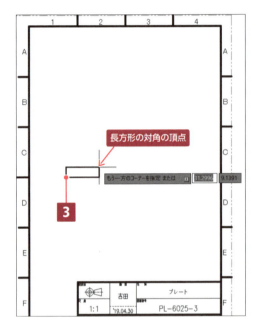

4 「60,25」と半角で入力し、Enterキーを押して確定する。

HINT 数字の区切りは「.(ピリオド)」ではなく「,(カンマ)」です。
ダイナミック入力がオンの場合、入力した数値はカーソル横に表示されます。数値が表示される枠が2つに分かれており、左側がXの値、右側がYの値を表します。最初に入力した数字が左側の枠内に表示され、カンマを入力すると左側には鍵マークが付いて右側の枠への入力に移ります(カンマは表示されません)。最後にEnterキーを押して確定するまでは、Tabキーを押すことで入力枠を左右切り替えて入力しなおすことができます。
また、ダイナミック入力がオフの場合は、数値の前に相対座標入力を表す「@」を付けて「@60,25」と入力します。ダイナミック入力がオフのときはカーソル横に入力枠は表示されず、コマンドラインに「@60,25」と表示されます(図)。

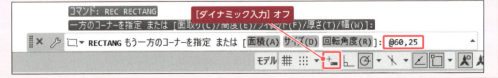

横60×縦25の長方形が作図され、[長方形]コマンドが自動的に終了します。

 手順としては明記していませんが、作業の節目ごとにこまめに図面ファイルを保存することをおすすめします。

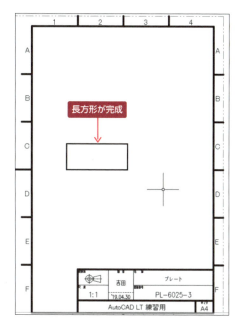

> **COLUMN** 単位について
>
> 本書の解説では作図の単位を明記していませんが、本書で使用するテンプレートでは単位がmmに設定されています。
> AutoCAD LTでは、挿入尺度（単位）（UNITSコマンド（エイリアス：UN）から設定可能）で決めたものがその図面で使われる数値の単位になりますが、作図時に入力する数値に単位はありません。
> たとえば、「10」の長さでかいた線分は、挿入尺度（単位）をmmにすれば「10mm」になりますが、挿入尺度（単位）をインチにすればその長さのまま「10インチ」になります。画面上では同じ「10」の長さの線が、挿入尺度（単位）を変えれば「10ミクロン」にも「10光年」にもなるのです。
> 企業研修などでよく設計者の方に「mmでかいた図面をインチにしたいと思って挿入尺度（単位）を変えても、10mmが10インチになるんですよ。おかしいです。10mmは約0.4インチになるはずですよね？　なぜ変わらないのでしょうか？」と質問されるのですが、これは「AutoCAD LTなどのCAD上（画面上）では10は10であって、そのものには単位がないから」です。
> 製図では「寸法に単位を記入しない」という決まりがあります。図面としては「記入しないだけで単位はある」のですが、CADの側では単位を省略しているのではなく「単位がない」ということなのです。

■円を作図する

作図見本に色付きで示したように、位置を指定して円を作図します。

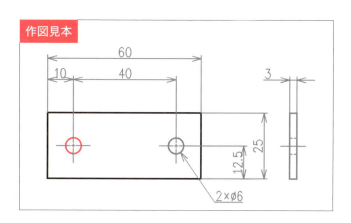

作図見本

1 [ホーム]タブ －[作成]パネル －[中心、半径]をクリックして、[円]コマンドの[中心、半径]オプションを実行する。

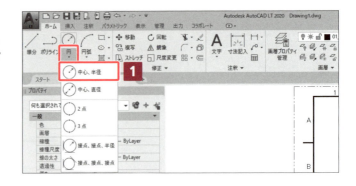

> **HINT** [円]コマンドは、初期設定では[中心、半径]オプションが選択されています（[円]アイコンが◯の絵になっている）。この場合、アイコン（絵の部分）をクリックすると[中心、半径]オプションが実行されます。そうでない場合は、アイコン下の[▼]をクリックしてオプションを表示し、その中から[中心、半径]を選択します。
> 「CIRCLE」または「C」と入力して Enter キーを押した場合も、[中心、半径]オプションが実行されます。

カーソル横に「円の中心点を指定」と表示されます。

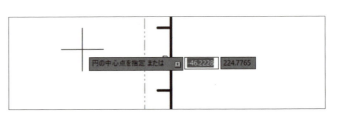

長方形の左の縦線の中点から、右に10の位置に円の中心点を指定するために、作図補助設定の[極トラッキング]と[オブジェクトスナップトラッキング]を利用します。

2 図のように画面を拡大する。

3 カーソルを左の縦線の中点あたりに持っていく（クリックはしない）。

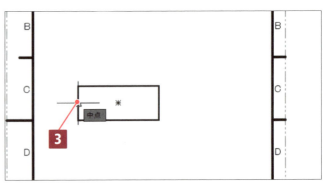

中点のオブジェクトスナップが反応し、[中点]のマーカーが表示されます。

4 カーソルをゆっくり右に水平に動かす。

点線のガイド（垂線）が表示されます。

> **HINT** このとき、長方形の中央までカーソルを移動すると、長方形の図心スナップが反応してしまうので、図のように中央まで届かない位置にすることがポイントです。

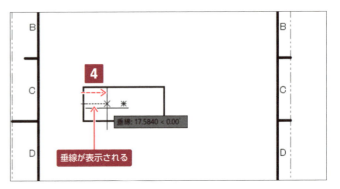

5 垂線のガイドが表示されている状態のまま「10」と入力し、[Enter]キーを押して確定する。

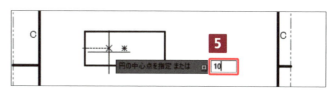

これで、円の中心点が左縦線の中点から10の位置に指定されます。

カーソル横には「円の半径を指定」と表示されます。円の大きさはまだ決まっていないので、カーソルを動かすと円の大きさが伸び縮みします。

この後、カーソルを移動して任意の位置でクリックし、円の半径を指定することもできますが、ここでは円の半径を数値で指定します。

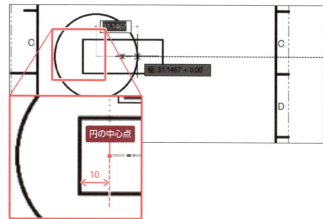

6 半径として「3」と入力し、[Enter]キーを押して確定する。

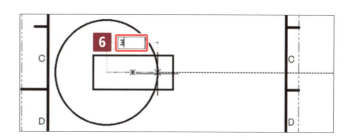

半径3の円が作図され、[円]コマンドが自動的に終了します。

>
> [直径(D)]オプションを使って直径を指定することもできます。その場合、手順6の代わりに[直径(D)]オプションをクリックするか、「D」と入力して[Enter]キーを押し、直径の値「6」を入力して[Enter]キーを押します。

> 手順3〜5の中心点位置の指定では、Oトラックの機能を使っています（OトラックについてはP.64「2-5-7 [オブジェクトスナップトラッキング] (Oトラック)」を参照）。ここでは、Oトラックはオブジェクトスナップ（Oスナップ）のマーカーから水平に表示されたガイド（点線）を使うので、カーソルをゆっくり水平に動かすことが大事です。
> Oトラックに慣れれば作図スピードがアップしますが、うまくガイドが表示できないなどの理由で使いたくない場合は、図で色付きで示したような線分をかいて補助線として使うことで代用ができます。図の色付きで示した線分は、左の縦線の中点から右に10の長さでかいた線分です。この線分の右の端点を円の中心点としてクリックして円をかけば、Oトラックを使ったときと同じ要領で作図できます。円をかき終わったら、線分は不要なので削除します。

3-1 プレートの作図

87

■ **十字中心線を作図する**

作図見本に色付きで示したように、円に十字中心線を作図します。

AutoCAD LTでは、円に記入するような十字の形をした中心線を、[中心マーク]コマンドを使って簡単にかくことができます。製図では十字の形をした中心線について定義された名称がなく、十字の形であっても「中心線」といいます。線分の中心線と呼び分ける目的で、一般的に「十字中心線」と呼ばれることもあります。本書でも十字の形の中心線を「十字中心線」と表記します。

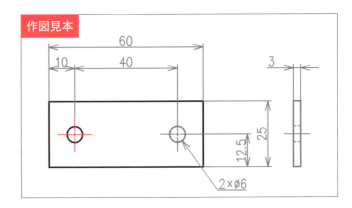

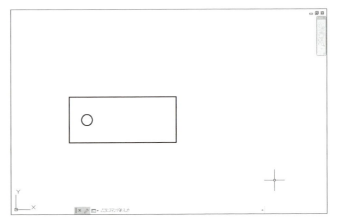

1 図のように画面を拡大する。

2 [注釈]タブ－[中心線]パネル－[中心マーク]をクリックする（あるいは「CENTERMARK」または「CM」と入力してEnterキーを押す）。

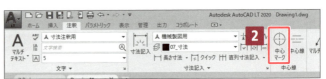

3 カーソル横に「中心マークを記入する円または円弧を選択」と表示されるので、円の円周部分をクリックする。

十字中心線（中心マーク）が記入されます。

4 EnterキーまたはEscキーを押して[中心マーク]コマンドを終了する。

> **HINT** 本書のテンプレートでは、[中心マーク]や[中心線]コマンドを使って作図するときに画層が自動的に切り替わるように設定されているので、画層を手動で切り替える必要はありません（P.81の「COLUMN」を参照）。

| COLUMN | 中心線の線種 |

中心線に使う線種は第1章に記載した通り、「細い一点鎖線」にしますが、短い中心線の場合は「細い実線」でかきます（P.20の線種の表の「B7」）。
「短い」とはどのくらいの長さをいうのか厳密な定義はされていませんが、CADの場合、画層や十字中心線、中心線で設定されている線種が一点鎖線であっても短いと自動的に実線になるので、それに任せて問題ありません。中心線の画層が一点鎖線ではなく実線で表示されている場合、見た目は［02_細線］と同じですが、［02_細線］の画層に設定している線種は［実線］なので、長さを伸ばしても実線のままです。［04_中心線］の画層に設定している線種は、線分の長さを延長すると、ある程度長くなったところで一点鎖線に変わります。

■ 穴と十字中心線を右側に複写する

プレートの穴（円）と十字中心線を右側（作図見本の色付きで示した位置）に複写します。

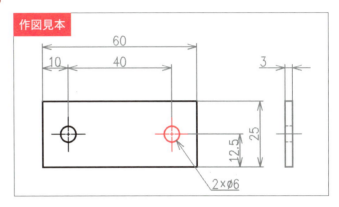

1. ［ホーム］タブ ―［修正］パネル ―［複写］をクリックする（あるいは「COPY」または「CO」と入力してEnterキーを押す）。

カーソル横に「オブジェクトを選択」と表示されます。ここでは円と十字中心線をまとめて選択します。

2. 図に示したあたり（円と十字中心線の左上）をクリックする。

3. 図に示したあたり（円と十字中心線の右下）をクリックする。

4. Enterキーを押して選択を確定する。

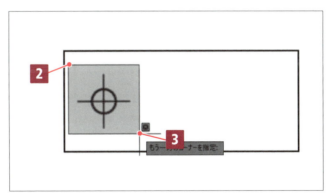

 ここでは「窓選択」を使って、囲んだ枠に完全に含まれるオブジェクトを一度にまとめて選択しています。またAutoCAD LTでは、オブジェクトを1つずつ順にクリックすることでも、複数のオブジェクトを選択できます（詳しくはP.68「2-6 オブジェクトの選択と選択解除」を参照）。

 P.78の手順（複写したいオブジェクトを選択してから［複写］コマンドを実行）で行うと、この手順4のひと手間がないので時間短縮になります。

5 カーソル横に「基点を指定」と表示されるので、任意の位置をクリックする。

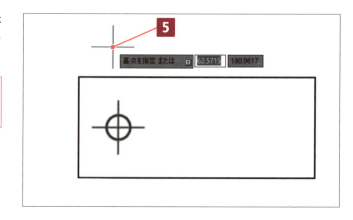

 このとき図のように、オブジェクトが混み合っていないあたりをクリックすると次の操作がしやすいです。

カーソル横に「2点目を指定」と表示されます。

6 カーソルをまっすぐ右方向に移動し、水平のガイドが表示されることを確認する。

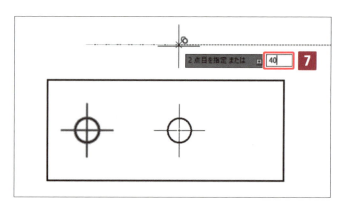

 [極トラッキング]がオンになっていないと、図のようなガイドは表示されません。

7 複写する距離を「40」と入力して[Enter]キーを押す。

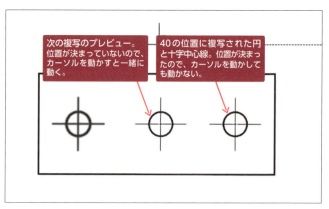

図は[Enter]キーを押した後の状態です。カーソル横には引き続き「2点目を指定」と表示され、作図領域上では、次の複写のプレビューが表示されます。プレビューは、まだ位置が確定されていないので、カーソルを動かすと一緒に動いてついてきます。

これ以上の複写は必要がないので、[複写] コマンドを終了します。

8 Enter キーまたは Esc キーを押して [複写] コマンドを終了する。

これで正面図は完成です。

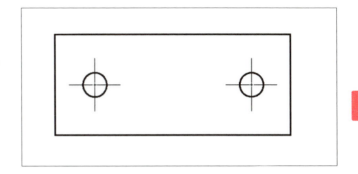

 上の手順 6 でも [極トラッキング] を使っています。[極トラッキング] を使わずに「40,0」（ダイナミック入力がオフの場合は「@40,0」）と相対座標を入力することでも、2 点目を指定できます。
相対座標入力を使うときは、カーソルから出ているガイドの方向はどちらを向いていても関係ありません。

 ここまでの手順を終えた状態の図面ファイルが、教材データに「3-1-4.dwg」として収録されています。

3-1-4 側面図の作図

プレートの側面図を作図します。長方形の作図から始めましょう。

■ 長方形を作図する

作図見本の色付きで示した位置に、長方形を作図します。

P.25 で述べた通り、各投影図は基本的に位置をそろえてかく決まりになっています。ここでも正面図と側面図の上下方向の位置をそろえてかきます。

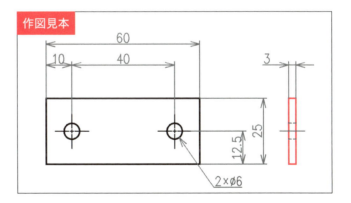

1 図のように、右に余白ができるように画面を調整する。

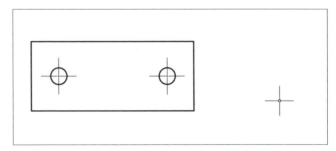

2 [ホーム] タブー [作成] パネルー [長方形] をクリックする（あるいは「RECTANG」または「REC」と入力して Enter キーを押す）。

カーソル横に「一方のコーナーを指定」と表示されます。

3 正面図の長方形の右下角、[端点]マーカーが表示されるところにカーソルを合わせる（クリックはしない）。

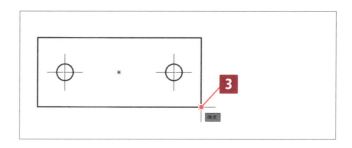

4 カーソルをゆっくり右水平方向に移動する。

カーソルに合わせて水平のガイド（点線）が表示されます。

 ガイドが表示されない場合は長方形の右下の角にカーソルを戻して、もう一度ゆっくり右方向にカーソルを移動してください。

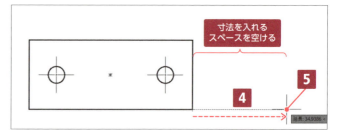

5 長方形の始点として、図に示したあたりをクリックする。

 正面図との距離は任意ですが、間に寸法が記入できるスペースを空けます。

カーソル横に「もう一方のコーナーを指定」と表示されるので、長方形の大きさを指定します。

6 「3,25」と入力して Enter キーを押す。

横3×縦25の長方形が作図され、[長方形]コマンドが自動的に終了します。

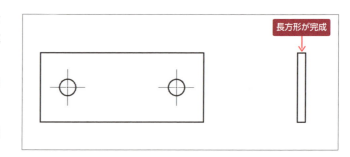

 ここでもオブジェクトスナップトラッキング（Oトラック）を使っています。Oトラックを使わない場合、図で色付きで示した線分のような補助線を作図して代用することが可能です。水平線分をかいて、その右端点から長方形をかくことで、下辺をそろえることができます。

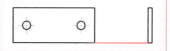

■ 穴のかくれ線部分を作図する

作図見本の色付きで示した位置に、線分を作図します。

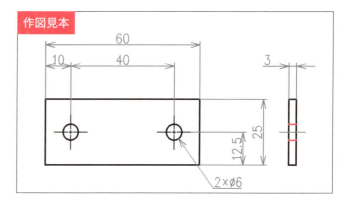

1 ［ホーム］タブ—［作成］パネル—［線分］をクリックする（あるいは「LINE」または「L」と入力してEnterキーを押す）。

2 正面図の穴の上の四半円点にカーソルを合わせる（クリックはしない）。

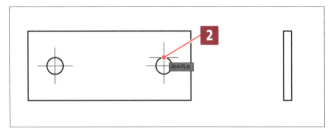

> **HINT** 何回も挑戦しているうちに図のようにあちこちにマーカーが出て反応してしまい、うまくいかなくなることがあります。その場合は、マウスのスクロールボタンで少し画面操作を行うと、マーカーが消えて選びやすくなります。また、少し拡大してカーソル操作を行うと、近い距離での反応が少なくなり、選びやすくなります。
>
>

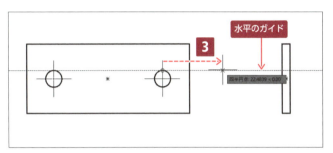

3 カーソルを水平に右に移動し、水平のガイドが表示されたことを確認する。

4 カーソルをそのまま側面図の長方形の左縦線に近づけると、線上に［交点］のマーカー（×）が表示されるので、クリックする。

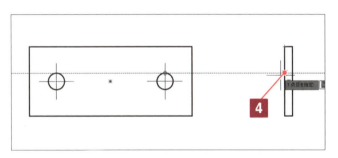

ここでクリックした位置が1点目として認識されます。

5 カーソルを右方向に水平に動かす。

6 長方形の右の縦線にカーソルを合わせ（クリックはしない）、［垂線］のマーカーが表示された位置をクリックする。

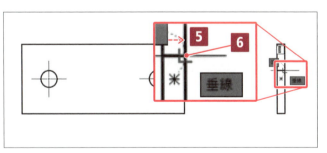

> **HINT** ［垂線］でなく［交点］と表示される場合もあります。

右方向に線分が作図され、その線分の終わりの端点から伸びる、次の線分のプレビューが表示されます。これ以上の線分は必要ないので、コマンドを終了します。

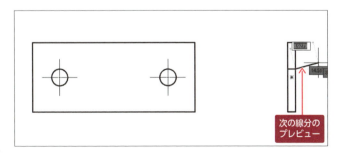

3-1 プレートの作図

93

7 Enter キーまたは Esc キーを押して［線分］コマンドを終了する。

かくれ線にするための1本目の線分は、これで完成です。

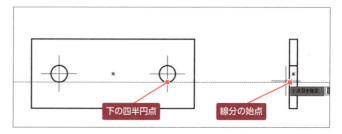

8 Enter キーを押して［線分］コマンドを繰り返す。

9 手順2～7にならって、正面図の下の四半円点の延長上にも線分をかく。

これで、かくれ線にするための2本目の線分も作図されました。

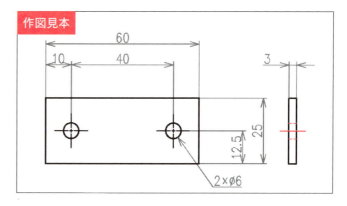

■ 中心線を作図する

作図見本に色付きで示したように、中心線を作図します。また、中心線の上下の線分の画層を変更して、かくれ線（破線）にします。

1 ［注釈］タブ ー ［中心線］パネル ー ［中心線］をクリックする（あるいは「CENTERLINE」または「CL」と入力して Enter キーを押す）。

2 カーソル横に「1本目の線分を選択」と表示されるので、上の線分をクリックする。

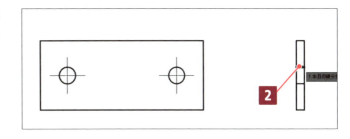

3 カーソル横に「2本目の線分を選択」と表示されるので、下の線分をクリックする。

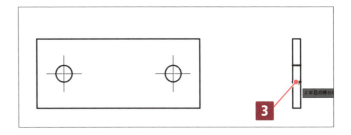

これで穴の中心線が作図され、[中心線]コマンドが自動的に終了します。

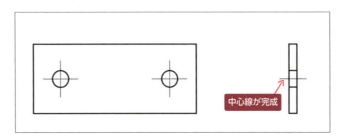

穴を表す上下の線分の画層を変更します。

4 上下の線分を順にクリックして選択する。

5 [ホーム]タブ −[画層]パネルで、画層のプルダウンリストから[03_かくれ線]を選択する。

6 Esc キーを押して線分を選択解除する。

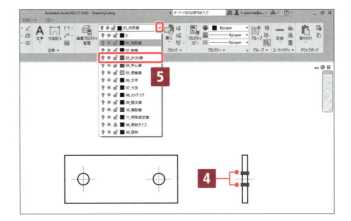

線分の画層が[03_かくれ線]に変わったことにより、線分がピンク色の細線（破線）に変わります。

これで側面図は完成です。

ここまでの手順を終えた状態の図面ファイルが、教材データに「3-1-5.dwg」として収録されています。

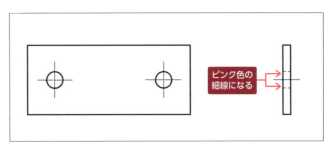

3-1 プレートの作図

95

> **COLUMN** 投影図の省略について
>
> P.26で述べた通り、投影図は必要がなければ6面すべて使うことはしません。
> この節で作図するプレートの図は正面で全体の幅と高さがわかり、側面図で奥行き（厚み）がわかるので、平面図など、その他の投影図は省きます。
> また、側面図は奥行きの寸法を入れるために作図しましたが、このプレートのように1枚の板の場合は正面図に板の厚みを表す表記をすることで側面図を省くこともできます（3-4 の例）。

3-1-5 寸法の記入

プレートの正面図と側面図を作図できたので、寸法を記入していきます。

■ 長さ寸法を記入する

作図見本に色付きで示したように、長さ寸法を記入します。

長さ寸法は、水平または垂直な直線に寸法を付けるためのものです（回転させることもできますが、それは 3-5 で説明します）。

1. 練習用ファイル「3-1-5.dwg」を開く（または 3-1-2 で作成した図面ファイルを引き続き使用）。

2. ［注釈］タブ －［寸法記入］パネル －［長さ寸法］をクリックする（あるいは「DIMLINEAR」または「DLI」と入力して Enter キーを押す）。

> ⚠ **注意**
> ［ホーム］タブ －［注釈］パネルからも［長さ寸法］コマンドを実行できます。ただし、アイコン名の表示や、アイコン横の［▼］をクリックしたときに表示されるメニューでは［長さ寸法記入］となっています。表記が異なりますが、どちらも同じコマンドです。

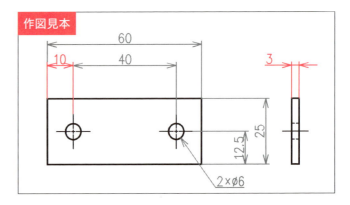

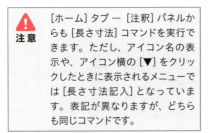

［注釈尺度を選択］ダイアログボックスが表示されます。このダイアログボックスは、異尺度対応の寸法スタイルを使っている場合に表示されます。

3. 注釈尺度として［1:1］を選択する。

4. ［OK］ボタンをクリックする。

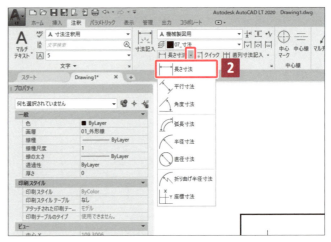

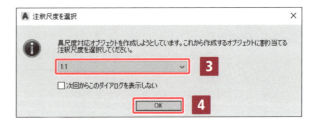

寸法記入をする画層はあらかじめ指定しておくことができ、ここで使っているテンプレートでは [07_寸法] 画層にしています。指定することで、画層を手動で切り替えることなくスムーズに作図ができます。

COLUMN 注釈尺度について

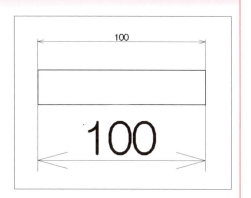

注釈尺度は図面の尺度に合わせます（図面の尺度については、P.19「1-2-3 図面の尺度」を参照）。尺度1:1でかく図面は注釈尺度も1:1、尺度1:5でかく図面は注釈尺度も1:5にします。

尺度が1:5の図面は、図枠を5倍にした中に対象物を現尺で作図し、印刷時に1/5に縮小印刷して1:5の図面を作ります。縮小印刷するので印刷したときの寸法文字高さを3.5にしたければ、作図は5倍の17.5の文字高さにする必要があります。これをコントロールするのが注釈尺度の設定です。

注釈尺度を1:5にすれば、寸法、引出線などの注釈は5倍の大きさで記入されます。図の上の寸法は注釈尺度1:1、下の寸法は注釈尺度1:5にして記入したものです。

基本的に注釈尺度の設定は、寸法を記入する前に行います。しかし、すでに記入済みの注釈尺度を変更するには、変更したい寸法を選択した状態で [プロパティ] パレットから行います。

手順2で表示されたダイアログボックスで [OK] ボタンをクリックすると、次から寸法記入時にダイアログボックスは表示されません。[OK] をした注釈尺度は、設定変更するまで有効です。注釈尺度の設定変更は、ステータスバーにある [1:1 ▼] から行います。

5 カーソル横に「1本目の寸法補助線の起点を指定」と表示されるので、側面図の右上の頂点をクリックする。

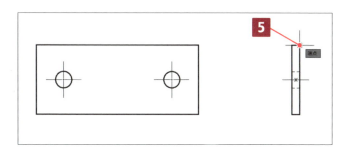

6 カーソル横に「2本目の寸法補助線の起点を指定」と表示されるので、側面図の左上の頂点をクリックする。

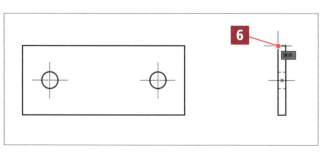

カーソル横に「寸法線の位置を指定」
と表示され、カーソルを動かすと寸法
線の位置（高さ）も動きます。

7 寸法線を配置したい位置（高さ）を
クリックする。

「3」の寸法が記入され、［長さ寸法］
コマンドが自動的に終了します。

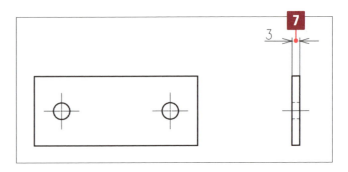

COLUMN 寸法線の位置

部品から1つ目の寸法線までの間隔は、文字の高さで換算すると、寸法数値が3つ分、寸法線どうしの間隔は寸法数値2つ分が見映えがよいとされています。文字の高さが4なら部品から最初の寸法線までは12、寸法線どうしの間隔が8程度です。ただし、込み入った図面などで、「寸法線の間隔を少し詰めればA4サイズの用紙に入りきる」という場合には、「寸法線間隔を守るためだけに用紙サイズをA3に変更する」ということまではしなくてよいです。「寸法数値の高さ3つ分、2つ分」は、「目安」程度に考えてください。

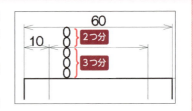

COLUMN 狭い範囲の寸法

手順2～7で配置した「3」の寸法のように間隔が狭い範囲の寸法数値は、寸法補助線と補助線の間ではなく外側に配置されます。数値が配置されるのは、2本目に指定した補助線側となります。右側を後からクリックすると、上図のようになります。

また、配置後に寸法を選択してグリップを移動することで、下図のように寸法線の中央に配置しなおすこともできます。
寸法数値を外側に配置するとき、AutoCAD LTの性質上矢印と寸法数値の間はある程度の距離がとられます。矢印ギリギリに寸法数値を近づける場合には、寸法数値のグリップから調整します（P.108の「COLUMN」を参照）。

続けて、もう1つ長さ寸法を記入します。

8 Enter キーを押して［長さ寸法］コマンドを繰り返す。

9 「1本目の寸法補助線の起点」として、正面図の左上の頂点をクリックする。

10 「2本目の寸法補助線の起点」として、正面図の左の穴、縦の中心線の上端点をクリックする。

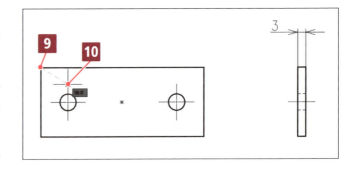

> **COLUMN** 穴の中心ではなく、中心線の端点をクリックする理由
>
> JISの機械製図では線に優先順位が決められていて、中心線の優先順位は寸法補助線より上位です。
> 穴の中心をクリックすると、中心線と寸法補助線が重なります。線が重なってしまうと中心線の一点鎖線の隙間が寸法補助線に埋められて実線になり、寸法補助線が優先された状態になってしまいます（左図）。そこで、寸法補助線と中心線が重ならないように中心線の端点をクリックして、一点鎖線をそのまま残します（右図）。

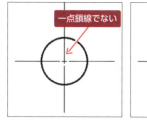

11 カーソルを上に動かし、寸法のプレビューが上に表示されたら、側面図の寸法矢印の端点をクリックする。

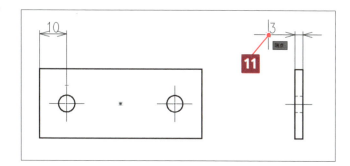

これにより、寸法を同じ高さにそろえることができます。

これで「10」の寸法が記入され、［長さ寸法］コマンドが自動的に終了します。

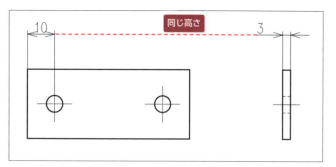

> **COLUMN** 寸法線を上下左右に配置できる場合
>
> 寸法は、寸法の起点（根本）2カ所を続けてクリックした後に配置したい位置を指定して記入します。
> 手順5～6の操作では、寸法の起点2カ所が水平の位置だったため、寸法は上下のどちらかにしか表示されません。一方、手順9～10では、起点が斜めの位置になっているため、寸法は次の図のように上下左右に配置できます。

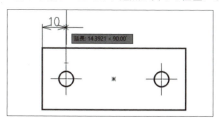
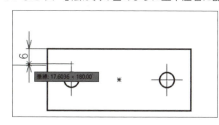
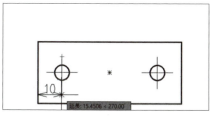
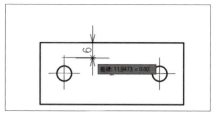

■ **直列寸法を記入する**

作図見本に色付きで示したように、直列寸法を記入します。

直列寸法は、直前に記入した「10」の寸法にそろえて記入する方法です。「40」はここまで使った「長さ寸法」を使って記入することもできますが、直列寸法を使うことで、より簡単に少ない手順で直線状にそろえて配置ができます。

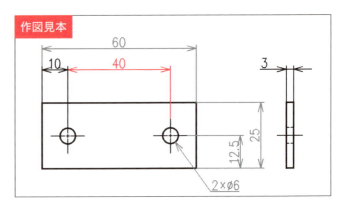

1 ［注釈］タブ －［寸法記入］パネル －［直列寸法記入］をクリックする（あるいは「DIMCONTINUE」または「DCO」と入力して Enter キーを押す）。

直前の寸法から続く形で、寸法のプレビューが表示されます。

直前に記入した寸法に基づいて、1本目の補助線は自動的に指定されているため、「2本目の寸法補助線の起点」だけを指定します。

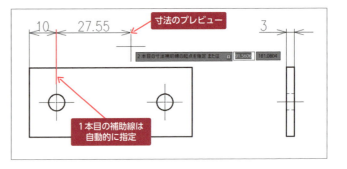

2 正面図の右の穴、縦の中心線の上端点をクリックする。

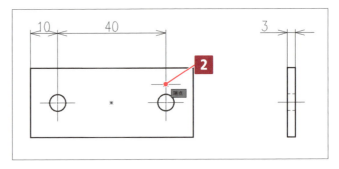

「40」の寸法が記入された後、さらに次の直列プレビューが表示されますが、これ以上の直列寸法は必要ないので、コマンドを終了します。

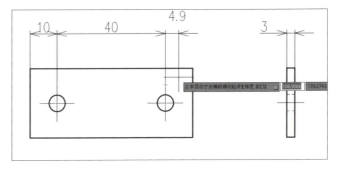

3 Enter キーまたは Esc キーを押して［直列寸法］コマンドを終了する。

 直列寸法は、直前に記入した寸法の2本目の補助線から続く形で記入されます。直前以外の寸法から続けたいときは、手順1の寸法のプレビュー段階で Enter キーを押して、基準になる寸法を指定しなおすことができます。

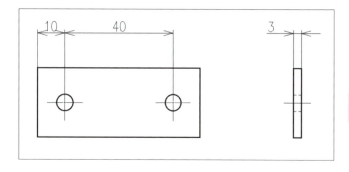

■ 並列寸法を記入する

作図見本に色付きで示したように、並列寸法を記入します。

並列寸法は、直前に記入した寸法に並列な寸法を記入できる方法です。

「60」の寸法は「長さ寸法」を使っても記入できますが、「並列寸法」を使うことで、寸法線どうしの間隔を簡単にテンプレートでの指定通りの間隔にそろえられます。

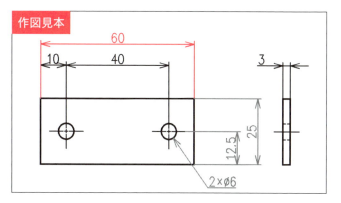

1 ［注釈］タブ ー［寸法記入］パネル ー［並列寸法記入］をクリックする（あるいは「DIMBASELINE」または「DBA」と入力して Enter キーを押す）。

［並列寸法記入］は、［直列寸法記入］アイコン右の［▼］をクリックすると表示されます。

並列寸法を記入する場合、直前に記入した寸法に基づいて、1本目の補助線は自動的に指定されているため、通常は「2本目の寸法補助線の起点」だけを指定します。しかし、ここでは並列寸法が間違った位置から出ているので、正しい位置に直します。

 並列寸法が正しい位置から出ている場合は、手順1の後、手順4に進んでください。

2 Enter キーを押すか、オプションから［選択(S)］をクリックする。

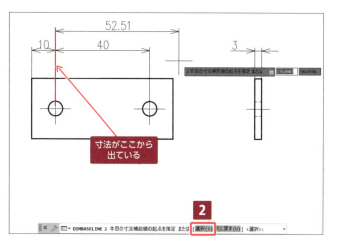

101

3 カーソル横に「並列記入の寸法オブジェクトを選択」と表示されるので、1本目の補助線の起点として、左の寸法補助線をクリックする。

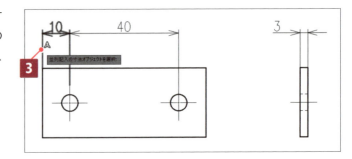

クリックした位置からの並列寸法がプレビューで確認できます。

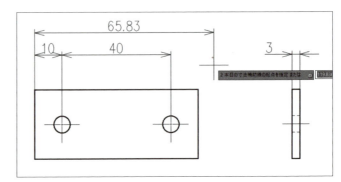

4 「2本目の寸法補助線の起点」として、長方形の右角にスナップさせてクリックする。

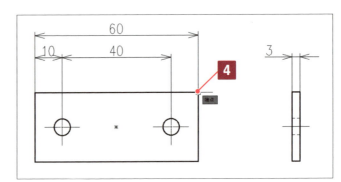

「60」の寸法の上にさらに並列寸法のプレビューが表示されますが、これ以上は不要なのでコマンドを終了します。

5 [Enter]キーまたは[Esc]キーを押して[並列寸法記入]コマンドを終了する。

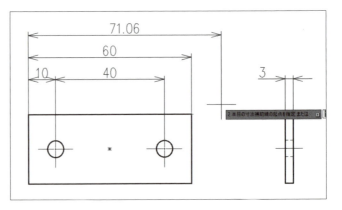

これで並列寸法の記入は完了です。

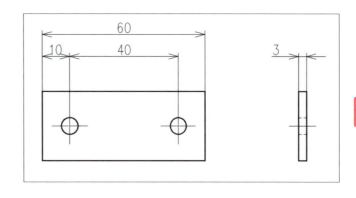

■ 縦方向の寸法を記入する

続けて、作図見本に色付きで示したように縦方向の寸法を記入します。

まずP.96の手順2〜7にならって「12.5」の長さ寸法を記入します。

1. [注釈]タブ ―[寸法記入]パネル ―[長さ寸法]をクリックする（あるいは「DIMLINEAR」または「DLI」と入力してEnterキーを押す）。

2. 「1本目の寸法補助線の起点」として、正面図の右下の頂点をクリックする。

3. 「2本目の寸法補助線の起点」として、十字中心線の右側端点をクリックする。

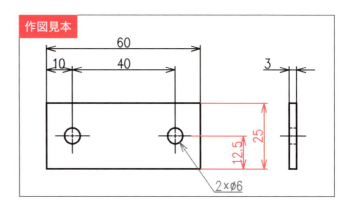

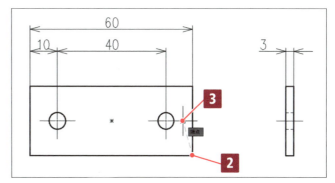

4. 寸法線の配置位置をクリックする。

「12.5」の寸法が記入され、[長さ寸法]コマンドが自動的に終了します。

続けて、P.101の手順1〜5にならって並列寸法で「25」の寸法を記入します。

5. [注釈]タブ ―[寸法記入]パネル ―[並列寸法記入]をクリックする（あるいは「DIMBASELINE」または「DBA」と入力してEnterキーを押す）。

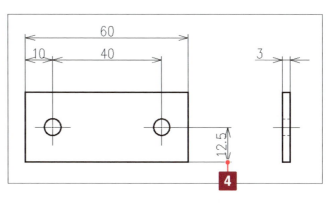

並列寸法が正しいところから出ていることを確認して、2本目の寸法補助線の起点を指定します。

6 長方形の右上頂点をクリックする。

「25」の寸法が配置されます。

7 Enter キーまたは Esc キーを押して［並列寸法記入］コマンドを終了する。

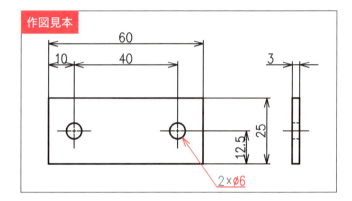

■ 直径寸法を記入する

続けて、作図見本に色付きで示したように直径寸法を記入します。

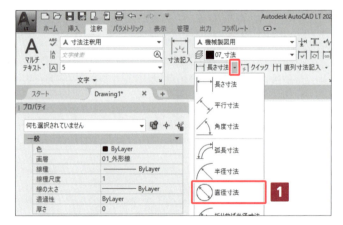

1 ［注釈］タブ －［寸法記入］パネル －［直径寸法］をクリックする（または「DIMDIAMETER」または「DIMDIA」と入力して Enter キーを押す）。

> 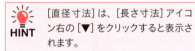 ［直径寸法］は、［長さ寸法］アイコン右の［▼］をクリックすると表示されます。

2 カーソル横に「円弧または円を選択」と表示されるので、右の円の右下あたりをクリックする。

> 直径と半径の寸法では、円周上をクリックして指定します。

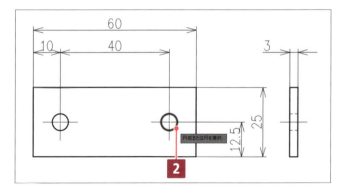

「φ6」という寸法が表示されます（位置はまだ確定していません）。

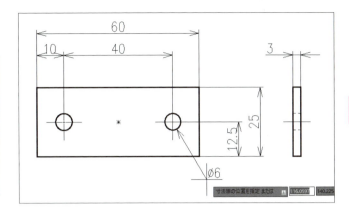

 HINT AutoCAD LTでは、初期設定で円を両側から矢印で挟むスタイルで直径寸法が記入されますが、本書で使うテンプレートではスタイルを変更しています。機械製図には、「両矢印の直径寸法には"φ"を付けない」という決まりがあるため、規格に合わせるために片側矢印のスタイルにしています。

3 寸法を配置したい位置をクリックする。

「φ6」の寸法が記入され、［直径寸法］コマンドが自動的に終了します。

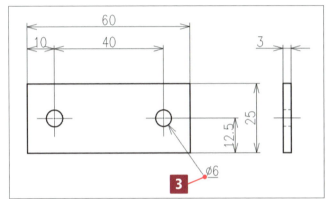

■ **直径寸法に文字を追加する**

作図見本に色付きで示したように、直径寸法に文字「2×」を追加します。「2×」は、直径寸法が2カ所あることを表しています（P.106の「COLUMN」を参照）。

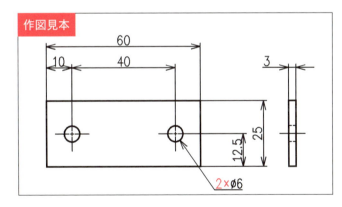

1 文字を追加したい寸法をクリックする。

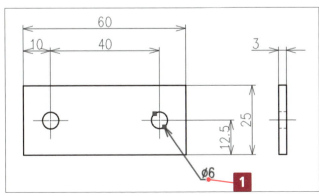

105

2 ［プロパティ］パレットを下にスクロールして、［文字］項目の［寸法値の優先］欄をクリックする。

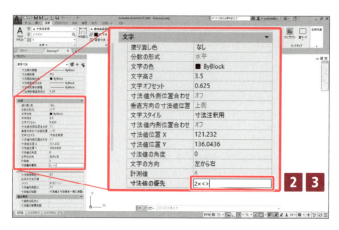

> **HINT** 各欄の項目名にカーソルを合わせると、その項目の簡単な説明が表示されます。

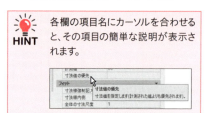

3 「2×< >」と入力して Enter キーを押す。

寸法の表示が「2×φ6」に変わります。

4 Esc キーを押してオブジェクトを選択解除する。

5 図面ファイルに名前を付けて保存する。

> **HINT** 上記の手順で行う場合、複数の寸法を選択することで、選択した複数の寸法に同時に同じ文字を追加することができます。
> ここで解説したように1つの寸法を個別に編集したい場合、寸法数値をダブルクリックして、もっと簡単に文字編集することもできます。

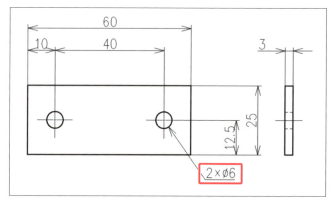

> **HINT** ここまでの手順を終えた状態の図面ファイルが、教材データに「3-1-5_完成.dwg」として収録されています。

COLUMN 「2×φ6」の意味

寸法などで複数同じ大きさや長さのものがあるときにはまとめて指示をします。「2×」は「その後ろで示す数値（今回の場合は直径6）が2カ所です」という意味を表します。この図で円が2つありますが、2つの円の直径が6ということです。

JISの機械製図の規定では「×」を使うことになっていますが、自動車業界などでは「×」の代わりに「-」を使って「2-φ6」と、独自のルールで表記するところもあります。「×」は日本語の全角記号なので、海外と頻繁にやりとりする場合に先方のパソコンで図面を開くと文字化けを起こす可能性があるからです。

ここで［寸法値の優先］欄に記入した「< >」は、計測値をそのまま使うことを意味します。円の大きさは直径6なので、そのまま「6」を使うという意味です。

「2×φ6」と入力しても結果は同じ表示になりますが、「< >」と入れてあれば、円の大きさの変更に合わせて数値も自動的に変更されます。また、複数の寸法に同時に文字を追加するときにも「< >」を使うことで、それぞれの寸法数値をそのまま保つことができます。

COLUMN　寸法補助記号について

ここで出てきた「φ」のように、寸法の前に付けてその寸法に補助的な意味を持たせる記号を「寸法補助記号」といいます。寸法補助記号には、次に示すものがあります。

記号	意味	呼び方
φ	180°を超える円弧の直径または円の直径	「まる」または「ふぁい」
Sφ	180°を超える球の円弧の直径または球の直径	「えすまる」または「えすふぁい」
□	正方形の辺	「かく」
R	半径	「あーる」
CR	コントロール半径	「しーあーる」
SR	球半径	「えすあーる」
⌒	円弧の長さ	「えんこ」
C	45°の面取り	「しー」
t	厚さ	「てぃー」
⌴	ざぐり 深ざぐり	「ざぐり」 「ふかざぐり」 注記：ざぐりは、黒皮を少し削り取るものも含む。
⌵	皿ざぐり	「さらざぐり」
↧	穴深さ	「あなふかさ」

COLUMN　円の寸法に付く寸法補助記号について

円に記入されている寸法を見ると、数値の前に「R」や「φ」などの記号が付いていることがあります。「R10」は半径が10ということを表し、「あーる10」と読みます。「φ10」は直径が10であることを表し、「まる10」と読みます。直径記号は〇に／を付けた記号で、ギリシャ記号のφ（ファイ）とは異なるので、AutoCAD LTなどのCADでは「%%C」と入力すると表示されるように登録されています。もともと文字ではないので、CAD以外で表示させることができないため、CAD以外ではφ（ファイ）で代用する場合が多いようです。

■円および円弧の寸法に補助記号を付ける場合、付けない場合

JISの機械製図では、円の寸法に直径記号を付ける場合と付けない場合について以下のように定められています。これは機械製図をするうえで重要な部分であり、CAD利用技術者の試験にもたびたび登場します。

A 対象とする部分の断面が円形であるとき、その形を図に表さないで円形であることを示す場合は直径記号を付ける（例：左図の「φ30」の寸法）。

B 円形の直径の寸法を記入するとき、寸法線の両端に端末記号が付く場合は直径記号を付けない（例：右図の「26」「18」「30」の寸法）。

C 円形の一部を欠いた図形で寸法線の端末記号が片側の場合は、半径寸法と誤解しないようにするため直径記号を付ける（例：右図の「φ25」の寸法）。

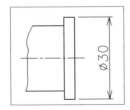 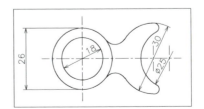

D 引出線を用いて記入する場合は、直径記号を記入する（例：左図の2つの「φ10」の寸法）。
ただし、明らかに円形になる加工方法が併記されている場合は、直径記号は記入しない（例：右図の2つの「10キリ*」の寸法）。

※「キリ」は「キリもみ」の略で、ドリル加工穴のこと。穴は円形になる。

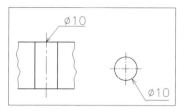 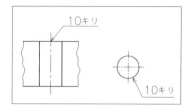

COLUMN 寸法の調整や編集について

配置した寸法をクリックすると、次の図のようになります。選択時に表示されるグリップを使ってさまざまな編集を行うことができます。

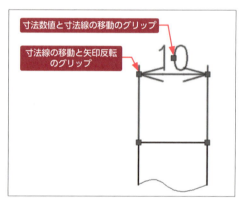

矢印先端のグリップにカーソルを合わせるとグリップが赤くなり、カーソル右下に動作のリストが表示されます。

A ［ストレッチ］をクリックすると、寸法を上下に伸縮させることができます。
B ［寸法グループをストレッチ］をクリックすると、関連している並列寸法や直列寸法ごと上下に伸縮させることができます。
C ［直列寸法記入］をクリックすると、その矢印の側に続く直列寸法を記入することができます。
D ［並列寸法記入］をクリックすると、その矢印の側に続く並列寸法を記入することができます。
E ［矢印を反転］をクリックすると、矢印を反転することができます。

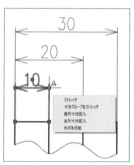

矢印先端のグリップにカーソルを合わせたときのリスト

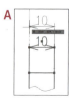 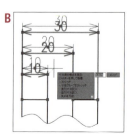 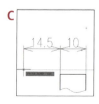 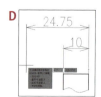

P.106の手順2〜3で行ったように、［プロパティ］パレットを使ってもさまざまな編集を行えます。

［その他］の項目では、寸法スタイルなどを変更することができます。通常1つの図面ではスタイルを統一するため、テンプレートで指定されているスタイルをそのまま使います。したがって、ここで変更することはまずありません。

［線分と矢印］の項目では、矢印の形状やサイズ、矢印、寸法補助線、寸法線のオン／オフなどの編集が行えます。形状やサイズはスタイルで設定した通りのものを使うので、ここで行う編集としては各要素のオン／オフくらいです。

［文字］の項目では、寸法数値についての編集が行えます。ここでもサイズや文字スタイルを変更することはまずありません。プレートの直径寸法を記入した際、文字を追加したように、文字の編集に使うことがほとんどです。

［フィット］の項目では、［寸法値の移動］欄を使って寸法数値の移動タイプの変更が行えます。次の3種が選べます。

A 寸法値と寸法線を一緒に移動：通常の移動
B 寸法値を移動、引出線を追加：引出線を付けた移動
C 寸法値を移動、引出線なし：引出線のない移動

A 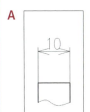   B 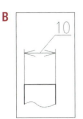   C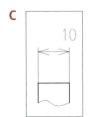

通常は**A**になっています。**B**、**C**は、移動タイプを変更した後、右図の寸法数値のグリップによる移動を行います。このグリップでもリストが表示され、さまざまな変更を行うことができます。**A**の「通常の移動」では矢印ギリギリに寸法数値を配置することはできませんが、**C**にすることで寸法数値を任意の位置に置くことができます。
［フィット］の項目［寸法値の移動］のタイプを変更せずに、このリストから［文字のみを移動］や［引出線とともに移動］をクリックして**B**や**C**と同様のことも行えます。
リストとパレットの使い分けは

- 1つの寸法の移動タイプを変更する → グリップのリストで行う
- 複数の寸法の移動タイプを一度に変更する → 複数の寸法を選択して［プロパティ］パレットで行う

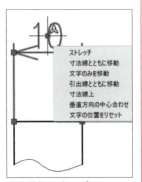

寸法数値のグリップにカーソルを合わせたときのリスト

とするのが効率がよいでしょう。

［許容差］の項目では、サイズ公差（P.134参照）の表示や編集が行えます。次節「3-2　キューブの作図」で、実際にサイズ公差の記入を行います。

3-1-6 図面のPDF書き出しと印刷

印刷には、レイアウトタブで印刷内容を整えて印刷する方法と、モデルタブで図の印刷範囲を指定して印刷する方法があります。ここでは、モデルタブの図を印刷機能でPDFファイルに書き出す方法を紹介します。

印刷は画層ごとに印刷する／印刷しないの設定を行うことができます。

■ 画層を確認する

画層は、[画層プロパティ管理] パレットで確認します。ここでは、3-1-5までの手順を終えた図面ファイルを開いて、画層を確認してみましょう。

1. [ホーム]タブ ―[画層]パネル ―[画層プロパティ管理]をクリックする（あるいは「LAYER」または「LA」と入力してEnterキーを押す）。

2. [画層プロパティ管理]パレットが表示されるので、画層を確認する。

   左から6列目に印刷の設定ボタンがあります。プリンタマークに赤い⊘が付いている画層は印刷されません。このテンプレートでは、[10_補助線]と[98_用紙サイズ]の画層は印刷しない設定になっています。

   プリンタマークをクリックするごとに、印刷のオン／オフの切り替えができますが、ここでは確認だけして、パレットを閉じます。

3. パレットの右上または左上にある[×]ボタンをクリックする。

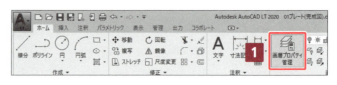

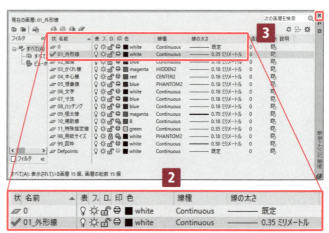

> **HINT** [画層プロパティ管理] パレットでは画層の新規作成、削除や画層プロパティの設定（作図の際に自動で適用される線の色、種類、太さや、その画層を表示する／表示しない、などを画層ごとに設定）も行えます。詳しくは、第6章を参照してください。

■ 図面をPDFファイルに書き出す

印刷機能を使って、図面をPDFファイルに書き出してみましょう。

1. カーソルを作図領域内に置き、マウスのホイールボタンをダブルクリックして図面全体ズームをする。

2. クイックアクセスツールバーから[印刷]ボタンをクリックする。

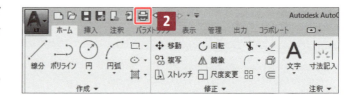

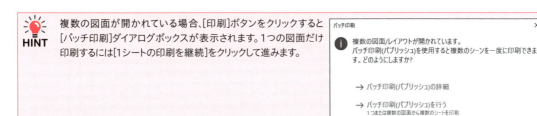

3 [印刷 - モデル]ダイアログボックスが表示されるので、次のように設定する。

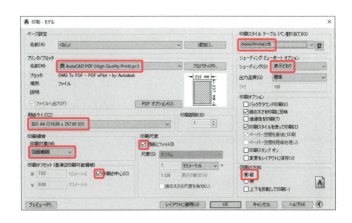

[プリンタ/プロッタ]
・[名前]：使用する印刷機器を指定（ここでは[AutoCAD PDF (High Quality Print).pc3]）
[用紙サイズ]：ISO A4（210.00×297.00ミリ）
[印刷領域]：
・[印刷対象]：図面範囲
[印刷オフセット]
・[印刷の中心]：チェックを入れる
[印刷尺度]
・[用紙にフィット]：チェックを入れる
[印刷スタイルテーブル]：monochrome.ctb
[シェーディングビューポートオプション]
・[シェーディング]：表示どおり
[図面の方向]：縦

図のように右側の項目が展開されていない場合は、右下の[ヘルプ]ボタンの右にある[>]ボタンをクリックして展開します。

[プリンタ/プロッタ]の[名前]欄は、使用しているパソコンにインストールされているPDF作成ソフト／機能を選んでください。AutoCAD LTでは[AutoCAD PDF (High Quality Print).pc3]というPDF作成機能を標準で備えているので、それを選べばよいでしょう。
パソコンに印刷系のソフトがインストールされていて、それをプリンタとして指定する場合、[プロパティ]ボタンをクリックして細かい設定が必要なことがあります。

設定を進めると、図のような「この印刷スタイルテーブルをすべてのレイアウトに割り当てますか?」という質問が表示されるので、[はい]をクリックします。

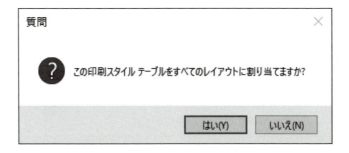

4 ［印刷 - モデル］ダイアログボックスの［プレビュー…］ボタンをクリックする。

5 プレビューが表示されるので、確認する。

6 そのまま印刷する場合は、左上のプリンタマークをクリックし、印刷する。

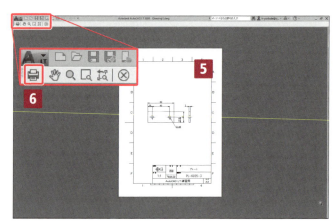

 プレビュー上で右クリックし、ショートカットメニューの［印刷］をクリックすることでも印刷を実行できます。

 印刷設定を変更したい場合などは、右側の⊗ボタンをクリックするか、プレビュー上で右クリックし、ショートカットメニューから［終了］を選ぶと、［印刷 - モデル］ダイアログボックスに戻ります。

［印刷ファイルを参照］ダイアログボックスが表示されます。

7 PDFを保存するフォルダを指定する。

8 ファイル名を指定する。

9 ［保存］ボタンをクリックする。

 この図面に使ったテンプレートの［図面範囲］はA4サイズに設定してあります。図面範囲と用紙サイズが異なる場合、［印刷 - モデル］ダイアログボックスで［印刷尺度］の［用紙にフィット］にチェックを入れることで、用紙に合わせて印刷することができます。

COLUMN　プリンタで出力する場合

プリンタで出力する場合は、手順3の［プリンタ/プロッタ］の［名前］欄で、接続されている印刷可能なプリンタを選択します。
プリンタによって余白が大きく必要な機種もあります。その場合、A4の用紙でも1:1で印刷できない場合もあります。プリンタの説明書などでご確認ください。

■ 範囲を指定してPDFファイルを書き出す

指定された図面範囲以外の範囲を印刷したい場合は、次の手順を実行します。

1 [印刷 – モデル]ダイアログボックスで[印刷対象]項目の[窓]を選択する。

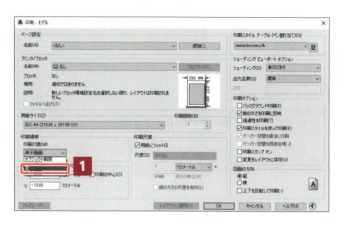

> **HINT** [印刷対象]が[窓]になっている場合は、右側に[窓]ボタンが追加されています。その場合はそのボタンをクリックすることで、手順2以降に進めます。

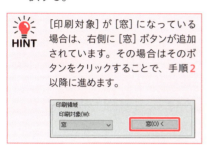

2 [印刷 - モデル]ダイアログボックスが閉じ、カーソル横に「最初のコーナーを指定」と表示されるので、印刷したい範囲のコーナーをクリックする。

3 カーソル横に「もう一方のコーナーを指定」と表示されるので、対角のコーナーをクリックして指定する。

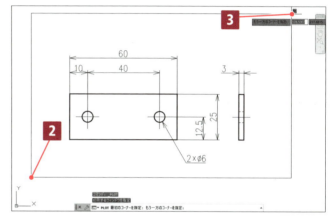

4 [印刷 - モデル]ダイアログボックスが再び表示されるので、[プレビュー...]ボタンをクリックする。

5 指定した範囲のみがプレビュー表示されるので、後はP.111の手順3〜9にならってPDFファイルに書き出す（印刷する）。

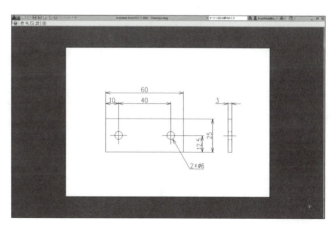

3-2 キューブの作図

📄 A4_kikai_1.dwt　📄 3-2-3.dwg　📄 3-2-4.dwg　📄 3-2-5.dwg　📄 3-2-6.dwg

キューブを作図しながら、オフセットやハッチングなどのCAD操作、サイズ公差や断面図などの製図知識を学びましょう。

3-2-1 この節で学ぶこと

この節では、次の図のようなキューブを作図しながら、以下の内容を学習します。

この図面は中身を見せるために「全断面図」というかき方を採用しています。一般的に図面では、見えない部分の稜線を表すためにはかくれ線が使われます。しかし、かくれ線だらけのところに寸法を入れると見間違いが生じやすいため、寸法が必要な部分が内部にある場合、切り取ったと仮定した断面図をかきます。

CAD操作の学習

- 優先オブジェクトスナップ（一時オブジェクトスナップ）を使う
- オフセットを作図する
- トリムを行う
- 既存の円の大きさを変更する
- 線分の長さを変更する
- 寸法を記入する
  - ・直径記号の付け方
  - ・サイズ公差
- ハッチングを記入する

製図の学習

- 断面図の種類
- サイズ公差とは
- ハッチングの製図的な意味

完成図面

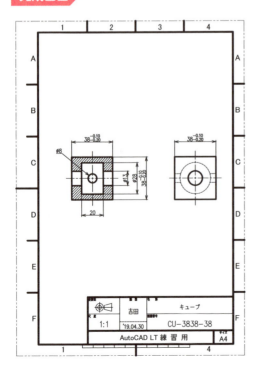

作図部品の形状

この節で学習するCADの機能

[オフセット] コマンド
（OFFSET／
エイリアス：O）

● 機能
オブジェクトを平行に複写するコマンドです。複写元が円や円弧の場合は、同心円の複写を作成します。

● 基本的な使い方
1　[オフセット] コマンドを実行する。
2　オフセット距離を指定する。
3　オフセットのもととなるオブジェクトを指定する。
4　目的の側を指定する。

[ハッチング] コマンド
（HATCH／
エイリアス：H）

● 機能
閉じられた範囲に斜線や格子状などの模様を入れるコマンドです。機械製図では、部品を切り取ったと想定した断面の部分に使われます。

● 基本的な使い方
1　[ハッチング] コマンドを実行する。
2　[ハッチング作成] タブで尺度や角度、模様などを指定する。
3　ハッチングを記入する範囲を指定する。

[トリム] コマンド
（TRIM／
エイリアス：TR）

● 機能
既存の図形を、切り取りエッジとして指定したオブジェクトの位置まで短縮させるコマンドです。
短縮させたいオブジェクトを指定するときに Shift キーを押しながらクリックすることで、[延長] コマンド（5-1 参照）のように切り取りエッジまで延長することもできます。

● 基本的な使い方
1　[トリム] コマンドを実行する。
2　切り取りエッジとするオブジェクトを選択する。
3　トリムするオブジェクトを選択する。

[長さ変更] コマンド
（LENGTHEN／
エイリアス：LEN）

● 機能
既存の線分の長さを変更するコマンドで、はじめにオプションを指定します。よく使われるのは、増分を指定して変更するオプションで、そのほかに変更後の長さを指定するオプションや比率で変更するオプションなどもあります。

● 基本的な使い方
1　[長さ変更] コマンドを実行する。
2　オプションを指定する。
3　数値入力などを行う。
4　変更したい線分の増減したい側を指定する。

サイズ公差の記入と
直径記号の追加
（コマンドではありません）

● 基本的な使い方
通常通り寸法を入れた後に、[プロパティ] パレットから追加記入します。

既存の円の大きさ変更
（コマンドではありません）

● 基本的な使い方
[プロパティ] パレットの数値を変更して、大きさ変更を行います。

COLUMN　断面図について

断面図には、次の種類があります。

- 対象物をすべて切断したと想定して表す「全断面図」
- 対象物の片側を切断して表す「片側断面図」
- 必要な部分だけを切断して表す「部分断面図」
- 切断した面を回転させて表す「回転図示断面図」

また、これらを複合的に組み合わせて断面図を表すこともあります。

全断面図

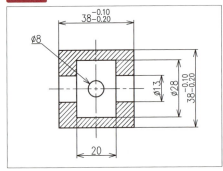

片側断面図

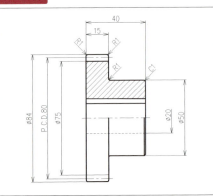

部分断面図

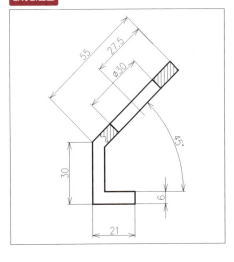

回転図示断面図

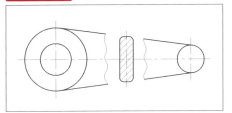

組み合わせによる断面図

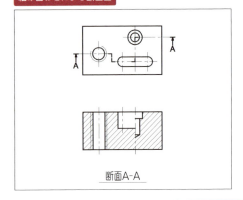

断面A-A

3-2-2 作図の準備

テンプレート「A4_kikai_1.dwt」をもとに図面ファイルを新規作成します。作図補助設定など、詳しくは「3-1-2　作図の準備」P.78〜83にならってください。ただしここでは、図枠の右下に記入する図面名を「キューブ」、図面番号を「CU-3838-38」とします。

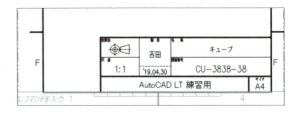

3-2-3 正面図の作図

キューブの正面図を作図します。まず外形、次に十字中心線を作図しましょう。

■ **外形を作図する**

作図見本に色付きで示したように、外形を作図します。

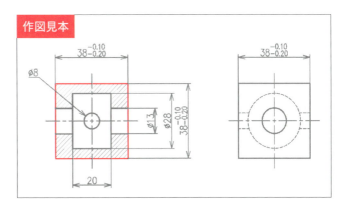

1 練習用ファイル「3-2-3.dwg」を開く（または 3-2-2 で作成した図面ファイルを引き続き使用）。

2 ［ホーム］タブ －［作成］パネル －［長方形］をクリックする（あるいは「RECTANG」または「REC」と入力して Enter キーを押す）。

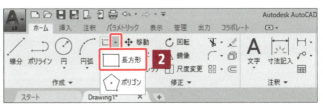

3 カーソル横に「一方のコーナーを指定」と表示されるので、任意の位置をクリックする。

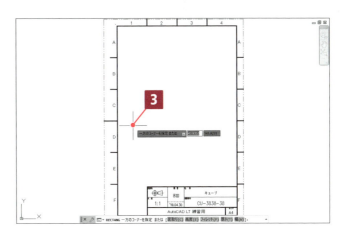

4. カーソル横に「もう一方のコーナーを指定」と表示されるので、「38,38」と入力してEnterキーを押す。

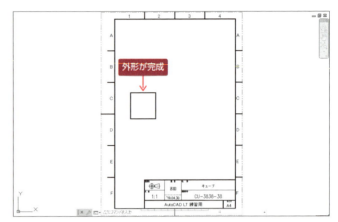

横38×縦38の長方形(外形)が作図され、[長方形]コマンドが自動的に終了します。

■ 十字中心線を作図する

作図見本に色付きで示したように、十字中心線を作図します。まず横の線分、次に縦の線分を作図します。

3-1では[中心マーク]コマンドを使って十字中心線を作図しましたが、[中心マーク]コマンドは円や円弧に中心線を記入するものです。ここでは長方形に記入するので、このコマンドは使えません。2つの線の間に中心線を簡単に記入できる[中心線]コマンドもありますが、ここでは[線分]コマンドを使って線分をかき、後で線分の長さを変える練習をします。

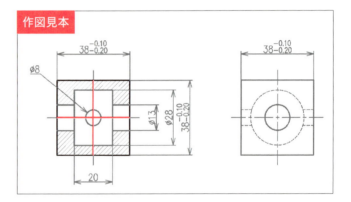

> **HINT** ここでは[中心マーク]や[中心線]コマンドを使わずに中心線を作図するので、自動的に[04_中心線]画層にはなりません。後で画層を変更します。

1. [ホーム]タブ ― [作成]パネル ― [線分]をクリックする(あるいは「LINE」または「L」と入力してEnterキーを押す)。

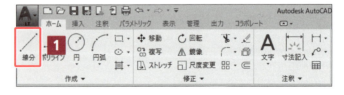

2. 1点目として左の縦線の中点、「次の点」として右の縦線の中点をクリックして、線分でつなぐ。

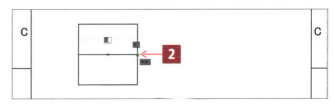

3. EnterキーまたはEscキーを押して[線分]コマンドを終了する。

4 Enterキーを押して[線分]コマンドを繰り返し、上の横線の中点と下の横線の中点を線分でつなぐ。

5 EnterキーまたはEscキーを押して[線分]コマンドを終了する。

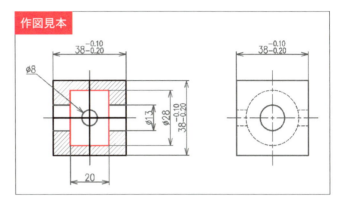

■ 内側の長方形を作図する

作図見本に色付きで示したように、内側の長方形を作図します。

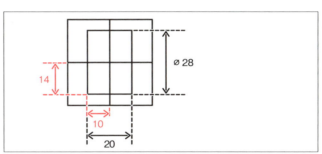

外側の長方形は最初にかく部分なので、位置を任意に決めましたが、内側の長方形は外側との相対関係が決まっています。

ここでは、中心から相対座標で「10,-14」の位置を、内側の長方形の左下の頂点として指定します。

1 P.117の手順2にならって[長方形]コマンドを実行する。

ここでは、[基点設定]という優先オブジェクトスナップ（一時オブジェクトスナップ）を利用して一方のコーナーを指定します。

2 Ctrlキーを押しながら任意の位置を右クリックする。

3 ショートカットメニューから[基点設定]を選択する。

カーソル横に「基点」と数値入力枠が表示されます。

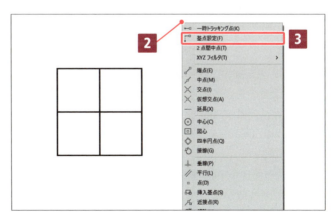

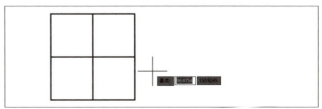

3-2 キューブの作図

119

4 「基点」として、十字中心線の交点をクリックする。

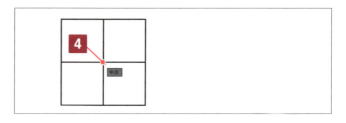

これは「次に入力する座標はここを基準とした座標」という指定です。

カーソル横に<オフセット>と数値入力枠が表示されます。ここで表示されている<オフセット>は、手順4で指定した「基点からどれだけずらした位置か」という意味です。

5 基点からの相対座標として、「@-10,-14」と入力してEnterキーを押す。

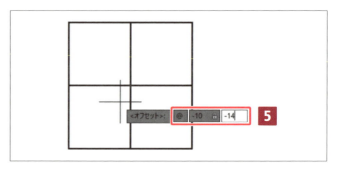

> **HINT** ダイナミック入力がオンの場合でも、［基点設定］を使うときは「@」の入力が必要です。

手順4でクリックした位置（基点）から、左に10、下に14の位置を長方形の一方のコーナーとして指定したことになります。

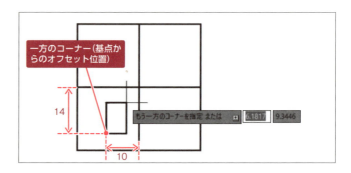

カーソルにはもう一方のコーナー（対角の頂点）が一緒についてきますが、まだ位置は一方のコーナーしか固定されていません。

6 「もう一方のコーナー」として、「20,28」と入力してEnterキーを押す。

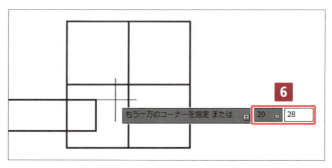

数値を入力する途中で、長方形のプレビューが変な方向に表示されることがありますが、入力が完成すれば戻ります。

これで、長方形の対角の頂点を、手順5で指定した位置から「右に20、上に28の位置」に指定したことになります。

横20×縦28の長方形が作図され、［長方形］コマンドが自動的に終了します。

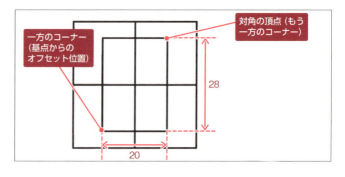

> **COLUMN**　位置を指定するときの[基点設定]について
>
> [基点設定]の優先オブジェクトスナップ（一時オブジェクトスナップ）を使うことで、補助線がなくても位置を相対座標で指定することができます。「わざわざ補助線をかいて利用し、利用が終わったら削除する」という手間がなくなり、作業効率が上がります。

■ 中央の横線を2本作図する

作図見本に色付きで示したように、中央の横線を2本作図します。

これは[線分]コマンドを使ってかくこともできますが、ここでは[オフセット]コマンドを使って線分を平行に複写してみます。

1　[ホーム]タブ －[修正]パネル －[オフセット]をクリックする（あるいは「**OFFSET**」または「**O**」と入力して Enter キーを押す）。

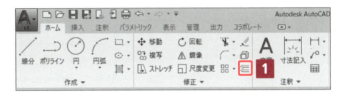

2　カーソル横に「オフセット距離を指定」と表示されるので、「6.5」と入力して Enter キーを押す。

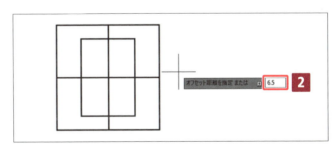

続いて、「オフセットするオブジェクト」（複写元）と「オフセットする側の点」（複写先）を指定します。

3　カーソル横に「オフセットするオブジェクトを選択」と表示されるので、中央の横線をクリックする。

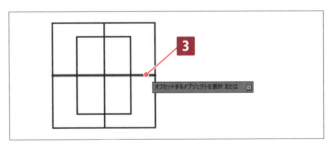

4. カーソル横に「オフセットする側の点を指定」と表示され、オフセットのプレビューが表示されるので、中央の横線よりも上をクリックする。

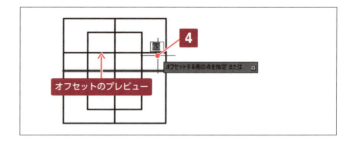

複写元よりも6.5上の位置に、1本目がオフセットされます。

オフセットが終わっても、[オフセット]コマンドは自動的に終了しません。再び「オフセットするオブジェクトを選択」と表示され、同じ距離のオフセットを続けて行うことができます。

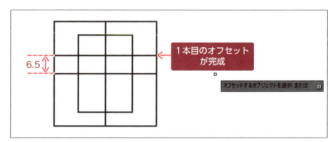

5. 中央の横線をクリックする。
6. 「オフセットする側の点」として、中央の横線より下側をクリックする。

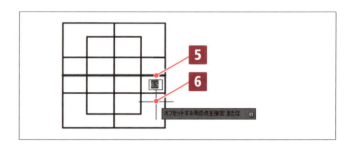

複写元よりも6.5下の位置に、2本目がオフセットされます。

7. Enter キーまたは Esc キーを押して[オフセット]コマンドを終了する。

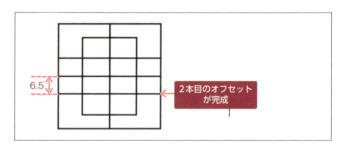

■ 中央の横線2本の中央部をトリムする

作図見本に色付きで示したように、中央の横線2本の中央部をトリム（削除）します。

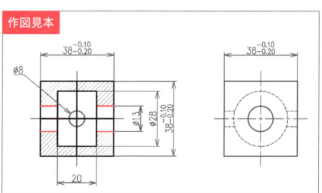

1 [ホーム]タブ — [修正]パネル — [トリム]をクリックする（あるいは「TRIM」または「TR」と入力して Enter キーを押す）。

2 カーソル横に「オブジェクトを選択」と表示されるので、内側の長方形をクリックする。

ここで選択するオブジェクトは、トリムするための切り取りエッジとするオブジェクトのことです。

切り取りエッジとするオブジェクトは Enter キーを押して確定するまで次々と選択することができますが、ここではこれ以上必要ないので確定します。

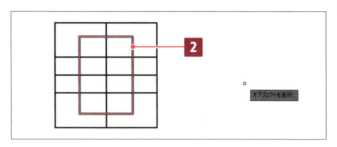

 手順 2 で何も選択せずに Enter キーを押すと、図面のすべてのオブジェクトが選択されます。

3 Enter キーを押して確定する。

4 カーソル横に「トリムするオブジェクトを選択」と表示されるので、線分の削除したい部分をクリックする。

クリックした線分の、切り取りエッジ（内側の長方形）に挟まれた領域間が削除されます。

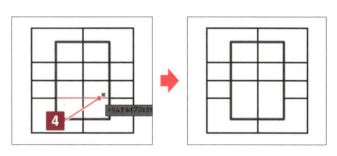

5 同様に上の線分もクリックし、削除する。

6 Enter キーまたは Esc キーを押して [トリム] コマンドを終了する。

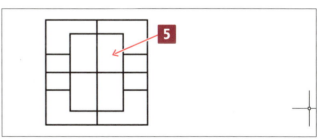

■ **中央の円を作図する**

作図見本に色付きで示したように、中央の円を作図します。

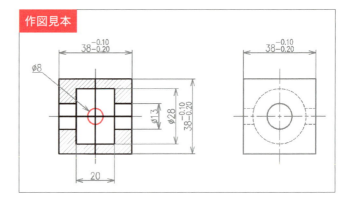

1. ［ホーム］タブ －［作成］パネル －［中心、半径］をクリックして、［円］コマンドの［中心、半径］オプションを実行する。

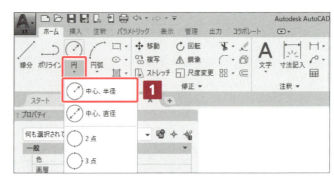

> **HINT**　［円］コマンドは、初期設定では［中心、半径］オプションが選択されています（［円］アイコンが ◎ の絵になっている）。この場合、アイコン（絵の部分）をクリックすると［中心、半径］オプションが実行されます。そうでない場合は、アイコン下の［▼］をクリックしてオプションを表示し、その中から［中心、半径］を選択します。
> 「CIRCLE」または「C」と入力して Enter キーを押した場合も、［中心、半径］オプションが実行されます。

2. 円の中心とする位置として、十字中心線の交点をクリックする。

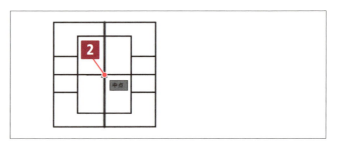

3. 半径として、「4」と入力して Enter キーを押す。

半径4の円が作図され、［円］コマンドが自動的に終了します。

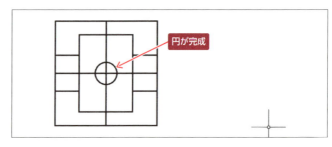

■ 十字中心線を伸ばす

作図見本に色付きで示したように、十字中心線を伸ばします。

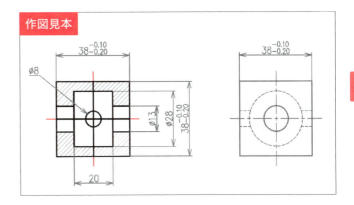

1. [ホーム]タブ→[修正]パネル→[長さ変更]をクリックする(あるいは「LENGTHEN」または「LEN」と入力して Enter キーを押す)。

    [長さ変更]は、[修正]パネルのパネル名横の[▼]をクリックすると表示されます。

2. カーソル横に「計測するオブジェクトを選択」と表示されるが、ここでは増減の値を指定したいので[増減(DE)]オプションを使う。

   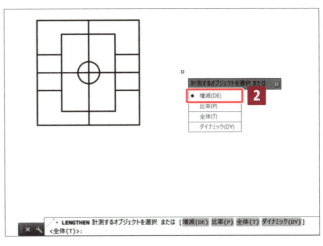

    オプションの選択方法は以下の3種類があります。
   - キーボードの↓キーを押して表示されるリスト(図)の中から指定したいオプションをクリック、または↓キーで選択して Enter キーを押す
   - コマンドラインに並んでいるオプションをクリックする
   - オプション名の横のアルファベットをキーボードから入力して Enter キーを押す

3. 増減したい数値(ここでは「5」)を入力し、Enter キーを押す。

   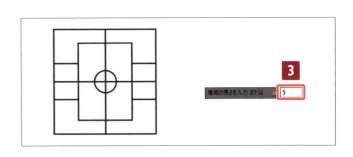

続いて、伸ばしたいオブジェクトを順に選択します。線分にカーソルを合わせると図のような変更結果のプレビューが表示されるので、確認しながらクリックしていきます。

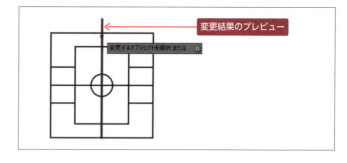

4 十字中心線の上半分、下半分、左半分、右半分をクリックする。

クリックした線分がそれぞれ 5 伸びます。

5 [Enter]キーまたは[Esc]キーを押して[長さ変更]コマンドを終了する。

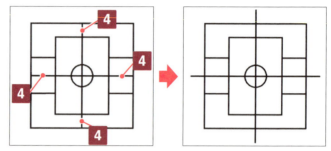

[長さ変更]コマンドには4つのオプションがあります。

- 増減（DE）：プラスマイナスの増減の値を指定（短くしたいときはマイナスを付ける）
- 比率（P）：現在値を100としたパーセント単位で指定
- 全体（T）：長さ変更後の値を指定
- ダイナミック（DY）：クリックで長さを指定

中心線は、中心線が必要な形状からはみ出すようにかきます。はみ出す長さは一般に3～5としますが、対象物の大きさや尺度、図面サイズによって、見やすいように変えます。

線分を複数伸縮するときは[長さ変更]コマンドが便利ですが、1カ所だけ伸縮させる場合はグリップを使うと早いです。
手順は次の通りです。

1 線分をクリックして選択し、伸縮させたい側の端点のグリップをクリックする。
2 グリップが赤くなるので再びクリックし、グリップを移動したい方向にカーソルを動かして数値を入力する。

このときに、カーソルを動かす方向がぐらつくと線分の角度が変わってしまうので注意してください。

■十字中心線の画層を変更する

作図見本に色付きで示した十字中心線の画層を変更します。

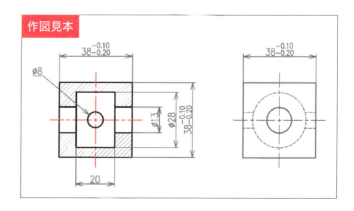

> **COLUMN** 画層の変更の要不要について
>
> 一部のコマンドには、あらかじめ割り当てておいた画層で作図が実行される設定があります。3-1で練習した[中心マーク]コマンドもその1つで、作図時に画層を変更しなくても自動的に[04_中心線]画層でかかれました。ほかに画層を割り当てることができるコマンドとして、[中心線]、[ハッチング]、[寸法]コマンドがあります。
> ここでかいた十字中心線は[線分]コマンドで作図したオブジェクトなので、画層の変更が必要です。

1. 縦と横の中心線をクリックして選択する。
2. [ホーム]タブ―[画層]パネルで、画層のプルダウンリストから[04_中心線]を選択する。
3. Esc キーを押して縦と横の中心線を選択解除する。

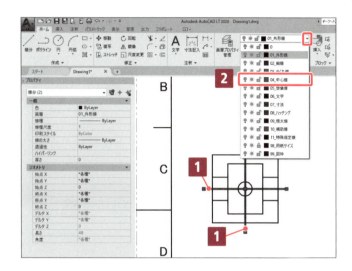

線分の画層が[04_中心線]に変わったことにより、線分が赤い細線(鎖線)に変わります。

 ここまでの手順を終えた状態の図面ファイルが、教材データに「3-2-4.dwg」として収録されています。

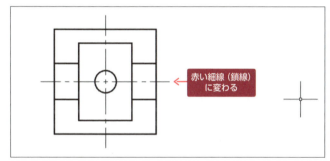

3-2-4 側面図の作図

キューブの側面図を作図します。正面図から流用できるオブジェクト(十字中心線や長方形、円)を複写して、円の大きさを変更したり、新たな円を作図したりしましょう。

■ 正面図から流用できるオブジェクトを複写する

作図見本に色付きで示したように、正面図から、側面図の作図に流用できるオブジェクトを複写します。

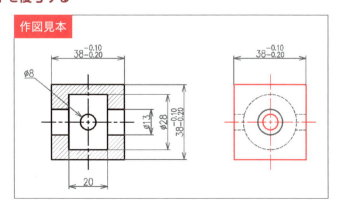

1. 練習用ファイル「3-2-4.dwg」を開く（または 3-2-2 で作成した図面ファイルを引き続き使用）。

2. 複写したいオブジェクト（縦横の中心線、外形の長方形、円）をクリックして選択する。

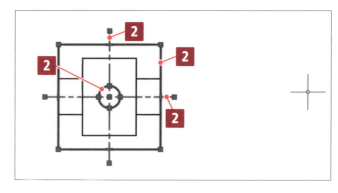

> **HINT** 中央の円の大きさは違いますが、複写した後に修正します。

3. ［ホーム］タブ ―［修正］パネル ―［複写］をクリックする（あるいは「COPY」または「CO」と入力して Enter キーを押す）。

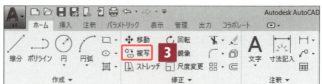

4. 基点として、任意の位置をクリックする。

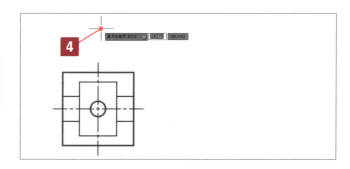

> **HINT** このとき図のように、オブジェクトが混み合っていないあたりをクリックすると次の操作がしやすいです。

5. カーソル横に「2点目を指定」と表示されるので、カーソルを右方向に動かして水平線上であることを確認し、任意の距離の位置をクリックする。

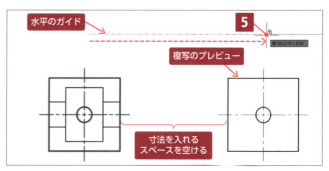

> **HINT** 基点と2点目の間は、寸法が入ることを考慮してスペースを空けます。

次の複写のプレビューがカーソルに一緒についてきますが、これ以上の複写は必要ないので［複写］コマンドを終了します。

6. Enter キーまたは Esc キーを押して［複写］コマンドを終了する。

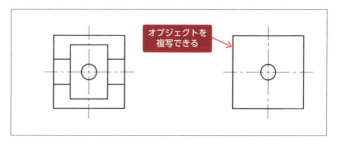

■ **円の大きさを変更する**

正面図から複写した円を、作図見本に色付きで示したように、大きくします。

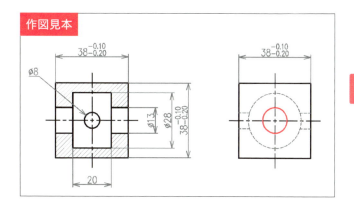

1 円をクリックして選択する。

2 [プロパティ]パレットの[ジオメトリ]項目にある[直径]欄をクリックする。

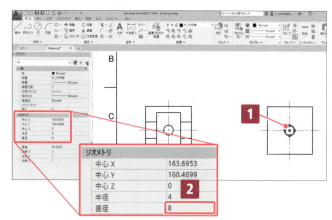

3 [直径]欄の値を「8」から「13」に変更し、Enterキーを押す。

円の直径が8から13に変更されます。

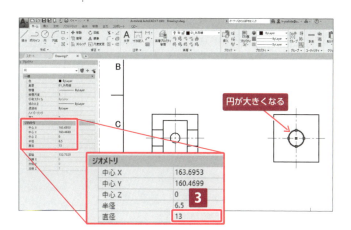

■ 円を作図する

作図見本に色付きで示したように、円を作図します。

1. P.124の手順1にならって[円]コマンドの[中心、半径]オプションを実行する。

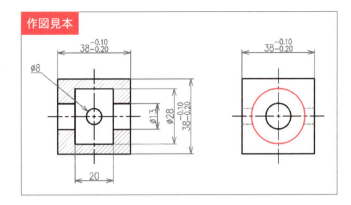

2. 円の中心として、十字中心線の交点をクリックする。

3. 半径として、「14」と入力して[Enter]キーを押す。

半径14の円が作図され、[円]コマンドが自動的に終了します。

■ 横線2本を作図する

作図見本に色付きで示したように、横線2本を作図します。

横の中心線を上下に4ずつオフセット（平行に複写）して作図します。

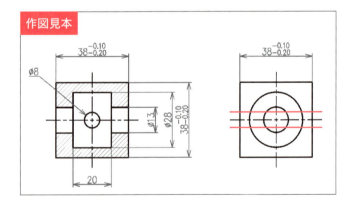

1. [ホーム]タブ－[修正]パネル－[オフセット]をクリックする（あるいは「OFFSET」または「O」と入力して[Enter]キーを押す）。

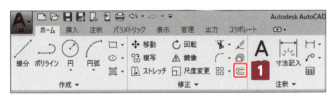

2. オフセット距離として、「4」と入力して[Enter]キーを押す。

3. P.121の手順3～7にならって、横の中心線を上下にオフセットする。

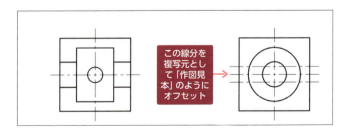

■ 横線2本と大きい円の画層を変更する

作図見本に色付きで示した横線2本と大きい円の画層を変更します。

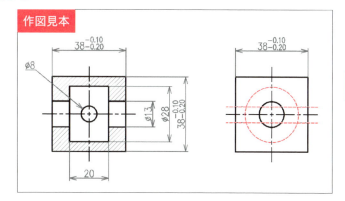

1 横線2本と大きい円をクリックして選択する。

2 [ホーム]タブ ― [画層]パネルで、画層のプルダウンリストから[03_かくれ線]を選択する。

3 Esc キーを押してオブジェクトを選択解除する。

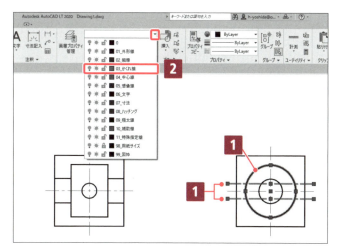

図は、画層がかくれ線に変更された状態です。

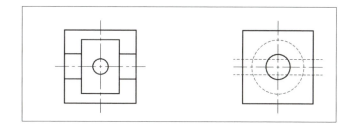

■ 不要な線をトリムする

作図見本に色付きで示したように、不要な線をトリム（削除）します。

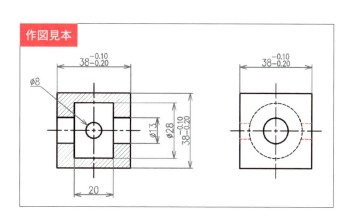

131

1. P.123の手順1にならって［トリム］コマンドを実行する。
2. 「オブジェクト（切り取りエッジ）」として、長方形と大きい円をクリックして選択する。
3. Enterキーを押して選択を確定する。

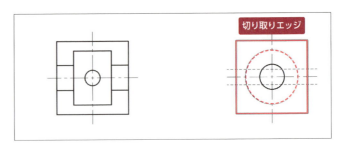

4. 「トリムするオブジェクト」として、長方形からはみ出た横線と円の内側を続けてクリックする。

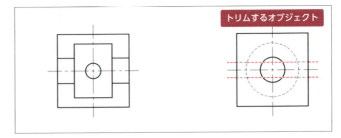

クリックしたオブジェクトの「端から切り取りエッジまで」と「切り取りエッジで挟まれた内側」が削除されます。

5. EnterキーまたはEscキーを押して［トリム］コマンドを終了する。

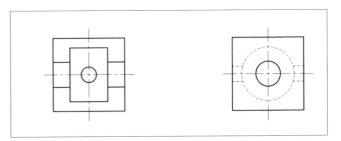

 ここまでの手順を終えた状態の図面ファイルが、教材データに「3-2-5.dwg」として収録されています。

3-2-5 寸法の記入

キューブの正面図と側面図に寸法を記入します。長さ寸法、直径寸法を記入した後、長さ寸法に直径記号「φ」を付けたり、サイズ公差を付けたりしましょう。

■ 長さ寸法、直径寸法を記入する

作図見本に色付きで示したように、長さ寸法、直径寸法を記入します。

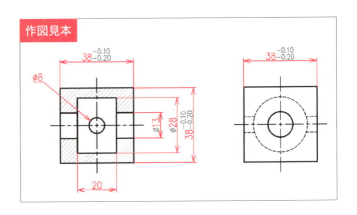

1. 練習用ファイル「3-2-5.dwg」を開く（または 3-2-2 で作成した図面ファイルを引き続き使用）。

2. P.96「3-1-5 寸法の記入」を参考に、図のように長さ寸法、直径寸法を記入する。

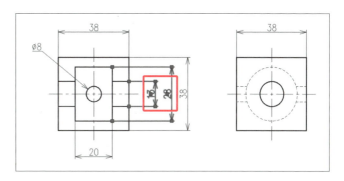

■ 長さ寸法に直径記号を表示する

作図見本に色付きで示したように、直径記号「φ」を表示します。

「直径寸法」を記入すると自動的に「φ」付きの表示になります（P.105を参照）が、長さ寸法にも「φ」を表示することができます。

1. 直径記号を付ける寸法（ここでは図に示した2カ所）をまとめて選択する。

 HINT 寸法を1つずつクリックして選択することもできますが、「交差選択」を使えば2つの寸法をまとめて選択できます。交差選択をするには、図に色付きの枠で示した範囲を右から左に囲みます（詳しくは P.68「2-6 オブジェクトの選択と選択解除」を参照）。

2. ［プロパティ］パレットを下にスクロールする。

3. ［文字］項目の［寸法値の優先］欄に「%%C< >」と半角で入力して Enter キーを押す。

寸法の表示が「φ」付きに変わります。

4. Esc キーを押してオブジェクトを選択解除する。

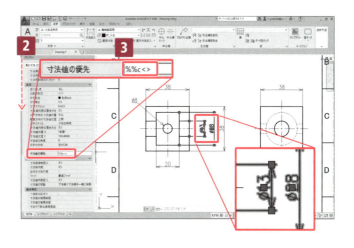

HINT 1つの寸法のみに直径記号を付ける場合は、寸法数値をダブルクリックして、数値の前に「%%C」と半角で入力します。あるいは、ダブルクリックすると表示される［テキストエディタ］タブで［挿入］パネル－［シンボル］をクリックし、プルダウンリストから［直径 %%c］を選択すると直径記号を付けることができます。

また、［プロパティ］パレットの［基本単位］項目にある［寸法値の接頭表記］欄に「%%C」と入力しても、直径記号を付けることができます。この場合"<>"の入力は不要です。

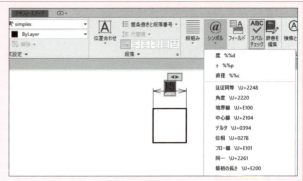

COLUMN 「%%C」の意味

「%%」は、その後ろの文字と組み合わせて記号にする制御文字です。後ろに付く文字によって、記号が異なります。
なお、文字は、半角であれば大文字・小文字は問いません。

文字	表示される記号	例
C	直径記号	%%C → φ
P	プラスマイナス	%%P → ±
D	度	%%D → °
U	アンダーライン	%%UAAA → AAA
O	オーバーライン	%%OAAA → AAA

■ サイズ公差（寸法公差）を付ける

作図見本に色付きで示したように、「サイズ公差（寸法公差）」を付けます。

「公差」とはものを作るときに許されるサイズの範囲を示すもので、大きさにかかわる「サイズ公差（寸法公差）」と、形状や位置にかかわる「幾何公差」（P.287を参照）があります。

部品の精密さが要求されない場合、「この部品だったらこのくらいの寸法の誤差はOK」という許容範囲を決めます。それがサイズ公差（寸法公差）で、AutoCAD LTでは「許容差」と呼びます。

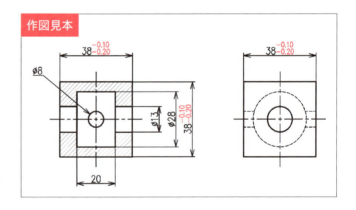

1 同じサイズ公差を付けたい寸法（ここでは図に示した3カ所）をまとめて選択する。

まとめて選択するのは、サイズ公差の数値が同じ場合のみです。

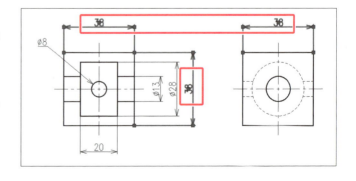

2 ［プロパティ］パレットの［許容差］項目にある［許容差表示］欄の▼をクリックし、プルダウンリストから［上下］を選択する。

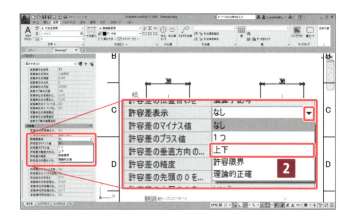

選択中の寸法数値の後ろに「0.00」が表示されるようになります。

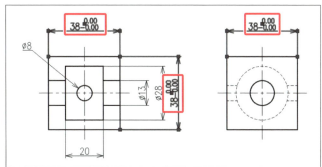

［プロパティ］パレットの［許容差］項目の［許容差のマイナス値］と［許容差のプラス値］がともに「0」に設定されているので、変更します。

3 ［許容差のマイナス値］欄の値を「0.2」に変更して Enter キーを押す。

4 ［許容差のプラス値］欄の値を「-0.1」に変更して Enter キーを押す。

入力したサイズ公差が寸法数値に反映されます。

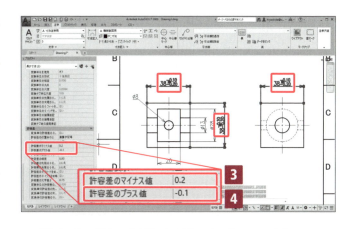

 ［許容差のプラス値］は数字だけ入力すれば「+」が付き、「−」を付ければ「−」が付きます。［許容差のマイナス値］は数字だけ入力すれば「−」が付き、「−」を付ければ「+」が付きます。

 製図一般の規格 Z8317 の公差記入についての一般事項では、許容限界寸法（この例では「-0.10」と「-0.20」）の大きさについて「数値は、寸法数値と同じ大きさで書く。これらは寸法数値の大きさよりも1サイズ小さくしてもよいが、2.5mmより小さくならないようにする」と規定されています。
ここでキューブの図面に使ったテンプレートでは、許容限界寸法の大きさを寸法数値×0.75の高さにしています。ここを0.5にしてしまう人も多いようですが、それだとたいていの場合は2.5より小さくなってしまうので注意が必要です。

 許容差の文字高さを変更したい場合は、［許容差の文字高さ］欄の値「1」を変更します。1未満の数値に変えることで、文字高さを小さくすることができます。1より大きい値にすることもできますが、製図規格に反するので通常は行いません。

3-2 キューブの作図

135

5 Esc キーを押してオブジェクトを選択解除する。

寸法表示の最終的な見た目は、図のようになります。

ここまでの手順を終えた状態の図面ファイルが、教材データに「3-2-6.dwg」として収録されています。

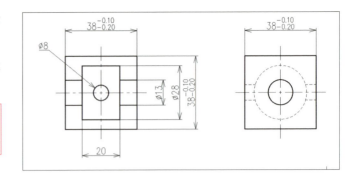

3-2-6 ハッチングの記入

ブロックの正面図にハッチングを記入します。

■ ハッチングを記入する

作図見本に色付きで示したように、ハッチングを記入します。

1 練習用ファイル「3-2-6.dwg」を開く(または 3-2-2 で作成した図面ファイルを引き続き使用)。

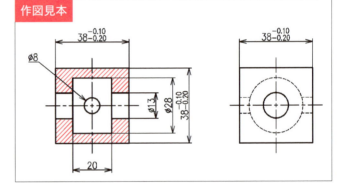

2 [ホーム]タブ ―[作成]パネル ―[ハッチング]をクリックする(あるいは「HATCH」または「H」と入力して Enter キーを押す)。

タブが[ハッチング作成]に切り替わります。

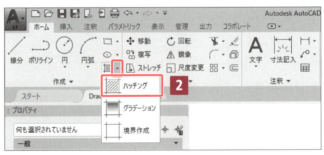

3 [パターン]パネルで[ANSI31]をクリックする。

4 [プロパティ]パネル ―[ハッチングパターンの尺度]を「1」から「0.5」に変更する。

5 [境界]パネル ―[点をクリック]をクリックする。

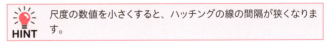尺度の数値を小さくすると、ハッチングの線の間隔が狭くなります。

6 カーソル横に「内側の点をクリック」と表示されるので、図に示したハッチングを記入したい領域内でクリックする。

カーソル横にはまだ「内側の点をクリック」と表示されています。Enter キーを押して選択を確定するまで、選択は続けて行うことができます。

7 同様に、図に示した残りの3カ所の領域内をクリックする。

8 Enter キーを押して選択を確定する。

Enter キーを押すと、ハッチングのプレビューが確定され、ハッチング記入は完了します。同時に［ハッチング作成］タブも閉じられます。

［ハッチング］コマンドが自動的に終了します。

［ハッチング］コマンド終了後に、記入したハッチングをクリックすると、［ハッチング作成］と似た［ハッチングエディタ］タブが表示されます。ここで尺度や角度などの数値やパターンなどを変更することができます。

［ハッチング］コマンドは、あらかじめ設定した画層でかかれるコマンドなので、画層を変更する手順は必要ありません（詳しくはP.127の「COLUMN」を参照）。

ここまでの手順を終えた状態の図面ファイルが、教材データに「3-2-6_完成.dwg」として収録されています。

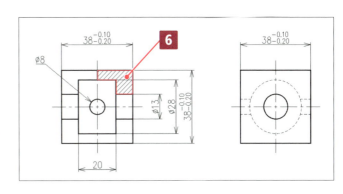

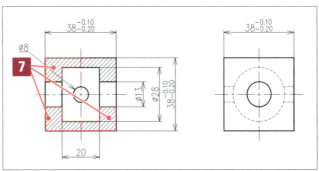

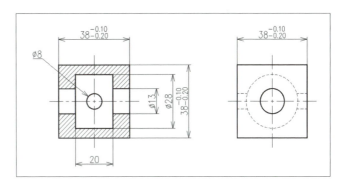

3-3 フックの作図

📄 A4_kikai_1.dwt　📄 3-3-3.dwg　📄 3-3-4.dwg　📄 3-3-5.dwg

フックを作図しながら、ポリラインやフィレットなどのCAD操作、および（R）記号などの製図知識を学びましょう。

3-3-1 この節で学ぶこと

この節では、次の図のようなフックを作図しながら、以下の内容を学習します。

CAD操作の学習
- ポリラインを作図する
- フィレットをかける
- 構築線を作図する
- グリップ編集を使う
- オブジェクトを分解する

製図の学習
- 板金
- （R）の意味

次の図面は「板金図」といいます。薄く平らに成形した金属のことを「板金」といい、板金を曲げたり切断したり穴を開けるなどの加工をした部品を「板金部品」といいます。

曲げた部分は実際には多少厚みが変化しますが、板金部品を図面で表すときには厚みは一定の幅で作図します。この節では板の厚みをオフセットで作図するために、[線分] コマンドではなく [ポリライン] コマンドで片側の面の稜線をかきます。ポリラインはオフセットを使って一定の厚みを一度に表現できるので、とても便利です。

完成図面

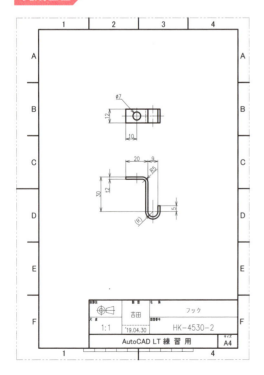

作図部品の形状

この節で学習するCADの機能

［ポリライン］コマンド
（PLINE／
エイリアス：PL）

● 機能
直線や円弧を組み合わせて1つの連続線を作成するコマンドです。1つのオブジェクトにすることでコーナー処理を一括して行えるなど、さまざまな利点があります。ここまでの学習で出てきた、［長方形］コマンドでかかれた長方形もポリラインです。

● 基本的な使い方
1　［ポリライン］コマンドを実行する。
2　始点を指定する。
3　次の点を指定する。
4　手順3を繰り返す。

［フィレット］コマンド
（FILLET／
エイリアス：F）

● 機能
コーナー処理の1つで、2線間を接円弧で処理するコマンドです。基本的に円弧の元になる2線はトリム処理を兼ねますが、トリム処理させないオプションもあります。

● 基本的な使い方
1　［フィレット］コマンドを実行する。
2　フィレット半径やモードを確認し、必要があれば変更する。
3　フィレットをかける元の2線をクリックで指定する。

［構築線］コマンド
（XLINE／
エイリアス：XL）

● 機能
無限の長さの線を作図するコマンドです。投影線の作図などに使われます。水平、垂直、角度など、さまざまなオプションが用意されています。

● 基本的な使い方
1　［構築線］コマンドを実行する。
2　オプションを指定する。
3　以降はオプションによって変わる。

グリップ編集
（コマンドではありません）

● 機能
オブジェクトを選択したときに表示される青い四角いマークをグリップといいます。グリップをクリックして操作することで、形状を変更させることができます。

［分解］コマンド
（EXPLODE／
エイリアス：X）

● 機能
ブロックやポリラインなどをバラバラの要素にするコマンドです。分解することで、まとまっていた要素を個別に編集できるようになります。また、ブロックやポリラインを扱えないほかのCADソフトと図面を共有する際などは、あらかじめそれらを分解しておきます。

 HINT ブロックは複数のオブジェクトなどをひとまとめにして図面に登録したものです。ブロックを登録するには［ブロック作成］コマンド、登録したブロックを図面に挿入するには［ブロック挿入］コマンドを使用します（P.315「6-4-4　図枠と表題欄をブロック化」を参照）。

● 基本的な使い方
1　分解したいオブジェクトを選択する。
2　［分解］コマンドを実行する。

3-3-2 作図の準備

テンプレート「A4_kikai_1.dwt」をもとに図面ファイルを新規作成します。作図補助設定など、詳しくは「3-1-2 作図の準備」P.78～83にならってください。ただしここでは、図枠の右下に記入する図面名を「フック」、図面番号を「HK-4530-2」とします。

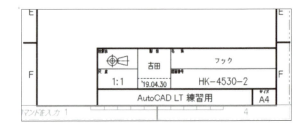

3-3-3 正面図の作図

フックの正面図を作図します。まずポリラインを作図し、次にフィレットを作成しましょう。

■ **ポリラインを作図する**

作図見本に色付きで示したように、ポリラインを作図します。

連続線をかくのに線分でなくポリラインを使うのは、後ほど板厚部分を作図するときにこの連続線をオフセットする手間が少なくて済むからです（詳しくはP.146の「COLUMN」を参照）。

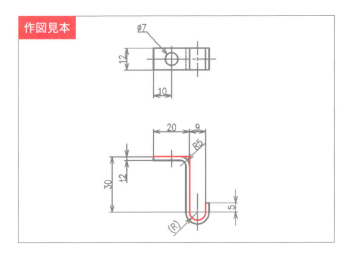

1. 練習用ファイル「3-3-3.dwg」を開く（または 3-3-2 で作成した図面ファイルを引き続き使用）。

2. ［ホーム］タブ ー［作成］パネル ー［ポリライン］をクリックする（あるいは「PLINE」または「PL」と入力して Enter キーを押す）。

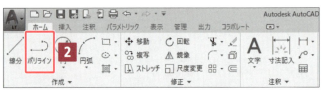

3. カーソル横に「始点を指定」と表示されるので、図に示したあたりをクリックする。

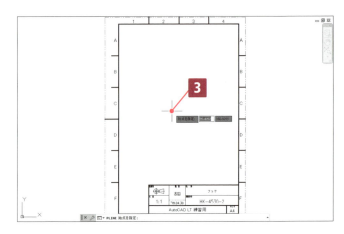

4 カーソル横に「次の点を指定」と表示されるので、カーソルを右方向に動かして距離を「20」と入力し、Enterキーを押す。

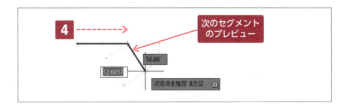

右方向に長さ20の線が作図されます。また、次のセグメント（線）のプレビューが表示され、カーソルに一緒について動きます。

5 カーソル横に「次の点を指定」と表示されるので、カーソルを下方向に動かして距離を「30」と入力し、Enterキーを押す。

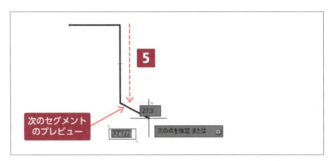

下方向に長さ30の線が作図されます。

かく線を直線から円弧に切り替えるため、［円弧（A）］オプションを使います。

6 「A」と入力してEnterキーを押す。または、↓キーで表示されるオプションリストやコマンドラインから［円弧（A）］を選択する。

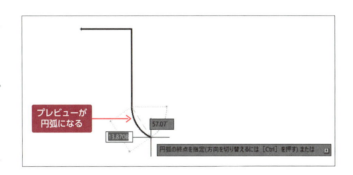

次のセグメントのプレビューが円弧になります。

7 カーソル横に「円弧の終点を指定」と表示されるので、カーソルを右方向に動かして距離を「9」と入力し、Enterキーを押す。

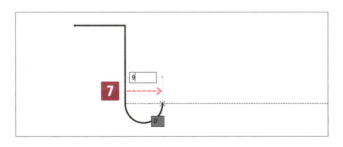

直径9の円弧が作図され、次のセグメント（円弧）のプレビューが表示されます。

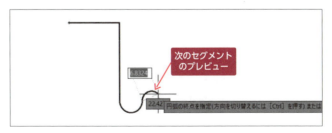

3-3 フックの作図

141

［線分（L）］オプションを使って、直線に戻します。

8 「L」と入力してEnterキーを押す。または、↓キーで表示されるオプションリストやコマンドラインから［線分（L）］を選択する。

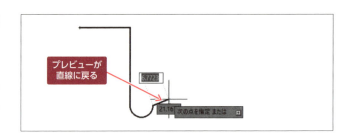

プレビューが直線に戻ります。

9 カーソル横に「次の点を指定」と表示されるので、カーソルを上方向に動かして距離を「5」と入力し、Enterキーを押す。

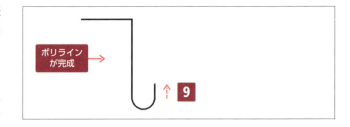

10 EnterキーまたはEscキーを押して［ポリライン］コマンドを終了する。

ポリラインが完成します。

■ **フィレットをかける**

作図見本に色付きで示したように、ポリラインにフィレットをかけてコーナーを丸めます。

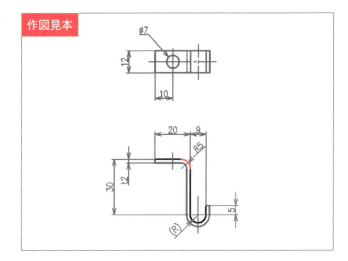

1 ［ホーム］タブ ー ［修正］パネル ー ［フィレット］をクリックする（あるいは「FILLET」または「F」と入力してEnterキーを押す）。

142

2　コマンドラインでモードが「トリム」と表示されていることを確認する。

アイコンをクリックしてコマンドを実行した場合、モードは表示されませんが、コマンドライン右の [▲] をクリックするとコマンド履歴が展開されて確認できます。

図の状態「モード＝トリム、フィレット半径＝0.0000」が初期値です。「モード＝非トリム」になっている場合は、「T Enter」と2回入力するか、↓キーで表示されるオプションリストやコマンドラインから [トリム (T)] を選択し、さらに変更するモードとして [トリム (T)] を選択してトリムモードに戻してください。

COLUMN　モードの「トリム」「非トリム」とは

「トリム」「非トリム」は、コーナー処理した後に、コーナーを構成するオブジェクトをトリム (削除) するかどうかの設定オプションです。モードを「トリム」にしてフィレットを実行すると、コーナーを構成するオブジェクトの「フィレットより長い部分」は削除され (左図)、「フィレットに届かない部分」は延長されます (右図)。

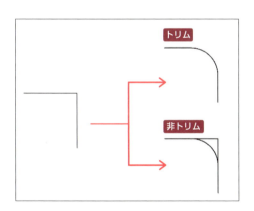
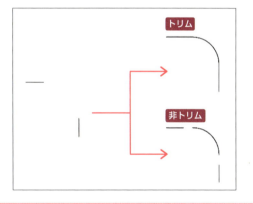

[半径 (R)] オプションを使って、フィレットの半径を「5」に変更します。

3　「R」と入力して Enter キーを押す。または、↓キーで表示されるオプションリストやコマンドラインから [半径 (R)] を選択する。

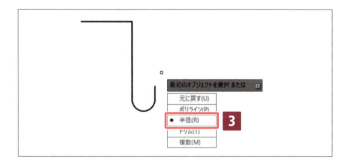

3-3 フックの作図

143

4 カーソル横に「フィレット半径を指定」と表示されるので、「5」と入力して Enter キーを押す。

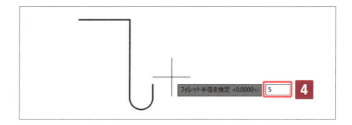

5 カーソル横に「最初のオブジェクトを選択」と表示されるので、フィレットをかけたい線の部分をクリックする。

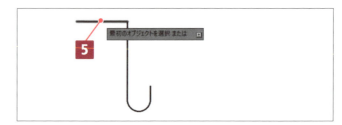

6 カーソル横に「2つ目のオブジェクトを選択」と表示されるので、フィレットをかけたいもう一方の線の部分をクリックする。

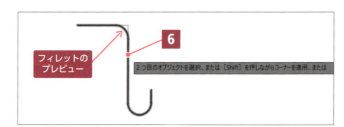

半径5のフィレットが作成され、[フィレット]コマンドは自動的に終了します。

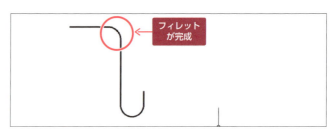

■ 板厚部分を作図する

作図見本に色付きで示したように、板厚部分を作図します。

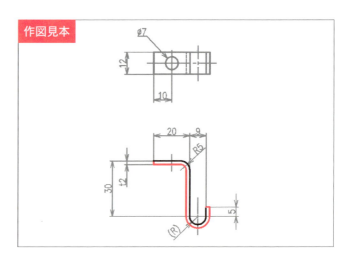

1 ［ホーム］タブ －［修正］パネル －［オフセット］をクリックする（あるいは「OFFSET」または「O」と入力して Enter キーを押す）。

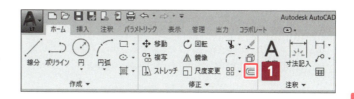

2 カーソル横に「オフセット距離を指定」と表示されるので、「2」と入力して Enter キーを押す。

3 カーソル横に「オフセットするオブジェクトを選択」と表示されるので、ポリラインをクリックする。

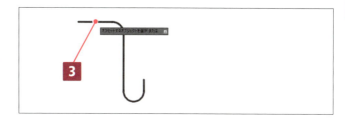

4 カーソル横に「オフセットする側の点を指定」と表示されるので、左下の任意の位置をクリックする。

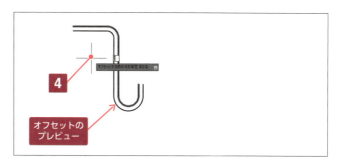

HINT　「オフセットする側の点」を指定するときに、「オフセットするオブジェクト」とプレビューの間に数値入力枠が表示されます。ここに値を入力すると、オフセット距離を指定しなおすことができます。

5 Enter キーまたは Esc キーを押して［オフセット］コマンドを終了する。

これでポリラインがオフセットされましたが、まだポリラインの両端を閉じていません。

このポリラインの両端を線分でつなぎます。

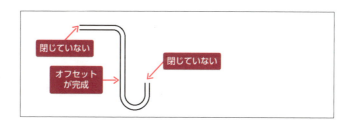

6 ［ホーム］タブ －［作成］パネル －［線分］をクリックする（あるいは「LINE」または「L」と入力して Enter キーを押す）。

7 1点目としてポリラインの上の端点、次の点として下の端点をクリックする。

8 Enter キーまたは Esc キーを押して［線分］コマンドを終了する。

9 Enter キーを押して再び［線分］コマンドを実行し、残りの端点間を線分でつなぐ。

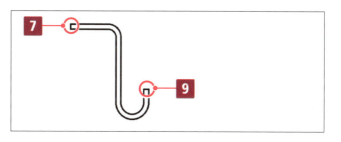

145

COLUMN ［ポリライン］コマンドと［線分］コマンドでかいた連続線のオフセットの違い

ポリラインでかいた連続線をオフセットする手順と、線分でかいた連続線をオフセットする手順を比較してみましょう。同じ形状を仕上げるのに、これだけ手数が違います。

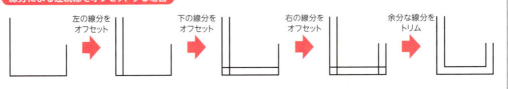

COLUMN ［ポリライン］コマンドと［線分］コマンドでかいた連続線のフィレットにそれぞれ新たにフィレットをかけたときの違い

上図はフィレットのあるポリライン、下図はフィレットのある2本の線分です。それぞれモードを「トリム」にして新たにフィレットをかけると、ポリラインのほうはフィレット半径が変更され寸法も追従します。一方、線分のほうはフィレットが新たに作られ、寸法はそのまま元のフィレットに残ります。

COLUMN オフセット後にフィレットをかける場合

フックの作図手順ではフィレット後にオフセットしましたが、オフセット後にフィレットをかける場合、内側のフィレットと外側のフィレットでは板の厚みの分だけRサイズに差をつけます。フックの例では外側のフィレットがR5、内側のフィレットはR3（外側R5 － 板厚2）とします。Rサイズに差をつけることで、曲げの部分も均等の厚みになります。
内側と外側を同じ半径のフィレットにすると、厚みが均等になりません（図）。

■ 十字中心線を作図する

作図見本に色付きで示したように、[中心マーク]コマンドを使って十字中心線を作図します。

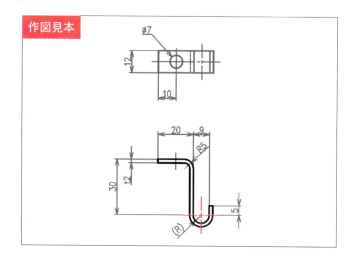

1 [注釈]タブー[中心線]パネルー[中心マーク]をクリックする(あるいは「CENTERMARK」または「CM」と入力して Enter キーを押す)。

2 「中心マークを記入する円または円弧」として外側の円弧部分をクリックする。

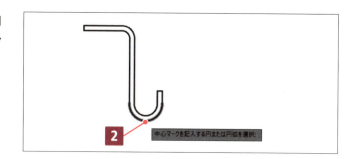

十字中心線が記入されます。

3 Enter キーまたは Esc キーを押して[中心マーク]コマンドを終了する。

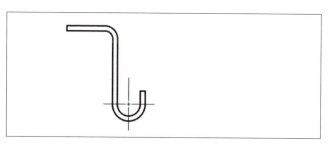

■ 縦の中心線を作図する

作図見本に色付きで示したように、縦の中心線を作図します。

［中心線］コマンドを使って、中心線を記入します。

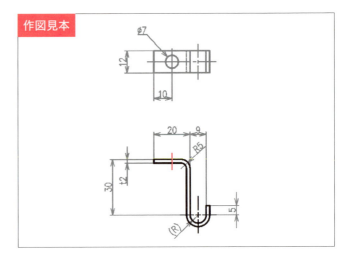

1　［注釈］タブ－［中心線］パネル－［中心線］をクリックする（あるいは「CENTERLINE」または「CL」と入力して Enter キーを押す）。

2　「1本目の線分」として左上の短い縦線をクリックして選択する。

3　「2本目の線分」として図の線分をクリックする。

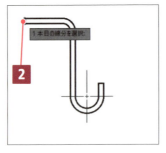 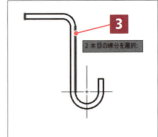

中心線が記入され、［中心線］コマンドが自動的に終了します。

このままでは長さのバランスがおかしいので、修正します。

4　長さを調整するため、中心線をクリックして選択する。

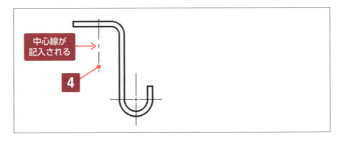

 ［中心線］コマンドは、選択した2つのオブジェクトのちょうど真ん中に中心線を記入します。今回、中心線が必要な位置が手順2と3で選択した線分の距離のちょうど半分なので、［中心線］コマンドが使えます。中心線をかきたい位置が違うときは、中心線用の画層にして線分でかきます。

 作図した中心線が一点鎖線になるか実線になるかは、中心線の長さによって変わります。P.20の線の種類の表にあるように、短い中心線は実線（表の「B7」）です。「どのくらいの長さだったら一点鎖線にするのか」という規定はないので、テンプレートで設定した線種に任せるという考え方でよいでしょう。

148

選択すると、中心線の端点には▲のグリップ、その少し内側と中点には■のグリップが表示されます。

5 グリップを操作しやすくするため、画面を拡大する。

6 上の■のグリップをクリックする。

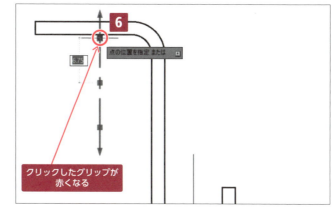

7 グリップが赤くなるので、外形線の一番上の横線までカーソルを動かし、[垂線]のスナップマーカーが表示された位置をクリックする。

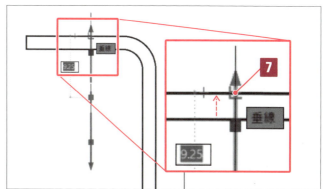

中心線の上端点の位置が整ったので、次に下端点の位置を変更します。

8 下の■のグリップをクリックする。

9 上の2本の横線のうち下の線分の[垂線]のスナップ位置をクリックする。

10 [Esc]キーを押してオブジェクトを選択解除する。

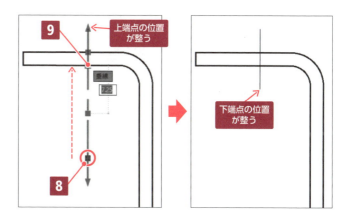

11 画面を縮小して、正面図全体が見えるサイズに戻す。

これで正面図は完成です。

 ここまでの手順を終えた状態の図面ファイルが、教材データに「3-3-4.dwg」として収録されています。

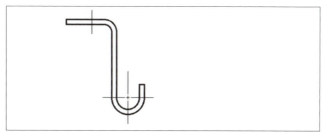

 [中心線]コマンドや[中心マーク]コマンドで記入した線のグリップ、▲と■の距離は、テンプレートで指定した対象物からの飛び出し長さです。中心線の長さをグリップで調整するときに■のグリップを使うことで、飛び出しの指定長さ（▲と■の距離）を保ったまま調整することができます。

149

3-3-4 平面図の作図

フックの平面図を作図します。

投影図は、P.25で述べた通り、正面図と位置を揃えてかくことになっています。

3-1ではOトラックを使い、側面図の位置を正面図に合わせてかきました。**3-2**では［複写］コマンドを使い、位置合わせパスで位置を合わせて側面図を作りました。ここでは、そのいずれでもない、投影図の位置合わせに投影線（投影させる位置合わせに使う補助線）をかく方法を用います。

投影線として作図した構築線をトリムして、そのまま外形線に利用します。

■ 構築線を作図する

作図見本に色付きで示したように、正面図と位置合わせするための構築線を作図します。

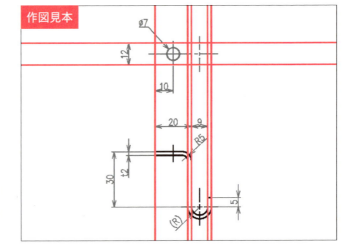

1. 練習用ファイル「3-3-4.dwg」を開く（または**3-3-2**で作成した図面ファイルを引き続き使用）。

2. ［ホーム］タブ －［作成］パネル －［構築線］をクリックする（あるいは「XLINE」または「XL」と入力して Enter キーを押す）。

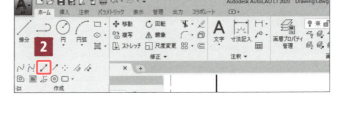

> **HINT** ［構築線］は、［作成］パネル名右の［▼］をクリックすると表示されます。

カーソル横に「点を指定」と表示されますが、まず垂直な構築線をかきたいので［垂直（V）］オプションを使います。

3. 「V」と入力して Enter キーを押す。または、↓キーで表示されるオプションリストやコマンドラインから［垂直（V）］を選択する。

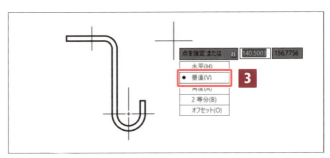

垂直な構築線のプレビューが表示され、カーソルを動かすと構築線も一緒についてきます。

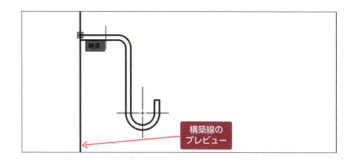

4 　カーソル横に「通過点を指定」と表示されるので、図に示した5カ所の点をクリックする（クリックの順序は問わない）。

5 　Enterキーまたは Esc キーを押して［構築線］コマンドを終了する。

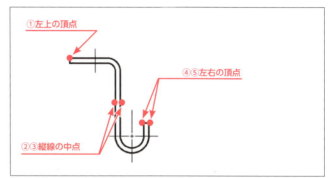

手順4で指示したすべての点をクリックし終わると、図のように構築線が作図されます。

6 　Enterキーを押して再び［構築線］コマンドを実行する。

次に水平な構築線をかきたいので、［水平（H）］オプションを使います。

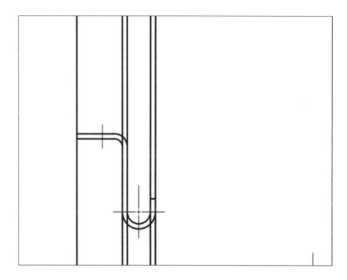

7 　「H」と入力してEnterキーを押す。または、↓キーで表示されるオプションリストやコマンドラインから［水平（H）］を選択する。

8 平面図の下側の横線の位置として、任意の位置をクリックする。

> 💡**HINT** 水平線の位置をクリックするとき、縦線が混み合っていない図のあたりをクリックすると手順9の位置が指定しやすいです。

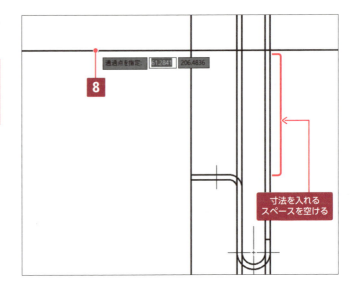

9 そのままカーソルを上方向に動かし、垂直のガイドが表示されたことを確認したうえで、「12」と入力して Enter キーを押す。

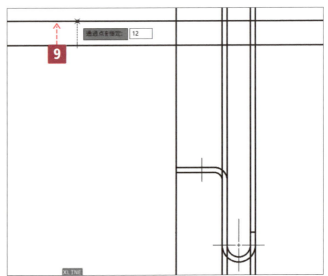

上に12の距離に水平な構築線が作図されます。

10 Enter キーまたは Esc キーを押して［構築線］コマンドを終了する。

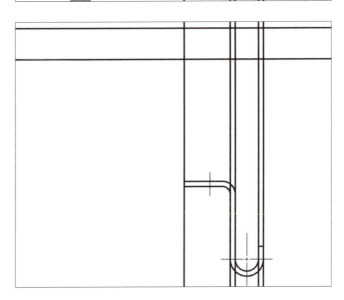

■ 構築線をトリムする

作図見本に色付きで示したように、構築線をトリムします。

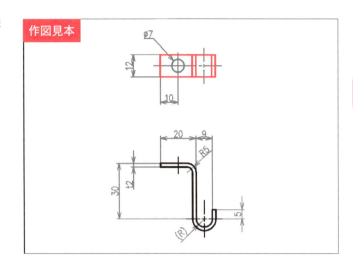

1. [ホーム]タブ － [修正]パネル － [トリム]をクリックする（あるいは「TRIM」または「TR」と入力して[Enter]キーを押す）。

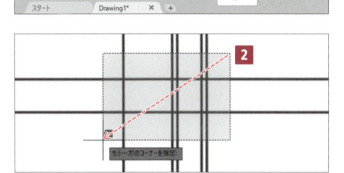

2. カーソル横に「オブジェクトを選択」と表示されるので、縦横の構築線が交わる部分を交差選択（右から左に囲む）し、[Enter]キーを押して確定する。

これで縦と横の構築線がすべて選択されます。

3. カーソル横に「トリムするオブジェクトを選択」と表示されるので、削除したい部分を交差選択（右から左に囲む）する。

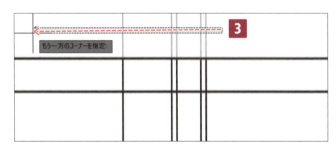

上部の線が削除されます。

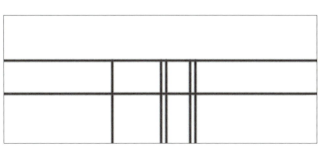

4 同様に、右部も交差選択して削除する。

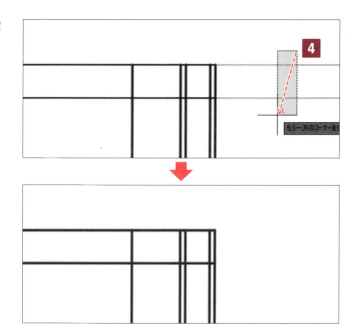

5 同様の方法で左部、下部も削除する。

6 Enter キーまたは Esc キーを押して[トリム]コマンドを終了する。

図は、不要な線をすべて削除した状態です。

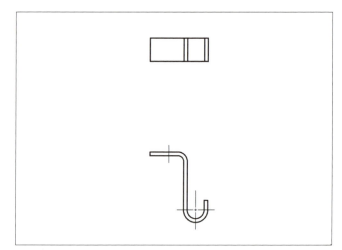

> **HINT** ここはトリムの練習なので、トリムするオブジェクトの選択を手順3〜5のように行いました。手順3のときに図のように外側を囲むように選択すると、まわりを一度にトリムできます。

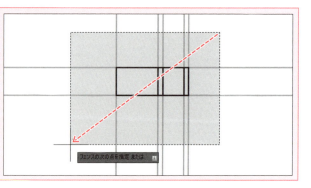

■ 円を作図する

作図見本に色付きで示したように、円を作図します。

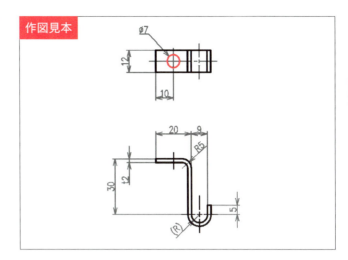

1. [ホーム]タブ ― [作成]パネル ― [中心、半径]をクリックして、[円]コマンドの[中心、半径]オプションを実行する。

> **HINT** [円]コマンドは、初期設定では[中心、半径]オプションが選択されています（[円]アイコンが ⊙ の絵になっている）。この場合、アイコン（絵の部分）をクリックすると[中心、半径]オプションが実行されます。そうでない場合は、アイコン下の[▼]をクリックしてオプションを表示し、その中から[中心、半径]を選択します。
> 「CIRCLE」または「C」と入力して Enter キーを押した場合も、[中心、半径]オプションが実行されます。

2. 平面図の左の縦線の中点にカーソルを合わせる（クリックはしない）。

3. カーソルを右に動かしてガイドを表示し、「10」と入力して Enter キーを押す。

左の縦線から右に10の位置が円の中心点になります。

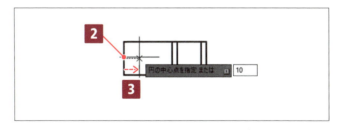

4. カーソル横に「円の半径を指定」と表示されるので、「3.5」と入力して Enter キーを押す。

半径3.5の円が作図され、[円]コマンドが自動的に終了します。

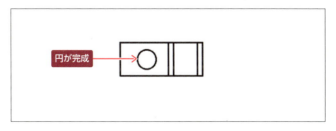

■ 円の十字中心線と円弧部分の中心線を作図する

作図見本に色付きで示したように、中心線を作図します。

［中心マーク］コマンドを使って円の十字中心線、［中心線］コマンドを使って円弧部分の中心線を記入します。

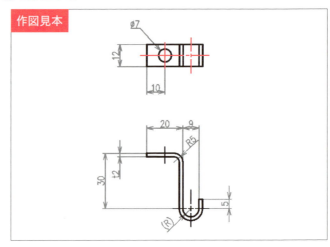

1. P.147の手順2～4を参考に、［中心マーク］コマンドで円の中心に十字中心線を記入する。

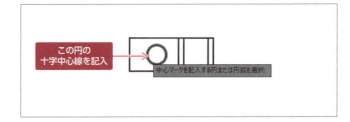

記入した十字中心線の左右を伸ばします。

2. 十字中心線をクリックして選択する。

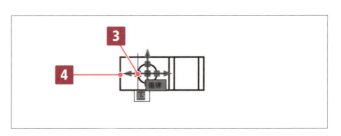

3. グリップが表示されるので、左側の■のグリップをクリックする。

4. 左の縦の外形線上の［垂線］スナップの位置をクリックする。

横の中心線が左に伸びます。

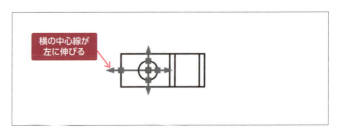

5 同様に右側も、右の■のグリップを使って右の縦の外形線上の［垂線］スナップの位置まで伸ばす。

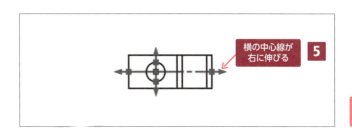

6 ［Esc］キーを押してオブジェクトを選択解除する。

7 P.148の手順1〜3を参考に、［中心線］コマンドで中心線を記入する。

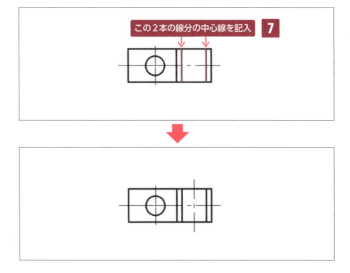

■ 画層を変更する

作図見本の色付きで示した縦線の画層を［03_かくれ線］に変更します。

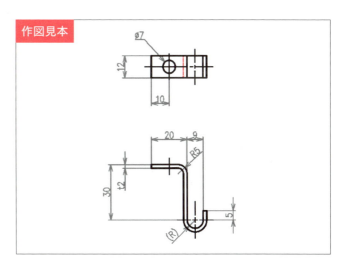

1 見えない板厚部分の線分をクリックして選択する。

2 ［ホーム］−［画層］パネルで、画層のプルダウンリストから［03_かくれ線］を選択する。

3 ［Esc］キーを押して線分を選択解除する。

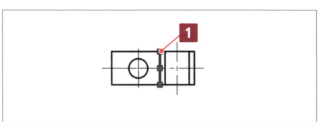

図は、かくれ線に変更した状態です。

> **HINT** ここまでの手順を終えた状態の図面ファイルが、教材データに「3-3-5.dwg」として収録されています。

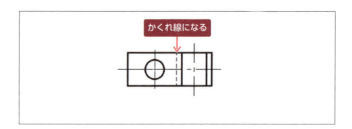

3-3-5 寸法の記入

フックの正面図と平面図に寸法を記入します。

■ **寸法を記入する**

作図見本に色付きで示したように寸法を記入します。

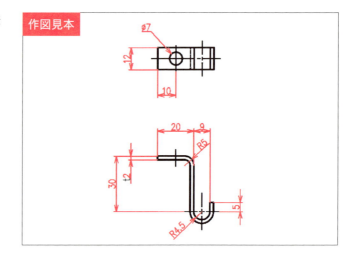

1. 練習用ファイル「3-3-5.dwg」を開く（または 3-3-2 で作成した図面ファイルを引き続き使用）。

2. P.96「3-1-5　寸法の記入」を参考に、図の状態まで寸法を記入する。

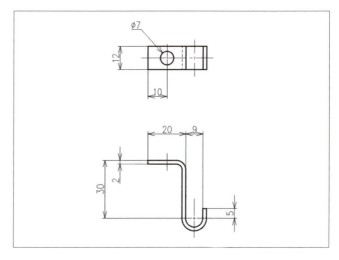

続けて、半径寸法を記入します。

3. [注釈]タブ － [寸法記入]パネル － [半径寸法]をクリックする（あるいは「DIMRADIUS」または「DRA」と入力して Enter キーを押す）。

> HINT　[半径寸法]は、[長さ寸法]アイコン右の[▼]をクリックすると表示されます。

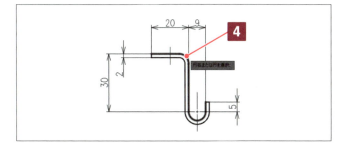

4. カーソル横に「円弧または円を選択」と表示されるので、円弧の円周部分をクリックする。

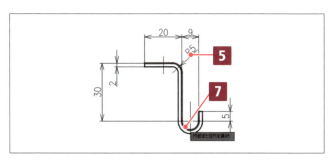

5. カーソルに寸法数値が一緒についてくるので、配置したい位置をクリックする。

「R5」の寸法が記入され、[半径寸法]コマンドが自動的に終了します。

6. Enter キーを押して[半径寸法]コマンドを再び実行する。

7. 下の円弧の内側の円周部分をクリックする。

8. 寸法数値を配置したい位置をクリックする。

「R4.5」の寸法が記入され、[半径寸法]コマンドが自動的に終了します。

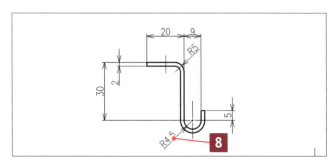

■ **寸法を編集する**

作図見本に色付きで示したように、寸法を編集します。

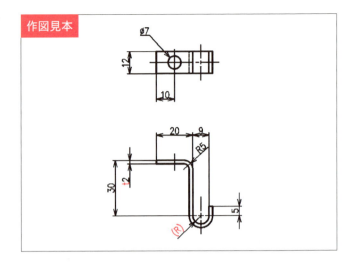

まず板の厚み寸法の「2」を「t2」に変更します。

1 「2」の寸法をクリックして選択する。

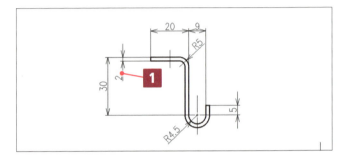

2 ［プロパティ］パレットを下にスクロールする。

3 ［文字］項目の［寸法値の優先］欄に「t<>」と入力して Enter キーを押す。

「2」の寸法が「t2」に変更されます。

4 Esc キーを押してオブジェクトを選択解除する。

続けて、「R4.5」を「(R)」に変更します。

5 「R4.5」の寸法をクリックして選択する。

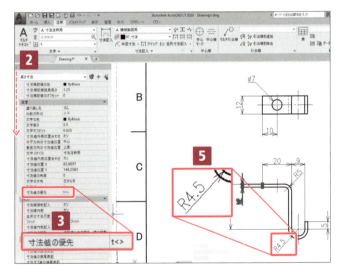

6 ［寸法値の優先］欄に「(R)」と入力して Enter キーを押す。

「R4.5」の寸法が「(R)」に変更されます。

7 Esc キーを押してオブジェクトを選択解除する。

寸法数値をダブルクリックして直接文字を編集する場合、編集が終わったら［テキストエディタ］タブー［閉じる］パネル―［テキストエディタを閉じる］をクリックするか、寸法数値入力以外の作図領域上をクリックするとテキストエディタを閉じることができます。

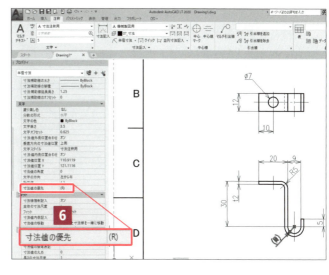

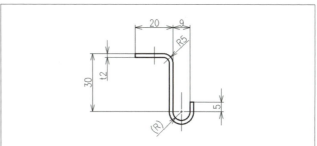

図は、変更が反映された状態です。

8 図面ファイルに名前を付けて保存する。

ここまでの手順を終えた状態の図面ファイルが、教材データに「3-3-5_完成.dwg」として収録されています。

■ **ポリラインを分解する**

最後にポリラインを分解します。1つのつながった連続線を分解することで、独立した個別の線分・円弧に変換されます。

ここでは操作の練習のために分解するだけなので、手順を終えた後は図面ファイルを保存せずに閉じてください。

1 分解するポリライン2本をクリックして選択する。

寸法は分解すると、寸法としての機能がなくなります。選択時に寸法が含まれないように気をつけましょう。

分解は、図面作成にとって必ず行うべき操作というわけではありません。
ポリラインは線分や円弧をひとつながりのオブジェクトとして作成できるので、オフセットオブジェクトを作成するときに1回のオフセット操作で行えるという利点があります。そのため、通常は分解しません。
しかし、ポリラインのような連続線を表現できるのはAutoCADなど一部のCADのみなので、それ以外のCADと図面交換する際には分解しておくことが推奨されます。

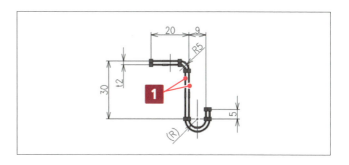

3-3 フックの作図

161

2 ［ホーム］タブ −［修正］パネル −［分解］をクリックする（あるいは「EXPLODE」または「X」と入力して Enter キーを押す）。

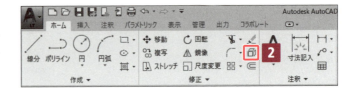

ポリラインが分解され、［分解］コマンドが自動的に終了します。

3 ポリラインだった線をクリックする。

クリックした位置によって直線または円弧が選択されるので、分解されたことが確認できます。

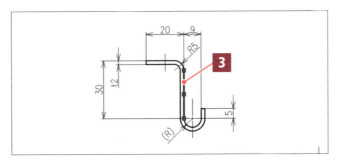

 HINT ポリラインは分解すると「線分」や「円弧」になります。オブジェクトのプロパティ（線分、円弧、ポリラインなど）は、オブジェクトを選択して［プロパティ］パレットから確認ができます。

COLUMN 「t」について

「t」は厚みを表す寸法補助記号で、数値の前に付けます。この形状の全体の厚みを表すので、縦の厚み、円弧部分の厚みなど、それぞれに厚み寸法を入れずに1カ所で指定ができます。

COLUMN 「(R)」について

JIS の機械製図では、「重複記入を避ける」という規定があります。ここでかいた図面では、幅に対して「9」と寸法が入っているので、「R4.5」と記入することは「重複記入」にあたります。
しかし、R（半径）であることは示したいので、寸法数値は入れずに「(R)」と記入します。
この記入方法は、ほかにも長穴の寸法などによく使われます。図の左側の2つは「(R)」を使った例、右側の2つは幅の寸法を記入しない例です。

長穴の寸法記入例

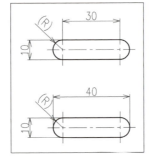
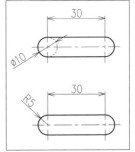

3-4 ストッパーの作図

📄 A4_kikai_1.dwt　📄 3-4-3.dwg　📄 3-4-4.dwg

ストッパーを作図しながら、接円や複数のフィレットなどのCAD操作や、厚み指示などの製図知識を学びましょう。

3-4-1 この節で学ぶこと

この節では、次の図のようなストッパーを作図しながら、以下の内容を学習します。
このストッパーは1枚の板から成る形状です。そのため、図中に厚みの指示が記入されていれば、側面図は必要ありません。

CAD操作の学習

- 接円を作図する
- 接線を作図する
- 同じ半径のフィレットを複数作図する
- 1行単位の文字を記入する

製図の学習

- 板の厚み指示

完成図面

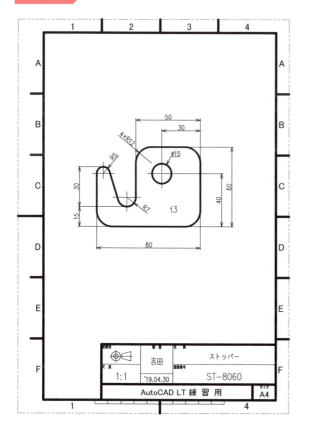

作図部品の形状

この節で学習するCADの機能

[文字記入] コマンド
（TEXT／エイリアス：DT）

● 機能

1行文字を作成するコマンドです。改行することで一度に複数行を作成できますが、その場合は行ごとに別のオブジェクトになります。

一方、[マルチテキスト] コマンドは単一行の文字ではなく、書式付きの文字ブロックを作成します。アンダーラインや斜体、太字を使いたい場合や、図面中に複数行記入する注記などには [文字記入] ではなく [マルチテキスト] コマンドを利用します。

● 基本的な使い方

1 [文字記入] コマンドを実行する。
2 必要があれば設定を変更する。
3 文字の基点の位置を指定する。
4 文字高さを指定する。
5 文字角度を指定する。
6 文字を入力する。

3-4-2 作図の準備

テンプレート「A4_kikai_1.dwt」をもとに図面ファイルを新規作成します。作図補助設定など、詳しくは「3-1-2 作図の準備」P.78～83にならってください。ただしここでは、図枠の右下に記入する図面名を「ストッパー」、図面番号を「ST-8060」とします。

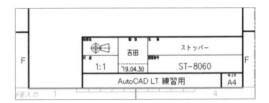

3-4-3 正面図の作図

ストッパーの正面図を作図します。まず線分、次にオフセット線分を作図しましょう。

■ 線分を作図する

作図見本に色付きで示した線分を作図します。

[線分] コマンドでは、1点目と「次の点」を指定して1本の直線を作図した後、続けてその線の終わりの端点から2本目の線を作図できます。さらに続けて3本目、4本目の線をかくこともできます。

ここではそのようなかき方で、連続した直線を作図します。

1 練習用ファイル「3-4-3.dwg」を開く（または 3-4-2 で作成した図面ファイルを引き続き使用）。

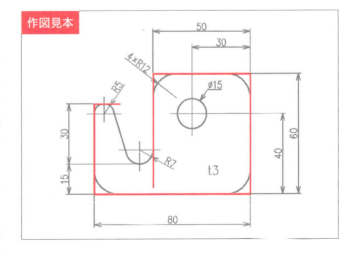

作図見本

2. ［ホーム］タブ —［作成］パネル —［線分］をクリックする（あるいは「LINE」または「L」と入力して Enter キーを押す）。

3. カーソル横に「1点目を指定」と表示されるので、図に示したあたりをクリックする。

4. カーソル横に「次の点を指定」と表示されるので、カーソルを左に動かして左方向のガイドを表示する。

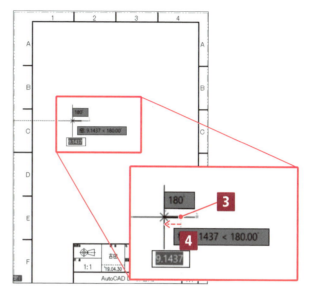

5. 左方向の任意の位置をクリックする。

 HINT この線分は後から削除するので、図に示したあたり、だいたいの位置でかまいません。

6. カーソル横に「次の点を指定」と表示されるので、カーソルを下に動かして下方向のガイドを表示する。「45」と入力し、Enter キーを押す。

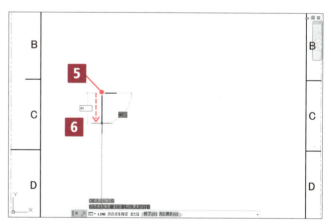

7. 手順6にならって、続けて右方向に80、上方向に60、左方向に50の線をかく。

8. さらに下方向の任意の位置（図に示したあたり）をクリックする。

9. Enter キーまたは Esc キーを押して［線分］コマンドを終了する。

図のような連続した直線が作図されます。

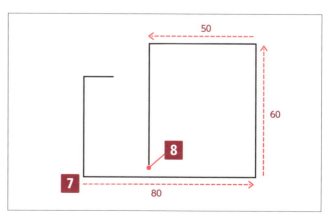

165

■ **オフセット線分を作図する**

作図見本に色付きで示したように、オフセット線分を作図します。

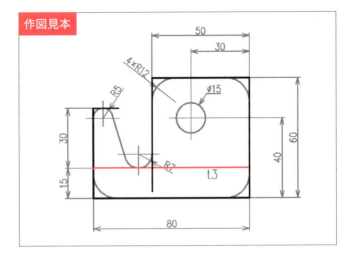

1 [ホーム]タブ －[修正]パネル －[オフセット]をクリックする（あるいは「OFFSET」または「O」と入力してEnterキーを押す）。

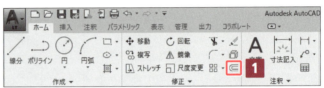

2 オフセット距離を「15」と入力してEnterキーを押す。

3 「オフセットするオブジェクト」として、下の横線をクリックする。

4 「オフセットする側の点」として、線分より上をクリックする。

下の横線から上に15の位置にオフセットされた線分が作図されます。

5 Enterキーまたは Esc キーを押して[オフセット]コマンドを終了する。

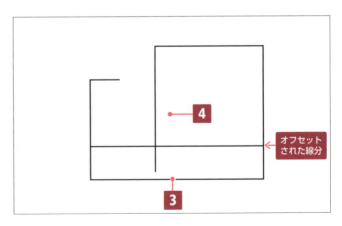

■ 接円を作図する

作図見本に色付きで示したように、接円を2つ作図します。

円を作図するためのオプションはいくつかあります（P.169の「COLUMN」を参照）が、ここでは接する2つのオブジェクト（この例では線分）と半径を指定して接円を作図します。

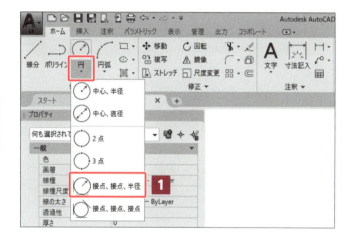

1 [ホーム]タブ －[作成]パネル － [接点、接点、半径]をクリックして、[円]コマンドの[接点、接点、半径]オプションを実行する。

 HINT [接点、接点、半径]などのオプションは、[円]アイコン下の[▼]をクリックすると表示されます。

基本の[円]コマンドでは中心点と半径を指定しますが、[接点、接点、半径]では円の第1の接線に対するオブジェクト、円の第2の接線に対するオブジェクト、半径を順に指定します。

2 カーソル横に「円の第1の接線に対するオブジェクト上の点を指定」と表示されるので、最初にかいた横線をクリックする。

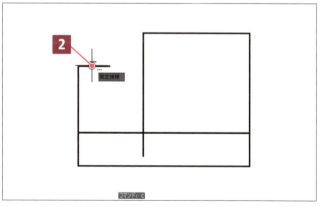

3 カーソル横に「円の第2の接線に対するオブジェクト上の点を指定」と表示されるので、左の縦線をクリックする。

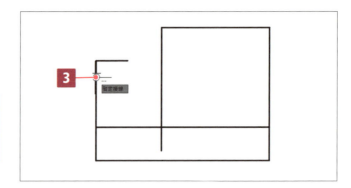

> **HINT** 円の接線に対するオブジェクトとして指定する順番は、縦線と横線のどちらが先でも同じ結果になります。

4 カーソル横に「円の半径を指定」と表示されるので、「5」と入力して Enter キーを押す。

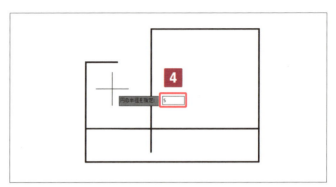

半径5の接円が作図され、[円]コマンドが自動的に終了します。

同じ要領で右下の接円も作図します。

5 Enter キーを押して再び[円]コマンドを実行する。

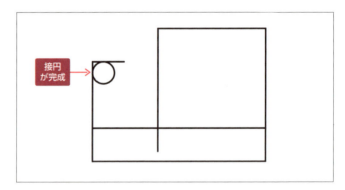

6 「T」と入力して Enter キーを押す。または、↓キーで表示されるオプションリストやコマンドラインから[接、接、半(T)]を選択する。

Enter キーで繰り返すと[接点、接点、半径]を繰り返すのではなく、基本の[円]コマンドが実行されます。ここで「T」と入力して Enter キーを押すことで、[接点、接点、半径]に切り替えることができます。

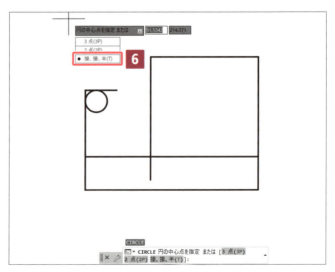

7 縦線の上側をクリックする。

8 横線の左側をクリックする。

9 半径を「7」と入力して Enter キーを押す。

半径7の接円が作図され、［円］コマンドが自動的に終了します。

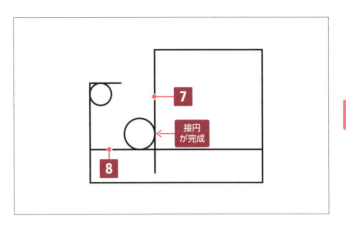

> **COLUMN** オプションリストやコマンドラインから円のオプションを指定する場合
>
> オプションリストやコマンドラインから円のオプションを指定する場合、次の3つのオプションがあります。（ ）内は指定時に入力する文字です。
>
> - 3点（3P）：通過点となる3カ所を指定する。
> - 2点（2P）：直径となる円周上の点を2点指定する。
> - 接、接、半（T）：接する2つのオブジェクトと半径を指定する。
>
> なお、「接、接、半」は「接点、接点、半径」の略です。
> これらのオプションは、手順1の図に示されたメニュー項目と対応しています。
> メニューの［中心、直径］をオプションリストやコマンドラインから実行するには、基本の［円］コマンド（［中心、半径］オプション）を実行して中心点を指定した後に［直径（D）］オプションを使います。
> また、メニューの［接点、接点、接点］は、3つのオブジェクトを選択することで、それぞれに接する円を作図することができます。

■ 接線を作図する

作図見本に色付きで示したように、2つの円をつなぐ接線を作図します。

1 P.165の手順2にならって［線分］コマンドを実行する。

ここでは接線をかくために、[接線]の優先オブジェクトスナップ（一時オブジェクトスナップ）を利用します。

2. ⎡Ctrl⎤キーを押しながら任意の位置を右クリックする。

3. ショートカットメニューから[接線]を選択する。

4. 上の円の右側にカーソルを合わせる。

5. 接線のスナップマーカー（[暫定接線]）が表示されるので、そこをクリックする。

> **HINT**
> 円の右側から右上の円周上で接線のスナップマーカーが表示されている位置なら、どこをクリックしてもかまいません。
> なお、ここでマーカーが[暫定接線]という表示なのは、もう1点を指定しないと、接線の始点と終点が確定しない状態のためです。

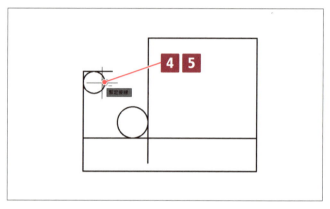

クリックした円に正接した線分のプレビューが表示され、カーソル横に「次の点を指定」と表示されます。

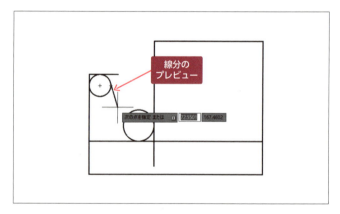

右下の円をクリックする前に、再び[接線]の優先オブジェクトスナップ（一時オブジェクトスナップ）を有効にします。

6. 手順2～3にならってショートカットメニューから[接線]を選択する。

7. 右下の円の左側にカーソルを合わせる。

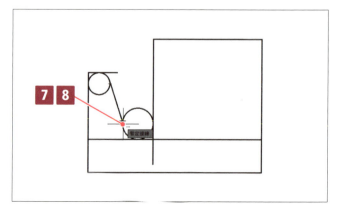

8 接線のスナップマーカー（[暫定接線]）が表示されるので、クリックする。

> **HINT** 円の左側の円周上で接戦のスナップマーカーが表示されている位置なら、どこをクリックしてもかまいません。

9 Enter キーまたは Esc キーを押して[線分]コマンドを終了する。

それぞれの円に正接する線分（接線）が作図されます。

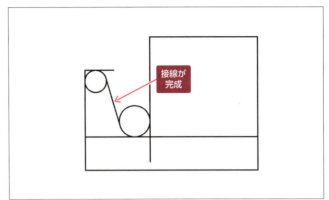

COLUMN　接線について

2つの円どうしをつなぐ接線は図のように4本あります。どの位置に接線が作図されるかは、クリックの位置によって決まります。線分を作図する際は、どちらの端点も接線スナップを使ってクリックします。たとえば図の色付き実線の位置に接線をかきたい場合は、左の円の上の任意の位置と、右の円の上の任意の位置をクリックします。図の色付き破線の位置に接線をかきたい場合は、左の円の上方と右の円の下方をクリックします。

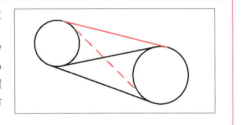

■ 不要な線分をトリムする

不要な線分を削除して、作図見本に色付きで示した状態にします。

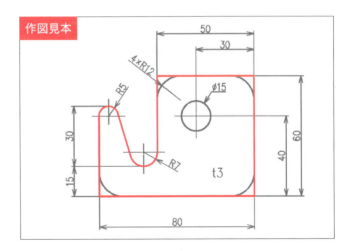

1 [ホーム]タブ －[修正]パネル －[トリム]をクリックする（あるいは「TRIM」または「TR」と入力して Enter キーを押す）。

2 「オブジェクト（切り取りエッジ）」として、図のように交差選択（右から左に囲む）する。

3 Enterキーを押して選択を確定する。

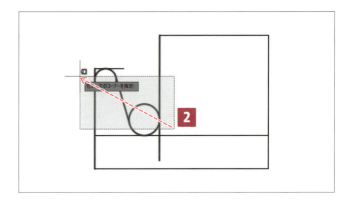

図のように切り取りエッジが指定されます。

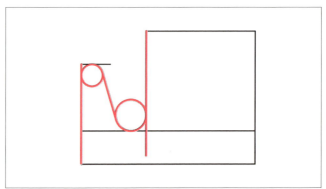

3 「トリムするオブジェクト」として、削除したい部分（A～D）をクリックする。

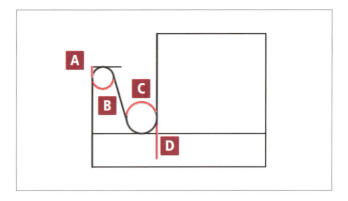

クリックした部分が削除されます。ただし、トリムで削除できない部分が残っているので、［削除（R）］オプションを使って削除します。

4 「R」と入力してEnterキーを押す。または、↓キーで表示されるオプションリストやコマンドラインから［削除（R）］を選択する。

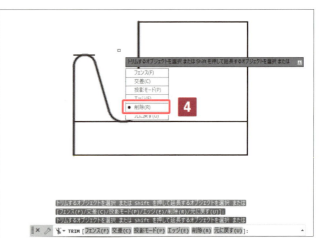

5 不要な線分（E、F）をクリックして選択する。

6 Enter キーを押して選択を確定する。

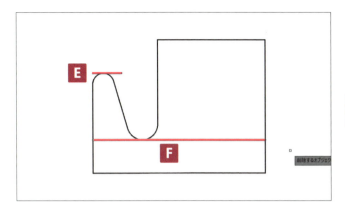

不要な線分がすべて削除されたことを確認します。

7 Enter キーまたは Esc キーを押して[トリム]コマンドを終了する。

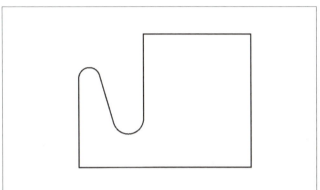

> **HINT** 手順4～7の代わりに、トリムを終了してから不要な線分を選択し、Delete キーを押して削除してもかまいません。

COLUMN　トリムについて

[トリム]は切り取りエッジとして指定したオブジェクトを境界に、一方または切り取りエッジとして指定した複数のオブジェクトの間を削除するコマンドです。ただし、基本的にはオブジェクトをすべて削除するわけではないので、切り取りエッジに対してはみ出した部分がないとトリムはできません。

たとえば図のA、B、Cは、色付きの横線2本を切り取りエッジにして縦の黒線をトリムする例です。上図の□のマークが「トリムするオブジェクト」を指定するときにクリックする位置、数字がクリックする順番です。Aは、上と下のどちらを先にクリックしても同じです。

下図はトリム後の結果です。残った縦線はどれもトリムはできません。削除するには、[トリム]コマンドを実行したまま[削除(R)]オプションを使うか、[トリム]コマンドを終了してから Delete キーを使います。

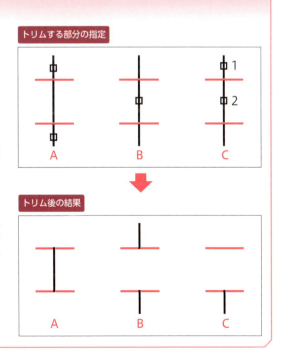

■ **穴部を作図する**

作図見本に色付きで示したように、穴部を作図します。

穴の中心の位置を、[基点設定]の優先オブジェクトスナップ（一時オブジェクトスナップ）を使って指定します。右下の位置（矢印で示した位置）から左に30、上に40の位置を中心にして円をかきます。

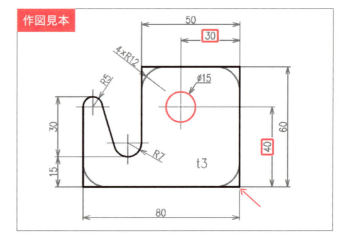

1. [ホーム]タブ −[作成]パネル −[中心、半径]をクリックして、[円]コマンドの[中心、半径]オプションを実行する。

> **HINT** [円]コマンドは、初期設定では[中心、半径]オプションが選択されています（[円]アイコンが ◯ の絵になっている）。この場合、アイコン（絵の部分）をクリックすると[中心、半径]オプションが実行されます。そうでない場合は、アイコン下の[▼]をクリックしてオプションを表示し、その中から[中心、半径]を選択します。
> 「CIRCLE」または「C」と入力して Enter キーを押した場合も、[中心、半径]オプションが実行されます。

カーソル横に「円の中心点を指定」と表示されますが、円の中心となる位置には目印がありません。相対座標で位置を指定するため、[基点設定]の優先オブジェクトスナップ（一時オブジェクトスナップ）を利用します。

2. Ctrl キーを押しながら任意の位置で右クリックする。

3. ショートカットメニューから[基点設定]を選択する。

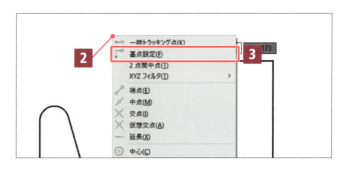

4. カーソル横に「基点」と表示されるので、右下の角をクリックする。

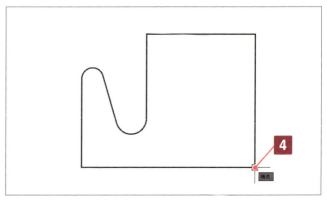

5 カーソル横に＜オフセット＞と表示されるので、オフセット距離として相対座標入力で「@-30,40」と入力して Enter キーを押す。

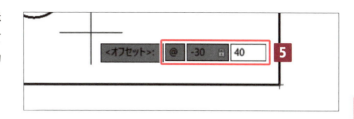

円の中心点の位置が指定した位置に固定され、カーソル横に「円の半径を指定」と表示されます。

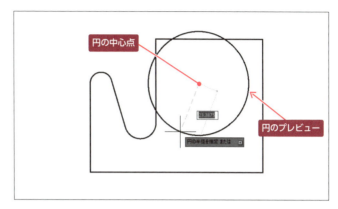

6 半径として「7.5」と入力して Enter キーを押す。

半径7.5の円が作図され、[円] コマンドが自動的に終了します。

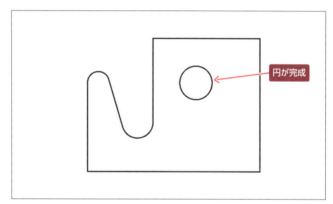

■ 同じ半径のフィレットを複数作図する

作図見本に色付きで示したように、フィレットをかけてコーナーを丸めます。

[フィレット] コマンドの [複数（M）] オプションを使うことで、1つのコーナー処理が終わってもコマンドが自動的に終了せず、続けて行うことができます。

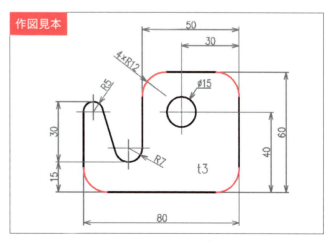

1 ［ホーム］タブ ―［修正］パネル ―［フィレット］をクリックする（あるいは「FILLET」または「F」と入力して Enter キーを押す）。

2 コマンドラインでモードが「トリム」と表示されていることを確認する。

アイコンをクリックしてコマンドを実行した場合、モードは表示されませんが、コマンドライン右の［▲］をクリックするとコマンド履歴が展開されて確認できます。

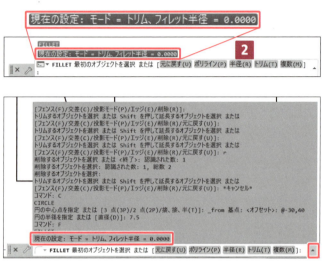

「モード＝トリム」が初期値です。「モード＝非トリム」になっている場合は、「T Enter 」と2回入力するか、↓ キーで表示されるオプションリストやコマンドラインから［トリム（T）］を選択し、さらに変更するモードとして［トリム（T）］を選択してトリムモードに戻してください。

［半径（R）］オプションを使って、フィレットの半径を「12」に変更します。

3 「R」と入力して Enter キーを押す。または、↓ キーで表示されるオプションリストやコマンドラインから［半径（R）］を選択する。

4 カーソル横に「フィレット半径を指定」と表示されるので、「12」と入力して Enter キーを押す。

ここでは同じ半径のフィレットを複数作図するので、［複数（M）］オプションを使います。

5 「M」と入力して Enter キーを押す。または、↓ キーで表示されるオプションリストやコマンドラインから［複数（M）］を選択する。

6 図に示した4カ所の角に対し、P.144の手順5〜6にならって角を挟む線分を続けてクリックして、フィレットをかける。

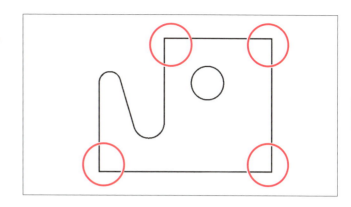

フィレットができあがったら、[フィレット]コマンドを終了します。

7 Enter キーまたは Esc キーを押して[フィレット]コマンドを終了する。

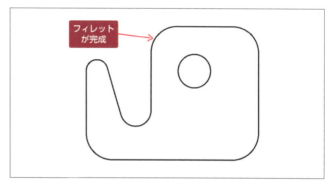

■ 十字中心線を記入し、編集する

作図見本に色付きで示したように、[中心マーク]コマンドを使って十字中心線を入れます。3-3-3と同様に十字中心線を記入した後、縦の中心線を2カ所短くします。

1 [注釈]タブー[中心線]パネルー[中心マーク]をクリックする（あるいは「CENTERMARK」または「CM」と入力して Enter キーを押す）。

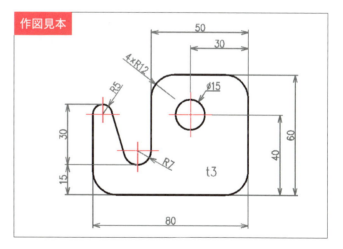

2 円の円周上をクリックする。

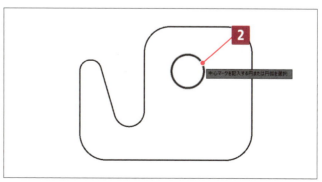

円の十字中心線が記入されます。

続けて図のように、残りの円弧2カ所にも十字中心線を入れます。

3 　左上の円弧の円周上をクリックする。

4 　下の円弧の円周上をクリックする。

5 　Enter キーまたは Esc キーを押して [中心マーク] コマンドを終了する。

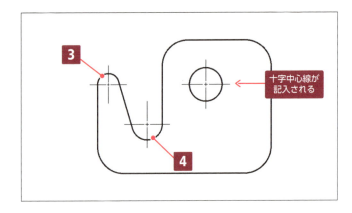

円弧の開いている側に中心線を長くしておく理由がないので、縦の中心線2本をグリップ編集で短くします。

6 　左上の円弧の十字中心線をクリックする。

7 　下の■のグリップをクリックして、グリップが赤くなったら作図見本を参考に、中心近くの位置をクリックする。

図のように縦の中心線が短くなります。

8 　手順6〜7にならって、右下の円弧の縦の中心線の上も短くする。

 余分な中心線は短くしなくてもいいですが、不要なものをなくすことで全体がきれいに見えます。

 ここまでの手順を終えた状態の図面ファイルが、教材データに「3-4-4.dwg」として収録されています。

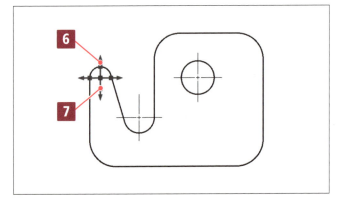

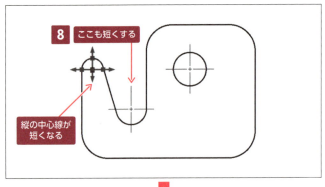

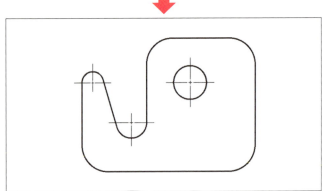

3-4-4 寸法の記入

ストッパーの正面図に寸法を記入します。

■ 寸法を記入する

作図見本に色付きで示したように、寸法を記入します。

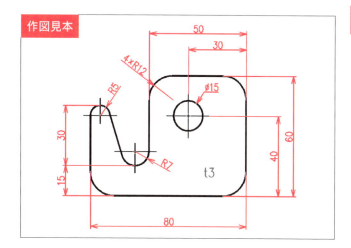

1. 練習用ファイル「3-4-4.dwg」を開く（または3-4-2で作成した図面ファイルを引き続き使用）。

2. P.96「3-1-5 寸法の記入」を参考に、図の状態まで寸法を記入する。

「R12」の寸法に「4×」という文字を追加します。

3. 「R12」の寸法をクリックして選択する。

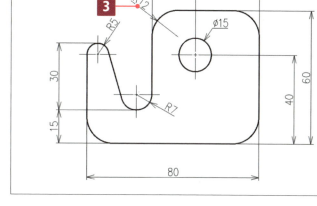

4. ［プロパティ］パレットを下にスクロールする。

5. ［文字］項目の［寸法値の優先］欄に「4×<>」と入力して Enter キーを押す。

「R12」の寸法に「4×」が付いて表示されます。

6. Esc キーを押してオブジェクトを選択解除する。

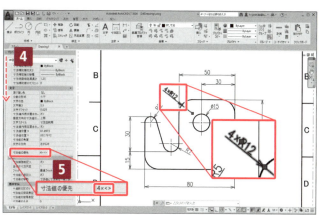

| HINT | 寸法数値をダブルクリックして直接文字を編集する場合、編集が終わったら［テキストエディタ］タブ―［閉じる］パネル―［テキストエディタを閉じる］をクリックするか、寸法数値入力以外の作図領域上をクリックするとテキストエディタを閉じることができます。 |

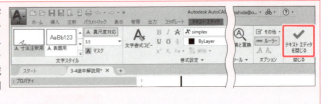

■ 厚みを表す文字を記入する

厚みを表す文字を記入します。

図中に厚みを示す指示が記入されていれば、側面図は必要ありません。

1. ［ホーム］タブ ―［画層］パネルで、画層のプルダウンリストから［06_文字］を選択する。

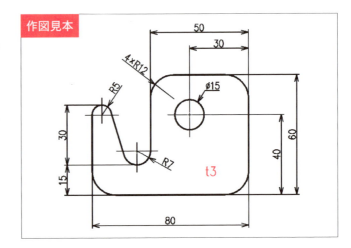

2. ［注釈］タブ ―［文字］パネル ―［文字記入］をクリックする（あるいは「TEXT」または「DT」と入力してEnterキーを押す）。

| HINT | ［文字記入］は、［マルチテキスト］アイコン下の［▼］をクリックすると表示されます。 |

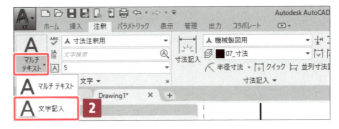

カーソル横に「文字列の中央点を指定」（「中央点」の部分はテンプレートや直前に使った指定位置によって変動します）と表示されますが、文字記入の位置設定を変更したい場合は、次の要領で位置合わせオプションを表示します。

3. 「J」と入力してEnterキーを押す。または、↓キーで表示されるオプションリストやコマンドラインから［位置合わせオプション(J)］を選択する。

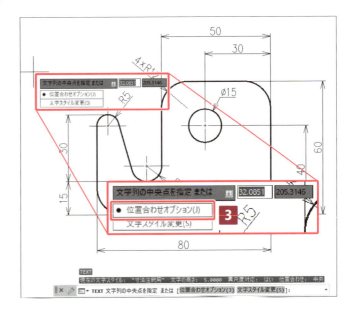

4 位置合わせのオプションが表示されるので、[中央(M)]を選択する。

[位置合わせオプション]は、挿入する文字列の基点の位置を指定します。

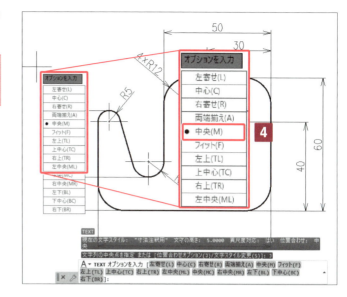

5 カーソル横に「文字列の中央点を指定」と表示されるので、文字を配置したい位置をクリックする。

文字を配置するのは任意の位置でかまいませんが、混み合っていない位置（この例の場合は図に示したあたり）がよいでしょう。

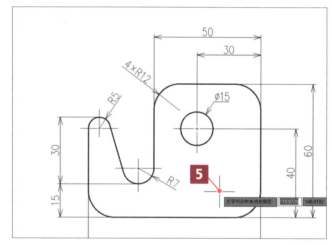

6 カーソル横に「用紙上の文字の高さを指定」と表示されるので、「4.5」と入力してEnterキーを押す。

テンプレートで使用している文字スタイルによって、「用紙上の文字の高さ」は「高さ」のみの表示になります。

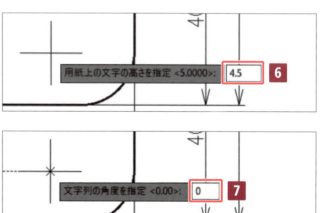

7 カーソル横に「文字列の角度を指定」と表示されるので、「0」と入力してEnterキーを押す。

3-4 ストッパーの作図

181

8 入力カーソルが表示されるので、「t3」と入力して Enter キーを押す。

> HINT 「t」は厚みを表す記号で、「t3」は厚みが3という意味です。

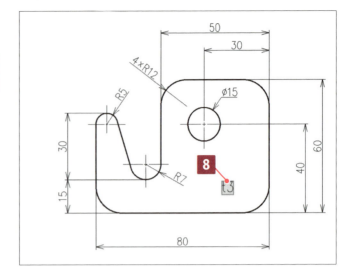

9 下の行に入力カーソルが移動するので、再び Enter キーを押して［文字記入］コマンドを終了する。

これでストッパーの図面は完成です。

10 図面ファイルに名前を付けて保存する。

> HINT ここまでの手順を終えた状態の図面ファイルが、教材データに「3-4-6_完成.dwg」として収録されています。

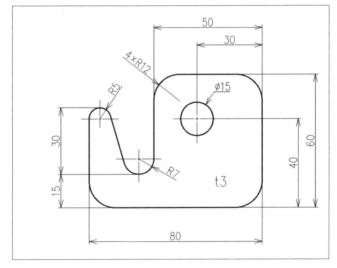

COLUMN　文字の編集について

［文字記入］コマンドで入力した文字を修正するには、文字をダブルクリックして直接入力して修正する方法のほかに、［プロパティ］パレットから修正する方法があります。
修正したい文字をクリックして選択し、［プロパティ］パレットの［文字］項目の［内容］欄（図）をクリックして修正できます。
また、文字の位置を移動するには、文字をクリックして選択し、表示された2つのグリップのいずれかをクリックした後、移動先の位置をクリックします。
文字などを狭い範囲で任意の位置に移動するときは、［極トラッキング］や［オブジェクトスナップ］などの作図補助設定をオフにしておくと移動しやすいです。

182

3-5 留め金の作図

📄 A4_kikai_1.dwt　📄 3-5-3.dwg　📄 3-5-4.dwg　📄 3-5-5.dwg　📄 3-5-6.dwg

留め金を作図しながら、長さ寸法の回転やスプラインなどのCAD操作、線種の優先順位や製図の基本を学びましょう。

3-5-1 この節で学ぶこと

この節では、次の図のような留め金を作図しながら、以下の内容を学習します。

この図面は、一部を切り取った「部分断面図」です。斜めの「27.5」の寸法記入では、中心線と寸法補助線が重ならないようにするため、[長さ寸法] コマンドの [回転 (R)] オプションを使って記入します。

CAD操作の学習

- オフセットの [通過点 (T)] オプションを使う
- 楕円を作図する
- スプラインを作図する
- 寸法を記入する
  ・平行寸法
  ・長さ寸法を回転
  ・角度寸法

製図の学習

- かくれ線の省略
- ハッチングの角度
- 線種の優先順位
- 寸法数値の位置調整

完成図面

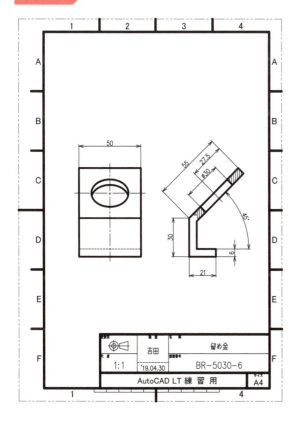

作図部品の形状

この節で学習するCADの機能

[楕円] コマンド
(ELLIPSE／
エイリアス：EL)

● 機能
円を斜めに見ると楕円になります。その状態をかき表すのが [楕円] コマンドです。機械製図では、この節の課題に出てくるような穴の表現によく使われます。

● 基本的な使い方
1. [楕円] コマンドの [中心記入] オプションを実行する。
2. 楕円の中心の位置を指定する。
3. 楕円の軸の端点を指定する。
4. 楕円のもう一方の軸の距離を指定する。

[スプライン] コマンド
(SPLINE／
エイリアス：SPL)

● 機能
フリーハンドでかいた線のような自由曲線をかくコマンドです。機械製図では、一部を切り取ったと仮定する部分断面図などに使う破断線に用います。

● 基本的な使い方
1. [スプライン] コマンドを実行する。
2. 曲線が通る点をいくつか指定する。
※ここで紹介しているのは [スプライン] コマンドの [フィット] という方法です。

[長さ寸法] コマンドの
[回転 (R)] オプション

● 機能
長さ寸法は「水平や垂直の寸法を記入するときに使う」というイメージがありますが、機械製図では斜めの寸法で使うことも多々あります。使う意味も併せて学習します。

3-5-2 作図の準備

テンプレート「A4_kikai_1.dwt」をもとに図面ファイルを新規作成します。作図補助設定など、詳しくは「3-1-2 作図の準備」P.78〜83にならってください。ただしここでは、図枠の右下に記入する図面名を「留め金」、図面番号を「BR-5030-6」とします。

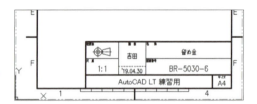

3-5-3 側面図の作図

留め金の側面図を作図します。まず外形、次に穴部を作図しましょう。

■ 外形を作図する

作図見本に色付きで示したように、外形を作図します。

1. 練習用ファイル「3-5-3.dwg」を開く（または 3-5-2 で作成した図面ファイルを引き続き使用）。

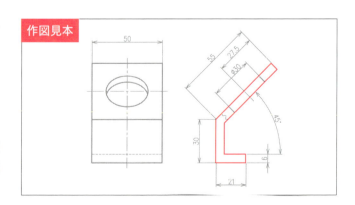

2 ［ホーム］タブ －［作成］パネル －［ポリライン］をクリックする（あるいは「PLINE」または「PL」と入力して Enter キーを押す）。

3 カーソル横に「始点を指定」と表示されるので、図に示したあたりをクリックする。

4 カーソル横に「次の点を指定」と表示されるので、カーソルを左に動かして左方向のガイドを表示する。

5 距離を「21」と入力して Enter キーを押す。

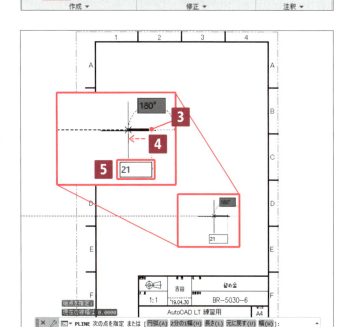

6 手順 4～5 にならって、上方向に 30、45°の方向に 55 の線をかく。

> **HINT** 45°方向に 55 の長さを指定する方法として、「@55<45」と入力して Enter キーを押す方法もあります。極トラッキングで設定した角度以外の角度で作図したいときは、この「座標入力」を使うと便利です（座標入力の方法については、P.53「2-5-2 絶対座標入力と相対座標入力」を参照）。

7 Enter キーまたは Esc キーを押して［ポリライン］コマンドを終了する。

ポリラインができたので、続けてそれを内側にオフセットします。

8 ［ホーム］タブ －［修正］パネル －［オフセット］をクリックする（あるいは「OFFSET」または「O」と入力して Enter キーを押す）。

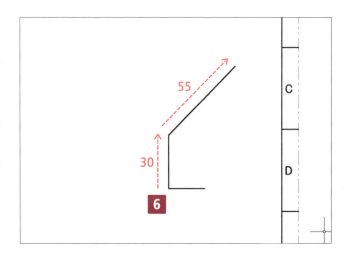

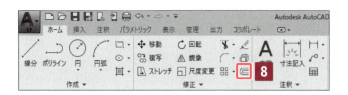

9 カーソル横に「オフセット距離を指定」と表示されるので、「6」と入力して Enter キーを押す。

10 「オフセットするオブジェクト」として、ポリラインをクリックして選択する。

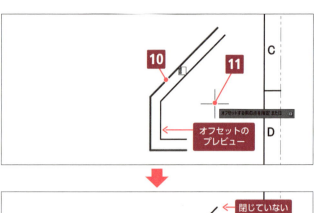

11 「オフセットする側の点」として、ポリラインの右側をクリックする。

12 Enter キーまたは Esc キーを押して[オフセット]コマンドを終了する。

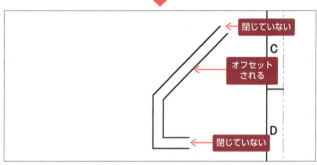

これでポリラインがオフセットされました。ポリラインの両端を閉じて外形を完成させます。

13 [ホーム]タブ －[作成]パネル －[線分]をクリックする(あるいは「LINE」または「L」と入力して Enter キーを押す)。

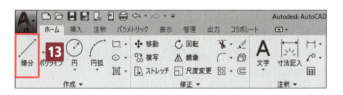

14 1点目と次の点をクリックで指定してポリラインの端点間をつなぐ線分をかき、Enter キーまたは Esc キーを押して[線分]コマンドを終了する。

15 Enter キーを押して再び[線分]コマンドを実行し、手順14にならって残りの端点間を線分でつなぐ。

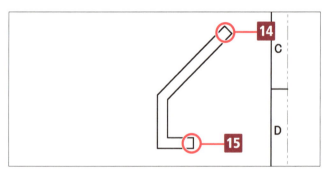

■ 穴部を作図する

作図見本に色付きで示したように、穴部を作図します。

まず[オフセット]コマンドを使って、穴の端を表す2本の線分を作図します。そして[中心線]コマンドを使って、2本の線分の間に中心線を記入します。

1 P.185の手順8にならって[オフセット]コマンドを実行する。

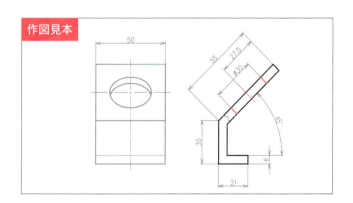

186

2 オフセット距離として「12.5」と入力して Enter キーを押す。

 右上の端の線分から穴の中心までの距離は「27.5」、穴の中心から穴の端までの距離が「15（直径が30）」なので、
27.5−15＝「12.5」
がここでのオフセット距離となります。

3 「オフセットするオブジェクト」として、右上の線分をクリックする。

4 「オフセットする側の点」として、左下側をクリックする。

1本目の線分が完成します。

5 Enter キーまたは Esc キーを押して[オフセット]コマンドを終了する。

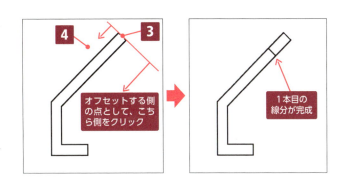

次に、直前に作図した線分を左下に穴の直径分、オフセットします。

6 再び[オフセット]コマンドを実行し、オフセット距離として「30」と入力して Enter キーを押す。「オフセットするオブジェクト」として図に示した線分をクリックし、「オフセットする側の点」として左下側をクリックする。

2本目の線分が完成します。

7 [オフセット]コマンドを終了する。

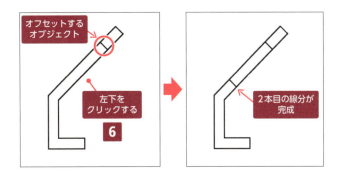

作図した穴の両端の間に中心線を記入します。

8 P.148の手順1にならって[中心線]コマンドを実行する。

9 手順2〜7で作図した2本の線を順にクリックして、これら2本の線の間に中心線を記入する。

これで穴部は完成です。側面図はまだ完成していませんが、ここでいったん正面図の作図に進みます。

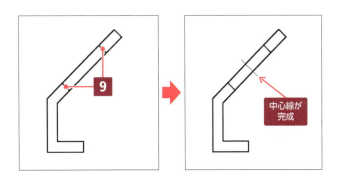

 ここまでの手順を終えた状態の図面ファイルが、教材データに「3-5-4.dwg」として収録されています。

187

3-5-4 正面図の作図

留め金の正面図を作図します。まず基準になる線分、次に横線を作図しましょう。

■ 基準になる線分を作図する

作図見本に色付きで示したように、基準になる線分を作図します。

側面図と高さをそろえるので、側面図の下の角からOトラックを使って長さ50の線分をかくようにします。

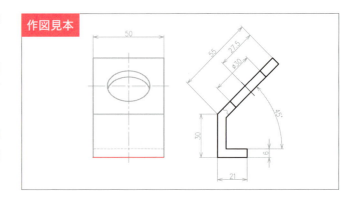

1 練習用ファイル「3-5-4.dwg」を開く（または 3-2-2 で作成した図面ファイルを引き続き使用）。

2 P.186 の手順 13 にならって［線分］コマンドを実行する。

3 側面図の下の角にカーソルを合わせる（クリックはしない）。

4 水平のガイドが表示されるので、1 点目として左の任意の位置をクリックする。

 HINT　側面図との距離は任意ですが、寸法を記入できるスペースを空けます。

5 カーソル横に「次の点を指定」と表示されるので、カーソルを左に動かして左方向のガイドを表示する。

6 距離を「50」と入力して [Enter] キーを押す。

7 [Enter] キーまたは [Esc] キーを押して［線分］コマンドを終了する。

長さ 50 の線分が作図されます。

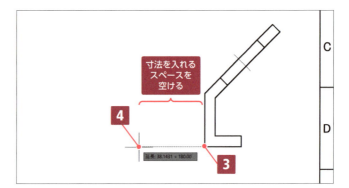

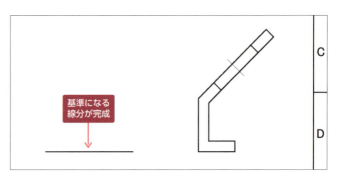

■ 横線を連続オフセットで作図する

作図見本に色付きで示したように、横線を作図します。

ここでは［オフセット］コマンドの［通過点（T）］オプションと［一括（M）］オプションを使って、連続オフセットで作図します。

1 P.185の手順8にならって［オフセット］コマンドを実行する。

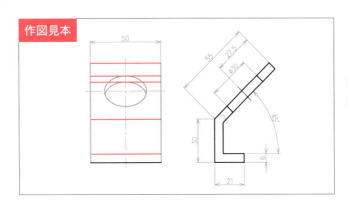

カーソル横に「オフセット距離を指定」と表示されますが、指定せずに［通過点（T）］オプションを実行します。

2 「T」と入力してEnterキーを押す。または、↓キーで表示されるオプションリストやコマンドラインから［通過点（T）］を選択する。

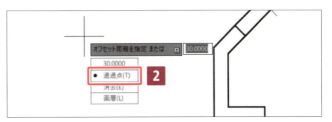

3 カーソル横に「オフセットするオブジェクトを選択」と表示されるので、直前の手順でかいた基準となる線分をクリックする。

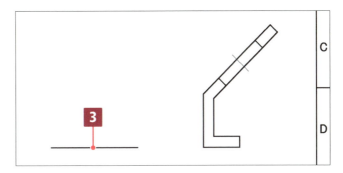

カーソル横に「通過点を指定」と表示されますが、続けて複数オフセットさせたいので、［一括（M）］オプションを実行します。

4 「M」と入力してEnterキーを押す。または、↓キーで表示されるオプションリストやコマンドラインから［一括（M）］を選択する。

5 図に示した位置をクリックする。

線分がオフセットされます。続けて残りの線分もオフセットで作図します。

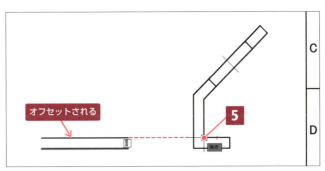

6 図に示した4カ所の点をクリックする。

計5本の線分がオフセットされます。

7 [Enter]キーまたは[Esc]キーを押して[オフセット]コマンドを終了する。

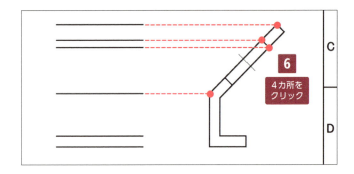

■ 縦線と中心線を作図する

作図見本に色付きで示したように、縦線と中心線を作図します（[線分]コマンドの使い方はP.186の手順13〜14、[中心線]コマンドの使い方はP.148の手順1〜3を参照）。

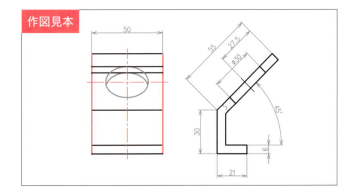

1 [線分]コマンドを実行し、一番上の横線の左端点と、一番下の横線の左端点を結ぶ線分を作図して、コマンドを終了する。

2 同じ要領で、一番上の横線の右端点と、一番下の横線の右端点を結ぶ線分を作図する。

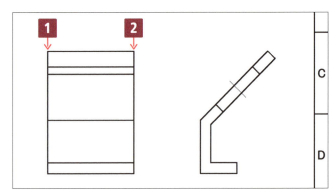

3 [中心線]コマンドを実行し、手順1、2で作図した縦線をそれぞれクリックして中心線を作図する。

4 同じ要領で、一番上の横線と上から4本目の横線をそれぞれクリックして中心線を作図する。

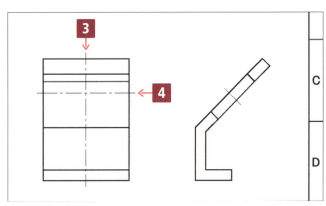

■ 楕円を作図する

作図見本に色付きで示したように、楕円を作図します。

1 ［ホーム］タブ －［作成］パネル －［中心記入］をクリックして、［楕円］コマンドの［中心記入］オプションを実行する。

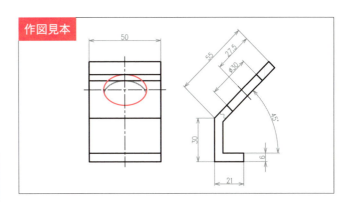

>
> **HINT**
> リボン上のアイコンや、アイコンの［▼］をクリックしたときに表示される関連コマンドには［楕円］がありませんが、図の［中心記入］［軸、端点］［楕円弧］というメニュー項目が［楕円］コマンドのオプション名を表しています。これらの項目をクリックすることで［楕円］コマンドを実行できます。
> 「ELLIPSE」または「EL」と入力して［楕円］コマンドを実行した場合は、［軸、端点］オプションが使用されます。その場合、↓キーで表示されるオプションリストやコマンドラインから［中心 (C)］を選択することで、リボンで［中心記入］を選択して［楕円］コマンドを実行したときと同じかき方ができます。

2 カーソル横に「楕円の中心を指定」と表示されるので、楕円の中心として指定する位置をクリックする。

3 カーソル横に「軸の端点を指定」と表示されるので、楕円の上の位置を示す横線の中点をクリックする。

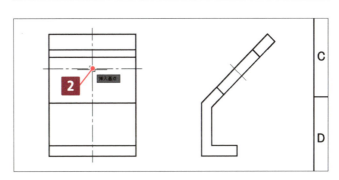

4 カーソル横に「もう一方の軸の距離を指定」と表示されるので、穴の半径である「15」と入力して Enter キーを押す（このとき、カーソルはどこにあってもよい）。

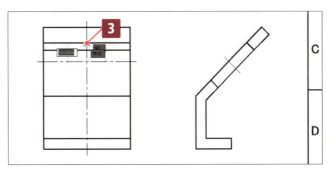

楕円が作図され、［楕円］コマンドが自動的に終了します。

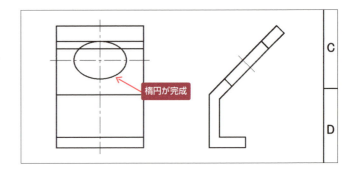

■ **奥側に見える穴の縁を作図する**

作図見本に色付きで示したように、奥側に見える穴の縁を作図します。

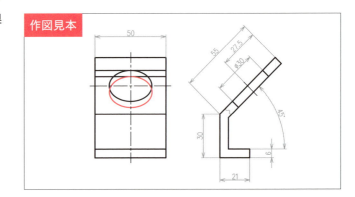

直前にかいた楕円を複写します。

1 コマンド実行中でないことを確認し、複写する楕円をクリックして選択する。

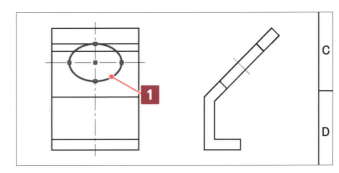

2 ［ホーム］タブー［修正］パネルー［複写］をクリックする（あるいは「COPY」または「CO」と入力してEnterキーを押す）。

3 カーソル横に「基点を指定」と表示されるので、楕円の上の四半円点をクリックする。

 HINT 楕円の四半円点と横線の中点が同じ位置にあるため、スナップマーカーは［四半円点］でなく［中点］になることもあります。

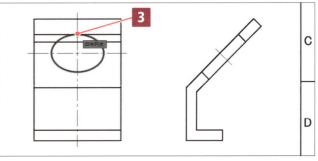

4 カーソル横に「2点目を指定」と表示されて、カーソルに楕円のプレビューが一緒についてくるので、1段下の横線の中点をクリックする。

5 [Enter]キーまたは[Esc]キーを押して[複写]コマンドを終了する。

図のプレビューの位置に楕円が複写されます。

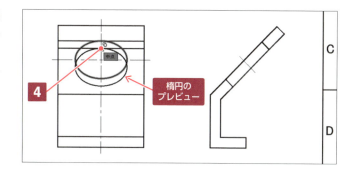

■ 楕円をトリムする

作図見本に色付きで示したように、楕円をトリムします。

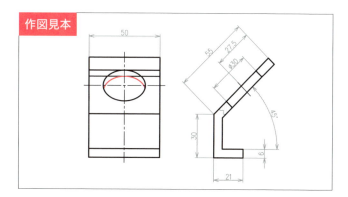

1 [ホーム]タブ→[修正]パネル→[トリム]をクリックする(あるいは「TRIM」または「TR」と入力して[Enter]キーを押す)。

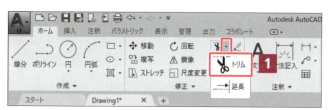

2 「オブジェクト(切り取りエッジ)」として、上の楕円をクリックして選択し、[Enter]キーを押して確定する。

3 「トリムするオブジェクト」として、下の楕円の下側をクリックする。

指定した部分が削除されます。

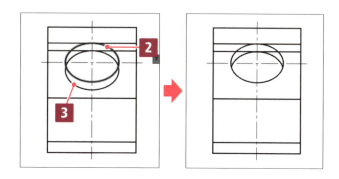

4 [Enter]キーまたは[Esc]キーを押して[トリム]コマンドを終了する。

■ 不要な線分を削除する

楕円の作図の目印に使った2本の線（作図見本中の色付きで示した線分）は、もう必要ないので削除します。

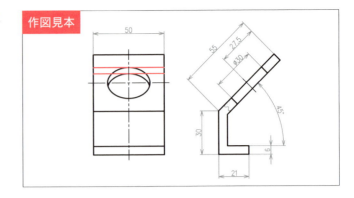

1. 不要な2本の線をクリックして選択する。
2. [Delete] キーを押す。

選択した線分が削除されます。

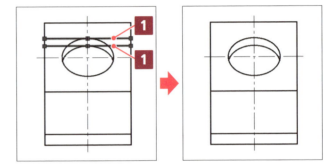

■ 厚みの部分の画層を変更する

厚みの部分（作図見本中の色付きの破線）の画層を変更します。

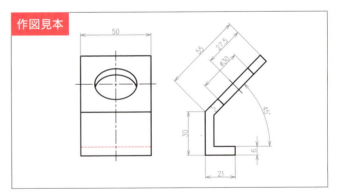

1. 底辺の厚みを表す線分をクリックして選択する。
2. [ホーム]タブ－[画層]パネルで、画層のプルダウンリストから[03_かくれ線]を選択する。

線分が細い破線に変わります。

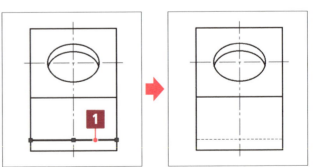

ここまでの手順を終えた状態の図面ファイルが、教材データに「3-5-5.dwg」として収録されています。

COLUMN	かくれ線の省略について

一部のCAD資格の実技試験などでは「かくれ線をすべてかくこと」としているものもありますが、JISの機械製図では「かくれ線は、理解を妨げない場合には、これを省略する」と規定されています。
「理解を妨げるか妨げないか」の判断は製図者に委ねられる部分ですが、初心者のうちは省略してよいか悪いかの判断が難しく、かくれ線をかき込みすぎる傾向にあります。まずは自分が図面を見る立場になって、「このかくれ線は省いても形状がわかるかどうか」と「省略しないほうが形状を理解しやすいかどうか」を基準に判断していくとよいでしょう。

3-5-5 断面部の作図

留め金の断面部を作図します。

■ 断面部分を作図する

作図見本に色付きで示したように、断面部分を作図します。

ここでかくのは一部を切り取った「部分断面図」なので、破断線によって断面と断面でない部分の境界を示します。破断線にはフリーハンドの細い実線を使います（P.20の表にあるCの使い方）。この破断線の波線をかくためには、［スプライン］コマンドを使います。スプラインでは、指定した点を通る滑らかな曲線を作図できます。

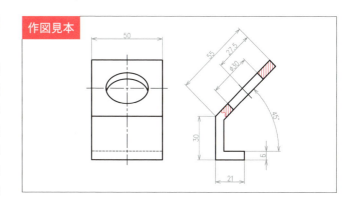

作図見本

1. 練習用ファイル「3-5-5.dwg」を開く（または 3-5-2 で作成した図面ファイルを引き続き使用）。
2. ［ホーム］タブ —［作成］パネル —［スプラインフィット］をクリックする。

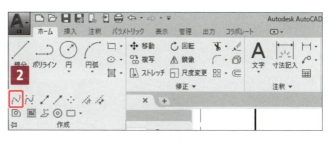

 HINT ［スプラインフィット］は、［作成］パネル名右の［▼］をクリックすると表示されます。

HINT ［スプライン］コマンドには、［フィット］と［制御点］という方法があります（上図）。［フィット］はクリックした位置をスプラインの線が通過します。できあがりのイメージを想像しやすいので、ここでは［フィット］での作図を紹介しています。キーボード入力（「SPLINE」または「SPL」と入力して Enter キーを押す）で実行した場合は、直前に使った方法で［スプライン］コマンドが実行されます。コマンドライン上部のグレーの領域で、現在の方法が確認できます（下図）。アイコンクリックとキーボード入力のいずれの場合も、コマンド実行後に［方法（M）］オプションで変更ができます。

カーソル横に「1点目を指定」と表示されますが、ここでは破断線をかくために、［近接点］の優先オブジェクトスナップ（一時オブジェクトスナップ）を使います。

3 　Ctrl キーを押しながら任意の位置を右クリックする。

4 　ショートカットメニューから［近接点］を選択する。

5 　図に示したあたり（上の斜辺）にカーソルを合わせ、［近接点］のマーカーが表示されたらクリックする。

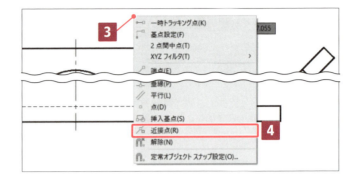

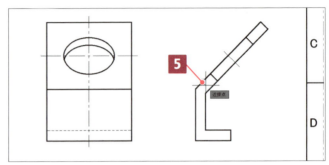

カーソル横に「次の点を入力」と表示されますが、間隔が狭くてクリックしづらいので、画面を拡大して作業します。作図補助設定をオフにすると、作業しやすいです。

6 　マウスのホイールボタンを前方に回転して、図のあたりを拡大表示する。

7 　図に示したように、下の斜辺との間に3点ほど左右にジグザグにクリックする。

8 　終点として、下の斜辺上をクリックする。

 斜辺上がうまく指定できない場合は、再び［近接点］の優先オブジェクトスナップ（一時オブジェクトスナップ）を使ってみましょう。

9 　Enter キーを押して［スプライン］コマンドを終了する。

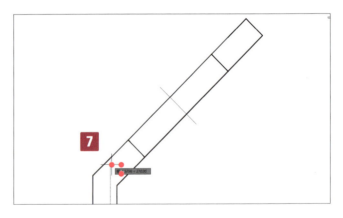

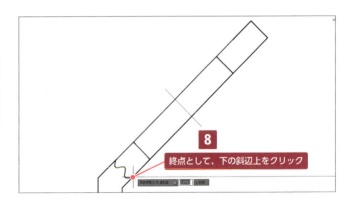

波状の破断線が作図されます。続いてハッチングを記入します。

 注意 手順2〜9で作図したスプラインと斜辺にすきまが空いていると、ハッチングが正しく作図できません。

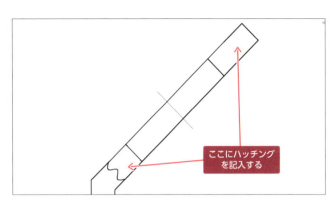

10 ［ホーム］タブ ―［作成］パネル ―［ハッチング］をクリックする（あるいは「HATCH」または「H」と入力して Enter キーを押す）。

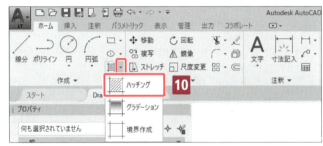

［ハッチング作成］タブが表示されます。

11 ［パターン］パネルから［ANSI31］を選択する。

12 ［プロパティ］パネル ―［角度］を「45」に設定する。

13 ［プロパティ］パネル ―［ハッチングパターンの尺度］を「1」に設定する。

HINT 機械製図では、主に「ANSI31」のような等間隔斜線のパターンを使用し、必要に応じて角度や尺度を変えて配置します（詳しくはP.198の「COLUMN」を参照）。

14 ［境界］パネル ―［点をクリック］をクリックする。

15 カーソル横に「内側の点をクリック」と表示されるので、ハッチングを記入したい領域内をクリックする。

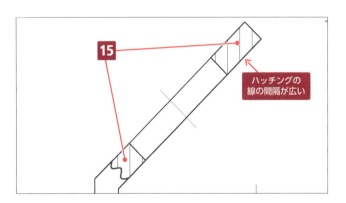

プレビューでハッチングの線どうしの間隔が少し広いので、尺度を変更します。

16 ［ハッチングパターンの尺度］を「0.5」に変更する。

17 プレビューで線の間隔が狭くなったことを確認する。

18 [Enter]キーを押すか、[ハッチング作成]タブ右側の[ハッチング作成を閉じる]ボタンをクリックして[ハッチング]コマンドを終了する。

尺度を変更すると、線の間隔が狭くなる

最後に破断線の画層を変更します。

19 破断線をクリックして選択する。

 作成したハッチングのパターンや角度、尺度などを変更したい場合は、作成したハッチングをクリックします。[ハッチング作成]タブと同様の[ハッチングエディタ]タブが開くので、作成時と同じ要領で編集ができます。編集後はタブ右側の[ハッチング編集を閉じる]ボタンで編集を終了します。
また、一度に作成したハッチングは領域が分かれていても1つのハッチングなので、編集は各領域に同時に反映されます。

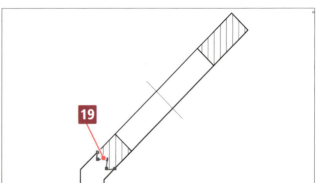

20 [ホーム]タブ ─ [画層]パネルで、画層のプルダウンリストから[02_細線]を選択する。

21 [Esc]キーを押してオブジェクトを選択解除する。

これで断面図は完成です。

 ここまでの手順を終えた状態の図面ファイルが、教材データに「3-5-6.dwg」として収録されています。

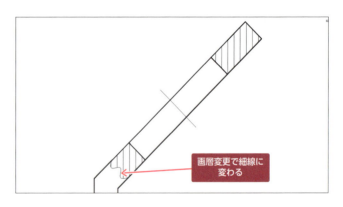

画層変更で細線に変わる

COLUMN ハッチングについて

JISの製図規格では、「ハッチングはなるべく単純な形がよい」とされています。さらに細分化されたJISのCAD機械製図規格では、次のように定められています。

A ハッチングは、主たる中心線に対して、細い実線を施す。その角度は、45°、30°、75°の順で選ぶのがよい。ただし、材料を区別するなどの特別な場合には、別の線を施すことができる。

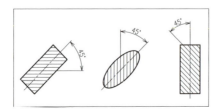

B 同じ断面上に現れる同一の部品の切り口には、同一のハッチングを施す。

 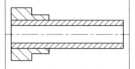

C 階段上の各段に現れる切り口を区別する必要がある場合には、ハッチングをずらすことができる。

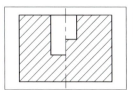 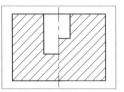

このため、機械製図では主にANSI31のような等間隔斜線のタイプを使用し、必要に応じて角度や尺度を変えて配置します。
Aの「主たる中心線に対して45°」が基準になるため、この項でかいた断面部では、45°傾いた部分に作成するハッチングをさらに45°傾け、垂直のハッチングとしました。

3-5-6 寸法の記入

留め金の側面図と正面図に寸法を記入します。

■ 長さ寸法を記入する

作図見本に色付きで示したように、長さ寸法を記入します。

ここでは、通常の長さ寸法を記入します。なお、[回転（R）]オプションを使った長さ寸法の記入は、P.201〜で行います。

1. 練習用ファイル「3-5-6.dwg」を開く（または3-5-2で作成した図面ファイルを引き続き使用）。

2. 「3-1-5 寸法の記入」の「長さ寸法を記入する」（P.96）を参考に、図の状態まで長さ寸法を記入する。

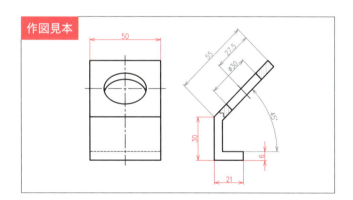

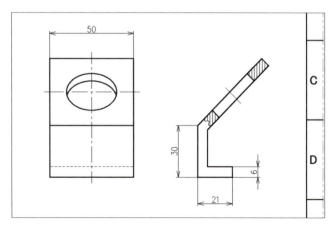

■ 平行寸法を記入する

作図見本に色付きで示したように、平行寸法を記入します。

長さ寸法：起点として指定した2点間の水平、垂直、または指定した角度方向に寸法を入れます。

平行寸法：起点として指定した2点間に平行に寸法を入れます。

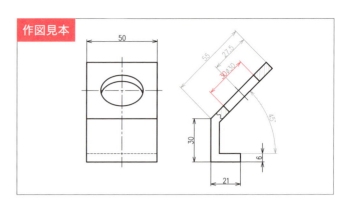

1 ［注釈］タブ －［寸法記入］パネル －［平行寸法］をクリックする（あるいは「DIMALIGNED」または「DAL」と入力して Enter キーを押す）。

> **HINT** ［平行寸法］は、［長さ寸法］アイコン右の［▼］をクリックすると表示されます。

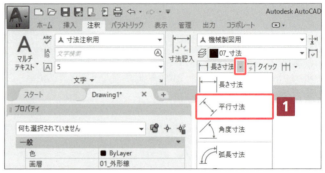

2 カーソル横に「1本目の寸法補助線の起点を指定」と表示されるので、穴の線分端点をクリックする。

3 カーソル横に「2本目の寸法補助線の起点を指定」と表示されるので、穴のもう一方の線分端点をクリックする。

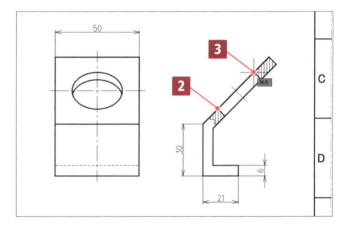

4 カーソル横に「寸法線の位置を指定」と表示されるので、斜辺の上（図に示したあたり）をクリックする。

「30」の寸法が記入され、［平行寸法］コマンドが自動的に終了します。

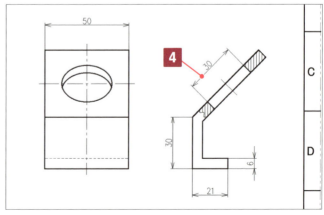

■ ［長さ寸法］コマンドの［回転（R）］オプションを使用する

［長さ寸法］コマンドの［回転（R）］オプションを使用して、作図見本に色付きで示したように寸法を記入します。

直前の手順で行ったように平行寸法を使ってもよさそうに思えますが、ここでは［長さ寸法］コマンドの［回転（R）］オプションを使うことに意味があります（詳しくはP.202の「COLUMN」を参照）。

1　［注釈］タブ ―［寸法記入］パネル ―［長さ寸法］をクリックする（あるいは「DIMLINEAR」または「DLI」と入力してEnterキーを押す）。

2　1本目の寸法補助線の起点として、斜辺の頂点をクリックする。

3　2本目の寸法補助線の起点として、中心線の上の端点をクリックする。

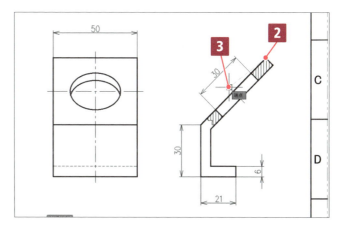

水平か垂直の方向にしか寸法のプレビューが表示されないので、［回転（R）］オプションを使って回転させます。

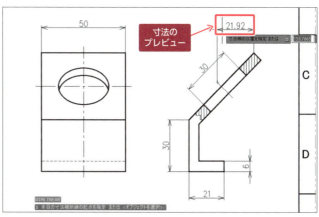

4 「R」と入力して Enter キーを押す。
または、↓キーで表示されるオプ
ションリストやコマンドラインから
[回転(R)]を選択する。

5 カーソル横に「寸法線の角度を指
定」と表示されるので、斜辺上の
2点をクリックして指定する。

> **HINT** クリックする2点は、斜辺上であれ
> ばどこでもかまいません。

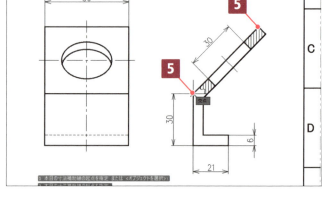

6 斜辺と平行な寸法線に切り替わる
ので、「30」の寸法より上をクリッ
クして寸法位置を指定する。

「27.5」の寸法が記入され、[長さ寸
法]コマンドが自動的に終了します。

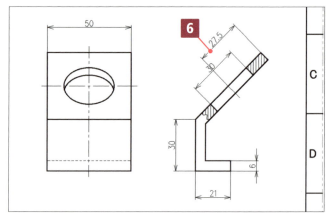

COLUMN ［長さ寸法］コマンドの［回転 (R)］オプションを使う意味について

JISの製図規格では、線をかくときの線種の優先順位が
外形線＞かくれ線＞切断線＞中心線＞重心線＞寸法補助線
のように決まっています。そのため、基本的に線が重なら
ないようにかきます。特に優先順位が低いものを高いもの
に重ねてはいけません。
ここで、「［長さ寸法］コマンドの［回転 (R)］オプション」
を使った理由は、中心線と寸法補助線が重ならないよう
にするためです。
［平行寸法］コマンドで寸法を入れる場合、図に示した点の
位置を寸法の基点にすることになりますが、そうすると寸
法補助線と中心線が重なってしまいます（色付きの部分）。

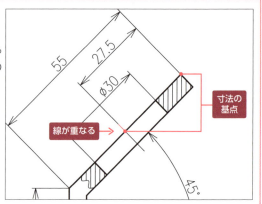

> **COLUMN**　［回転（R）］オプションを利用した長さ寸法と平行寸法のその他の違い
>
> ［回転（R）］オプションを利用した長さ寸法は、回転指定した2点に平行の寸法を作成します。平行寸法は、距離として指定した2点と平行の寸法を作成します。次の図の例では、寸法作成時の見た目は同じですが、長方形の右上の角を矢印の方向にストレッチしてみると、それぞれの寸法での違いが確認できます。

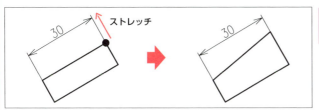

［長さ寸法］コマンドの［回転（R）］オプション
ストレッチ後も、最初に指定した角度が守られ、寸法線角度は変わらない。

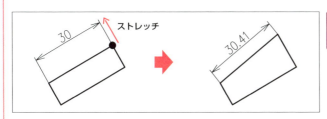

［平行寸法］コマンド
ストレッチ後は、最初に指定した2点に追従し、寸法線角度も変わる。

> 機械部品図面では斜辺に寸法を記入する場合、「辺の長さを指示する」よりも「対辺の距離を指示する」ことが多いので、［長さ寸法］コマンドの［回転（R）］オプションをよく使います。

■ 並列寸法を記入する

作図見本に色付きで示したように、並列寸法を記入します。

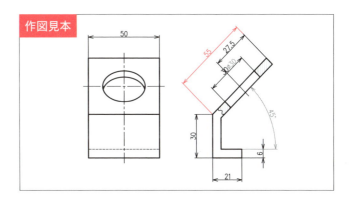

作図見本

1 ［注釈］タブ ー［寸法記入］パネル ー［並列寸法記入］をクリックする（あるいは「DIMBASELINE」または「DBA」と入力して Enter キーを押す）。

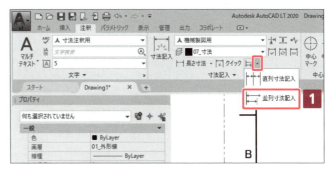

> **HINT**　［並列寸法記入］は、［直列寸法記入］アイコン右の［▼］をクリックすると表示されます。

203

2 並列寸法が正しい位置（右上の角）から出ていることを確認する。

> **HINT** 並列寸法が間違った位置から出ている場合は、正しい位置に直します。P.101の手順 **2**〜**3** を参考に正しい位置を指定してから、以下の手順に進んでください。

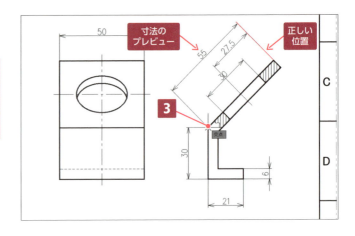

3 斜辺の下の角をクリックする。

4 [Enter]キーまたは[Esc]キーを押して[並列寸法記入]コマンドを終了する。

並列寸法が記入されます。

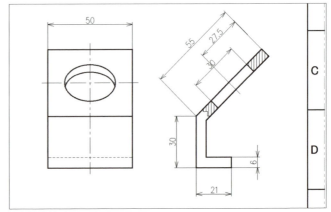

■ **角度寸法を記入する**

作図見本に色付きで示したように、角度寸法を記入します。

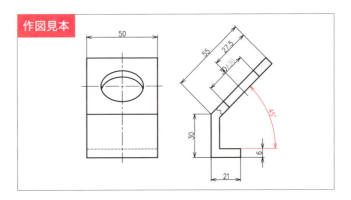

1 [注釈]タブ ー [寸法記入]パネル ー [角度寸法]をクリックする（あるいは「DIMANGULAR」または「DAN」と入力して[Enter]キーを押す）。

> [角度寸法]は、[長さ寸法]アイコン右の[▼]をクリックすると表示されます。

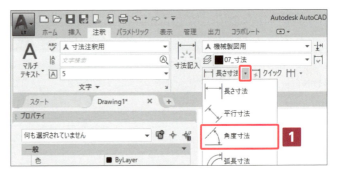

204

2. カーソル横に「円弧、円、線分を選択」と表示されるので、底辺の上の線分と斜辺の下の線分をクリックする(クリックの順番は問わない)。

3. カーソル横に「円弧寸法線の位置を指定」と表示され、カーソルに角度寸法のプレビューが一緒についてくるので、配置位置をクリックする。

角度寸法が記入され、[角度寸法]コマンドが自動的に終了します。

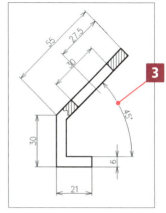

■ 寸法数値の位置を整えて寸法を仕上げる

作図見本に色付きで示したように、寸法数値の位置を整え、直径記号「φ」を付けて寸法を仕上げます。

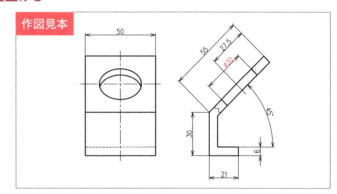

1. 穴の「30」の寸法をクリックして、表示された数字上のグリップをクリックする。

グリップが赤くなり、カーソルを動かすと数字が一緒についてきます。

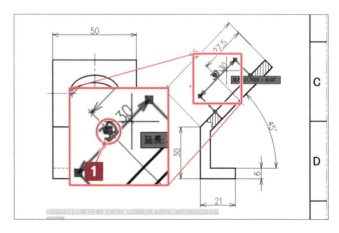

2 「27.5」の寸法の寸法補助線に重ならない位置に数字を移動してクリックする。

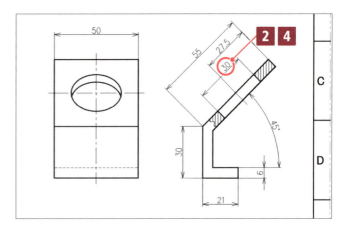

> [F3]キーを押してOスナップをオフにすると、移動時に近くのスナップ位置に吸着しないので動かしやすいです。

3 [Esc]キーを押して寸法を選択解除する。

最後に、穴の寸法に直径記号「φ」を付けます。

4 「30」の寸法をクリックして選択する。

5 [プロパティ]パレットで[文字]項目の[寸法値の優先]欄に「%%C<>」と半角で入力して[Enter]キーを押す。

6 [Esc]キーを押して寸法を選択解除する。

> 直径記号の追加は、寸法を選択して[プロパティ]パレットから行う方法のほかに、寸法をダブルクリックしてテキストエディタから行う方法があります。[テキストエディタ]タブが表示されたら、「30」の寸法数値の前にカーソルを移動して[挿入]パネル ― [シンボル]をクリックし、プルダウンリストから[直径　%%c]を選択します。

「30」の寸法表示が「φ30」に変わったことを確認します。

これで留め金の図面は完成です。

7 図面ファイルに名前を付けて保存する。

> ここまでの手順を終えた状態の図面ファイルが、教材データに「3-5-6_完成.dwg」として収録されています。

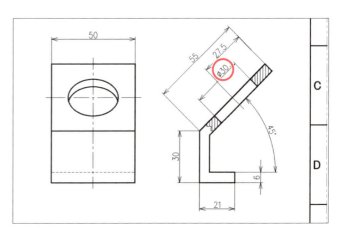

第4章

機械要素の図面を作図する

この章では第3章に引き続き、JIS製図規格に則って作図練習を行います。

ここで作例としている「パッキン」「歯車」「六角ボルト」は「機械要素」と呼ばれており、ほかの機械部品とは分けて考えられています。「機械部品」が機械を構成している、広い意味での部品を指すのに対し、「機械要素」はその中で一番階層の低い単品で、主に標準部品のことを指します。

4-1　パッキンの作図

4-2　歯車の作図

4-3　六角ボルトの作図

4-1 パッキンの作図

📄 A4_kikai_1.dwt　📄 4-1-3.dwg　📄 4-1-4.dwg

簡単なパッキンを作図しながら、面取りした長方形の作成や配列複写などのCAD操作、および規則的に複数並んだ要素の寸法の入れ方などの製図知識を学びましょう。この章では、学習済みのコマンドは実行手順を簡略化（単に「[○○] コマンドを実行する」のように記載）しているので、コマンドの使い方を覚えているか復習しながら操作してみてください。

4-1-1 この節で学ぶこと

「パッキン」は「ガスケット」や「シール」とも呼ばれ、部品と部品の接続部などに挟んで気体や液体の漏れを防ぐ機械要素です。

この節では、次の図のような簡単なパッキンを作図しながら、以下の内容を学習します。

CAD操作の学習
- 面取りした長方形を作図する
- オブジェクトを配列複写する
- ポリラインに一括でフィレットをかける
- 引出線付きの注釈を記入する

製図の学習
- 規則的に複数並んだ要素の寸法の入れ方

完成図面

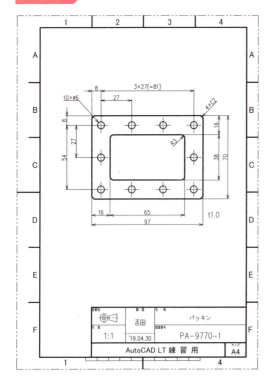

作図部品の形状

この節で学習するCADの機能

[長方形] コマンドの
[面取り(C)] オプション

● 機能

[長方形] コマンドで面取りしながら作図する方法です。機械部品には面取りをした板がよく使われるので、このオプションを知っておくと便利です。[長方形] コマンドには [フィレット(F)] オプションもあり、同様の方法で使えます。

[フィレット] コマンドの
[ポリライン(P)] オプション

● 機能

1つのポリラインの複数個所に対して、一括で同じ大きさのフィレットをかけます。

[矩形状配列複写]
コマンド
（ARRAYRECT）

● 機能

選択した要素を矩形状に規則的に複数並べて配列複写します。
配列複写オブジェクトを作成するコマンドには、矩形状のほかに、円形状やパスに沿わせて配列複写をする [円形状配列複写] や [パス配列複写] もあります。これらタイプを指定して行うコマンドは、[配列複写作成] リボンタブで配列数や距離などを指定します。
そのほか、コマンドに入ってからタイプを選択する [配列複写] コマンドもあり、これはコマンドオプションでタイプや距離などを指定するコマンドです。
4-1の練習では [矩形状配列複写] コマンドを使います。

● 基本的な使い方
1. 複写したいオブジェクトを選択する。
2. [矩形状配列複写] コマンドを実行する。
3. [配列複写作成] タブで要素数や並べ方などを指定する。
4. プレビューで確認し、決定する。

[マルチ引出線] コマンド
（MLEADER／
エイリアス：MLD）

● 機能

注釈と対応するオブジェクトをつなぐ引出線をかきます。

● 基本的な使い方
1. [マルチ引出線] コマンドを実行する。
2. 引出線の矢印の位置と引出参照線の位置などを指定する。
3. 注釈の文字を入力する。

4-1-2　作図の準備

テンプレート「A4_kikai_1.dwt」をもとに図面ファイルを新規作成します。作図補助設定など、詳しくは「3-1-2 作図の準備」P.78～83にならってください。

ただしここでは、図枠の右下に記入する図面名を「パッキン」、図面番号を「PA-9770-1」とします。

4-1-3 正面図の作図

パッキンの正面図を作図します。まず面取りした長方形、次にパッキンの内側部分を作図しましょう。

■ 面取りした長方形を作図する

作図見本に色付きで示したように、面取りした長方形を作図します。

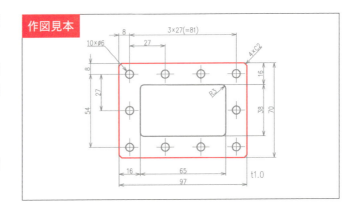

1. 練習用ファイル「4-1-3.dwg」を開く（または 4-1-2 で作成した図面ファイルを引き続き使用）。

2. [長方形] コマンドを実行する。

   カーソル横に「一方のコーナーを指定」と表示されますが、指定せずに、[面取り（C）] オプションを実行します。

3. 「C」と入力して Enter キーを押す。または、↓キーで表示されるオプションリストやコマンドラインから [面取り（C）] を選択する。

4. カーソル横に「長方形の1本目の面取り距離を指定」と表示されるので、「2」と入力して Enter キーを押す。

5. カーソル横に「長方形の2本目の面取り距離を指定」と表示されるので、Enter キーを押す。

 2本目の面取り距離も「2」にしますが、ここでは現在値が「2」なので、入力せずに Enter キーを押して「2」を確定しています。

 [長方形] コマンドの [面取り（C）] オプションでは、角から切り取る部分の長さを [長方形の1本目の面取り距離] と [長方形の2本目の面取り距離] で指定します。1本目と2本目を違う長さにした場合は、長方形をかくときの方向によって、縦横のどちらが1本目になるかが決まります（右上に向かってかいた場合は、左図のように反時計回りに面取り長さが割り当てられます）。

しかし、このような面取りをする長方形を使うことは、ほぼないでしょう。右図のように上下左右対称に長さ違いの面取りを行うことのほうが多いと思いますが、この場合は [長方形] コマンドの [面取り（C）] オプションではなく、[面取り] コマンドを使って個別に指定します。

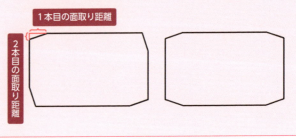

カーソル横に「一方のコーナーを指定」と表示されます。

6 長方形の左下の位置として、図に示したあたりをクリックする。

7 カーソル横に「もう一方のコーナーを指定」と表示されるので、「97,70」と入力して Enter キーを押す。

横97×縦70の、面取りした長方形が作図され、［長方形］コマンドが自動的に終了します。

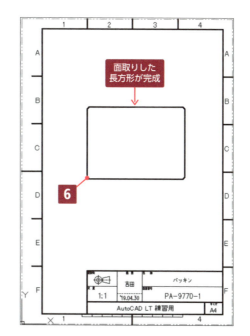

■ パッキンの内側部分を作図する

長方形をオフセットして、作図見本に色付きで示したようにパッキンの内側部分を作図します。

1 作図した長方形が見やすいように、画面を拡大する。

2 ［オフセット］コマンドを実行する。

3 オフセット距離として「8」と入力し、Enter キーを押す。

4 「オフセットするオブジェクト」として長方形をクリックし、「オフセットする側の点」として長方形の内側をクリックして、1つ目のオフセットされた長方形を作図する。

 ここでできあがった長方形には面取りがありません（次ページの「COLUMN」を参照）。

5 できあがった内側の長方形をクリックし、さらに内側をクリックして、2つ目のオフセットされた長方形を作図する。

6 ［オフセット］コマンドを終了する。

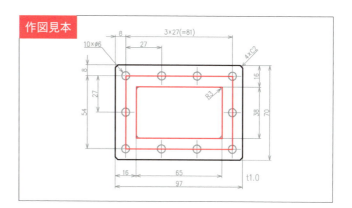

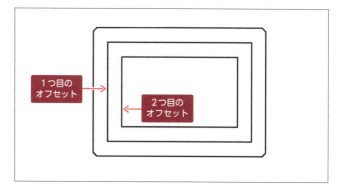

 面取りやフィレットなど、長方形作成時に指定したオプションは次回の長方形作図にも反映されます。面取りやフィレットのない長方形を作図したいときは、再びオプションを使い、面取りやフィレットの値を「0」にして作図します。

COLUMN　面取りやフィレットのある長方形のオフセット

面取りやフィレットのある長方形をオフセットした場合の結果は、面取りやフィレットの大きさとオフセット距離によって大きく左右されます。

元の形状	外側に10オフセット	内側に10オフセット	内側に5ずつオフセット
R15	(R25) 10	(R5) 10	
15, 15	(20.86) 10	(9.14) 10	
	オフセット距離に合わせて面取りやフィレットも大きくなる。	オフセット距離に合わせて面取りやフィレットも小さくなるが、0より小さくなることはない。そのため、大きさが0になったところから先は、どれだけオフセットしても面取りとフィレットの大きさは0になる。つまり、面取りもフィレットもなくなる。	

■ 1つ目の穴を作図する

作図見本に色付きで示したように、1つ目の穴を作図します。

直前の手順で作図した1つ目のオフセットされた長方形は、穴の作図の目印として使った後は削除します。

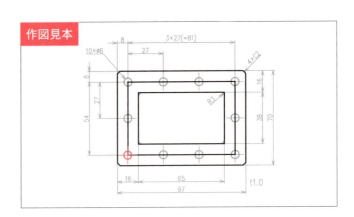

1. [円]コマンドの[中心、半径]オプションを実行する。
2. 円の中心点として、中間の長方形の左下角をクリックする。
3. 半径として「3」と入力し、[Enter]キーを押す。

半径3の円（穴）が作図され、[円]コマンドが自動的に終了します。

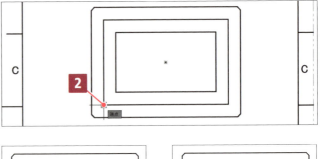

続けて、作図の目印に使った長方形を削除します。

4. 図に示した長方形をクリックして選択し、[Delete]キーを押す。

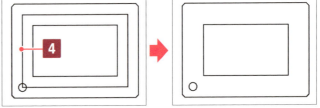

5 ［中心マーク］コマンドを使って、穴に十字中心線を記入する。

［中心マーク］コマンドの詳しい手順は、P.88の手順 2 ～ 4 を参考にしてください。

これで、十字中心線付きの穴が作図されます。

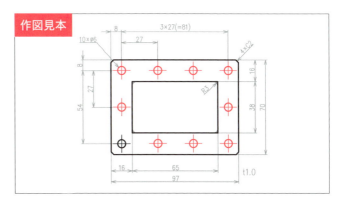

■ 穴を配列複写する

作図見本に色付きで示したように、穴を配列複写します。

配列複写を行うには［配列複写］コマンド、または配列複写のタイプ別コマンドを使います。ここでは矩形状に配列複写したいので、［矩形状配列複写］コマンドを使います。

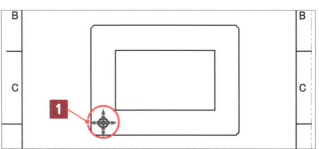

1 複写したい穴と十字中心線を選択する。

 穴と十字中心線を順にクリックするよりも、左から右に囲む「窓選択」（P.69参照）を使ったほうが、囲んだ枠に完全に含まれるオブジェクトを一度にまとめて選択できるので便利です。

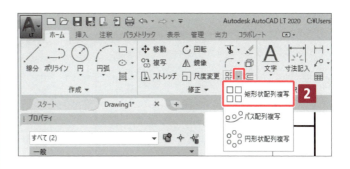

2 ［ホーム］タブ ─［修正］パネル ─［矩形状配列複写］をクリックする。

 ［配列複写］アイコン右の［▼］をクリックすると、配列複写のタイプ別コマンドが表示されるので、［矩形状配列複写］を選択します。または「ARRAYRECT」と入力して Enter キーを押しても、［矩形状配列複写］コマンドを実行できます。

 「ARRAY」または「AR」と入力して、汎用の［配列複写］コマンドを実行することもできます。その場合は、カーソル横に「配列複写のタイプを入力」と表示され、オプションリストが表示されるので、［矩形状 (R)］などのオプションを選択してタイプを指定します。

213

タブが［配列複写作成］に切り替わり、作図領域ではプレビューが表示されます（このプレビューは数値を設定すれば正しい状態になるので、この段階では気にする必要はありません）。

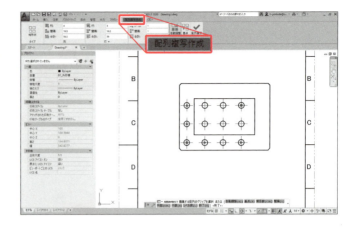

3 ［配列複写作成］タブで列を「4」、行を「3」、それぞれの間隔を「27」に設定する。

4 プレビューを確認する。

5 ［閉じる］パネル －［配列複写を閉じる］をクリックして配列複写を確定する。

図のように、27の間隔、縦3行×横4列で複写されます。

この方法で作成された配列複写のオブジェクトは1つのまとまったオブジェクトになり、間隔や数の編集が反映されるようになっています。配列複写の元になった形状を変更すれば、複写されたオブジェクトにも反映されます。

ここでは、中央の2カ所を削除したいので、分解します。

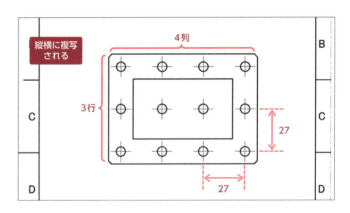

6 配列複写されたオブジェクトを選択する。1つのオブジェクトになっているので、どこか1カ所をクリックすれば、配列複写したすべてが選択される。

7 選択すると［配列複写］タブに切り替わるので、［ホーム］タブに切り替えるか、「X」と入力して［分解］コマンドを実行する。

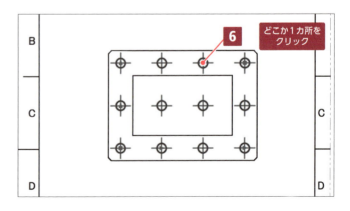

不要な穴を削除します。

8 中央の2つの穴を選択し、[Delete]キーを押す。

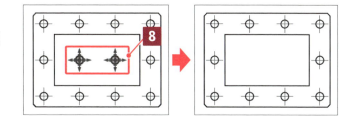

 配列複写の種類には、ここで利用した［矩形状］のほかに［円形状］、［パス］があり、図のように円形の配列複写やパスに沿わせた配列複写を行うことができます。

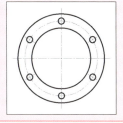 

■ フィレットをかける

作図見本に色付きで示したように、内側の長方形に一括してフィレットをかけます。

1 ［フィレット］コマンドを実行する。

カーソル横に「最初のオブジェクトを選択」と表示されますが、指定せずに［半径（R）］オプションを実行します。

2 「R」と入力して[Enter]キーを押す。または、[↓]キーで表示されるオプションリストやコマンドラインから［半径（R）］を選択する。

3 半径として「3」と入力し、[Enter]キーを押す。

カーソル横に「最初のオブジェクトを選択」と表示されますが、まだ指定せずに［ポリライン（P）］オプションを実行します。

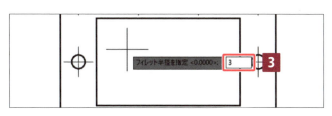

4 「P」と入力して[Enter]キーを押す。または、[↓]キーで表示されるオプションリストやコマンドラインから［ポリライン（P）］を選択する。

4-1 パッキンの作図

215

5 カーソル横に「2Dポリラインを選択」と表示されるので、内側の長方形の辺を1カ所クリックして指定する。

内側の長方形にフィレットがかけられ、[フィレット]コマンドが自動的に終了します。

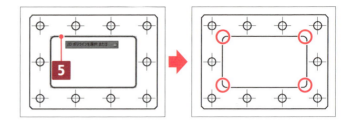

 ここまでの手順を終えた状態の図面ファイルが、教材データに「4-1-4.dwg」として収録されています。

4-1-4　寸法の記入

■ 寸法を記入する

作図見本に色付きで示したように寸法を記入します。

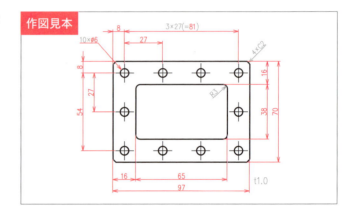

1 練習用ファイル「4-1-4.dwg」を開く（または 4-1-2 で作成した図面ファイルを引き続き使用）。

2 P.96「3-1-5　寸法の記入」を参考に、長さ寸法や並列寸法、直列寸法を使って、図の状態まで寸法を記入する。

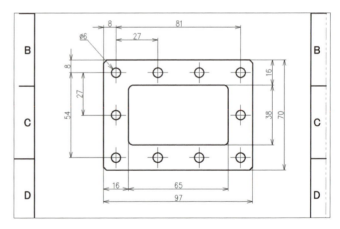

■ 寸法に文字の追加などを行う

作図見本に色付きで示したように、寸法に文字の追加などを行います。

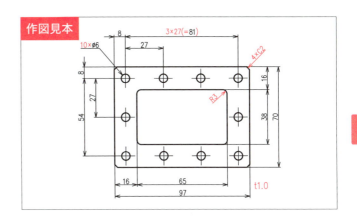

「φ6」の直径寸法に個数を追加します。

1. 「φ6」の寸法をダブルクリックする。

2. [文字編集]（TEXTEDIT）コマンドに入り、寸法数値が編集状態になるので、φ6 の前に「10×」を入力する。

3. 文字以外の作図領域上をクリックするか、[テキストエディタ]タブ ― [閉じる]パネル ― [テキストエディタを閉じる]をクリックし、テキストエディタを閉じる。

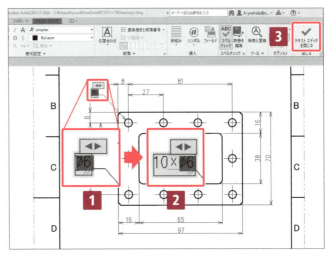

図のように、「φ6」の寸法に「10×」が付いて表示されます。

テキストエディタを閉じても、まだ[文字編集]コマンドは継続しているので、このまま続けて穴の間隔を示す「81」の寸法に文字を追加します。

4. 「81」の寸法をクリックして選択する。

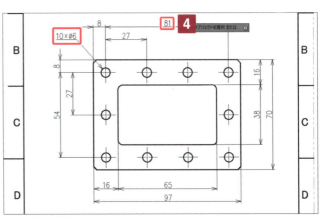

5. 81 の数値の前に「3×27(=」を追加し、キーボードの→キーでカーソルを 81 の数値の後に送り、「)」を追加する。

6. 手順 3 を再び行って、テキストエディタを閉じる。

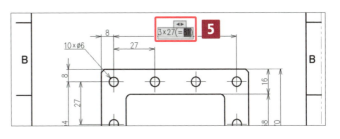

4-1 パッキンの作図

217

7 Enter キーまたは Esc キーを押して［文字編集］コマンドを終了する。

図のように、寸法の表示が「3×27(=81)」に変わります。

内側の長方形のフィレットに半径寸法を記入します。

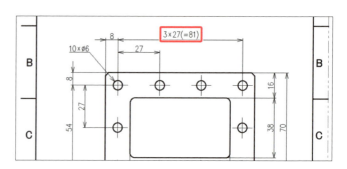

8 ［半径寸法］コマンドを実行する。

9 「円弧または円」として、円弧の円周部分をクリックする。

10 寸法数値を配置したい位置をクリックする（この後の「HINT」と「COLUMN」を参照）。

「R3」の寸法が記入され、［半径寸法］コマンドが自動的に終了します。

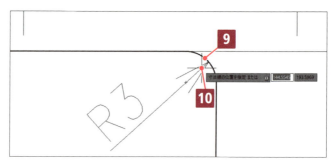

 円弧をクリックして選択した後、寸法を配置するときには、しっかり画面を拡大して円弧の中心点と円周の間の位置をクリックします。このとき、Oスナップが反応しない位置を指定します。Oスナップを一時的にオフにするには、 F3 キーを押します。図のように、円弧と反対側に補助円が表示されてはいけません。

COLUMN 小さな半径寸法の記入について

図のような4種の半径寸法が記入できますが、半径寸法は円弧がある部分から引き出すのが基本なので、C、Dのようになってはいけません。
図の黒丸は、［半径寸法］コマンドを実行して円弧を選んだ後に寸法を配置するためのクリック位置の目安です。左下に引き出すときには、円弧の中心と円弧の間にあたる部分をクリック指定することでAのような配置が可能になります。

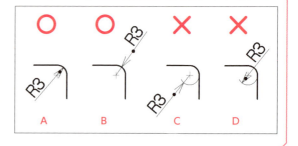

面取り寸法を追加します。

11 画面移動をして、図に示したように面取り寸法を記入する位置を表示する。

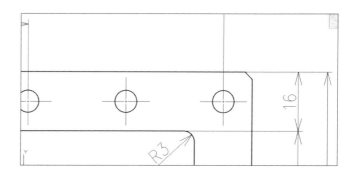

12 [注釈]タブ －[引出線]パネルで、[マルチ引出線スタイル]が[面取用]になっていることを確認する。

寸法のコマンドでは画層が自動的に寸法用に切り替わりますが、マルチ引出線では作図者が画層変更を行います。

13 [ホーム]タブ －[画層]パネルで、画層を[08_寸法]に変更する。

14 [注釈]タブ －[引出線]パネル －[マルチ引出線]をクリックする（あるいは「MLEADER」または「MLD」と入力して[Enter]キーを押す）。

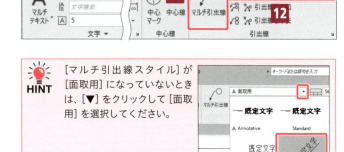

15 カーソル横に「引出線の矢印の位置を指定」と表示されるので、面取りを表す斜辺の中点をクリックする。

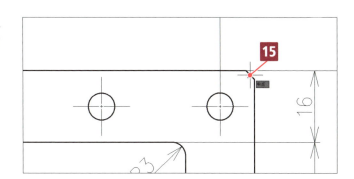

16 カーソル横に「引出参照線の位置を指定」と表示されるので、右上方向にカーソルを移動し、矢印が表示された位置をクリックして指定する。

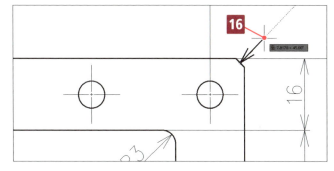

17 [テキストエディタ]タブが表示され、入力状態になるので、「4×C2」と入力する。

18 文字以外の作図領域上をクリックするか、[テキストエディタ]タブ －[閉じる]パネル －[テキストエディタを閉じる]をクリックし、テキストエディタを閉じる。

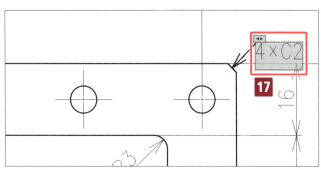

「4×C2」と表示され、入力状態では水平に表示されていた文字が矢印に沿う角度になります。［マルチ引出線］コマンドが終了します。

> **HINT** 「4×C2」とは、次のような意味です。
>
>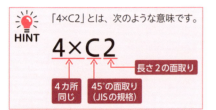

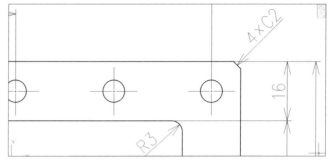

■ 厚みを記入する

パッキンの近くに厚みを記入します。

1 パッキンの近く、任意の位置に［文字記入］コマンドで「t1.0」と入力する（詳しい手順はP.180「厚みを表す文字を入力する」を参照）。

2 記入した「t1.0」の画層を［06_文字］に変更する。

これでパッキンの図面は完成です。

3 図面ファイルに名前を付けて保存する。

> **HINT** ここまでの手順を終えた状態の図面ファイルが、教材データに「4-1-4_完成.dwg」として収録されています。

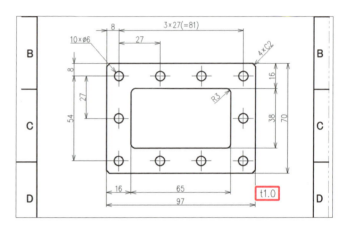

4-2 歯車の作図

📄 A3_kikai_1.dwt　📄 4-2-3.dwg　📄 4-2-4.dwg　📄 4-2-5.dwg　📄 4-2-6.dwg

簡単な歯車を作図しながら、面取りや鏡像などのCAD操作、および歯車の各部名称や省略図示方法などの製図知識を学びましょう。

4-2-1 この節で学ぶこと

この節では、次の図のような一般的な平歯車を作図しながら、以下の内容を学習します。
この図は内側と外側を両方見せるために、「片側断面図」というかき方を使っています。
歯車を作図するときは外側の歯の部分は省略してかきます。省略のしかたにもJISの機械製図での決まりがあるので、それも併せて学習しましょう。

CAD操作の学習

- 面取りをする
- 鏡像を作成する
- 2つのオブジェクトを1つに結合する
- グリップでオブジェクトを移動する

製図の学習

- 歯車の各部名称
- 歯車の省略図示方法
- キー溝について
- P.C.D.について

完成図面

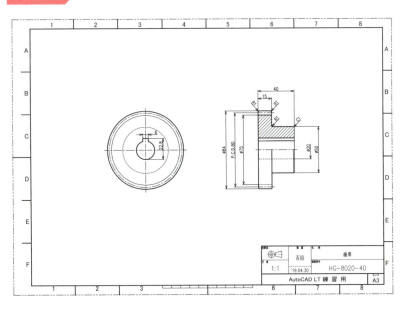

作図部品の形状

この節で学習するCADの機能

［面取り］コマンド
（CHAMFER／
エイリアス:CHA）

● 機能

4-1のパッキンの作図練習では面取りをしながら長方形をかきましたが、面取りは単体で行うこともできます。使い方や手順は［フィレット］コマンド（P.139、142参照）とほぼ同様です。面取りの場合は、カットする大きさとして「面取り距離」を指定します。

● 基本的な使い方
1. ［面取り］コマンドを実行する。
2. モードを確認し、必要があれば面取り距離やトリムモードを変更する。
3. 角を構成する2線をそれぞれクリックする。

［鏡像］コマンド
（MIRROR／
エイリアス:MI）

● 機能

選択したオブジェクトの鏡像を作るコマンドです。元のオブジェクトを残すか削除するかの選択も行います。

● 基本的な使い方
1. 鏡像を作りたいオブジェクトを選択する。
2. ［鏡像］コマンドを実行する。
3. 対称軸の1点目と2点目を指定する。
4. 元のオブジェクトを残すか削除するか決定する。

［結合］コマンド
（JOIN／
エイリアス：J）

● 機能

2つのオブジェクトを1つに結合するコマンドです。直線、開いたポリライン、円弧、楕円弧、開いたスプラインを結合できます。距離が離れている線分どうしや、円弧どうしを結合する場合は、線分であれば同一線上、円弧であれば同心の同じ値の円弧である必要があります。

● 基本的な使い方
1. ［結合］コマンドを実行する。
2. 結合する複数のオブジェクトを選択する。
3. 確定する。

COLUMN　歯車の各部名称

歯車の各部名称は図の通りです。P.223の図中に示した「キー溝」と「ボス」という用語と併せて覚えておきましょう（キー溝の役割については、P.236の「COLUMN」を参照）。

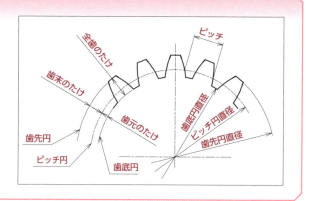

COLUMN　略図に使う線

歯の部分は形状のままかかずに、略して円で作図します。歯の作図に使う円は歯先円、ピッチ円、歯底円の3つです。次の図は正面図を片側断面図でかいてあります。断面の側と外形から見た側では、歯底円に使う線の太さが違うので注意しましょう。

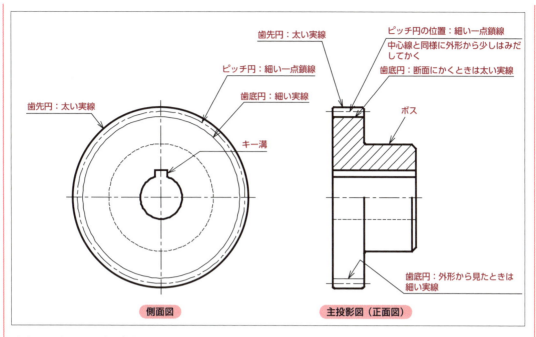

歯車は円形に見える側が側面図です。
また、断面にしたとき、歯車に限らず断面部分には通常はかくれ線をかきません。JISの機械製図に記載のある「かくれ線は、理解を妨げない場合には、これを省略する」「必要がなければ、切断面の奥にある部分を完全にかかなくてもよい」「切断面の先方に見える線は、理解を妨げない場合には、これを省略するのがよい」などに則るものです。

COLUMN　側面図の省略について

側面図は、用紙や尺度の都合で省スペース化したいときなど、次の図のように省略することができます。

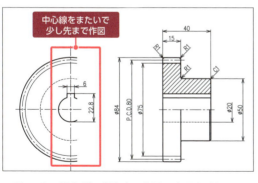

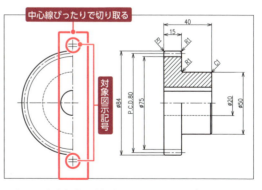

- 例1：キー溝など、省略する位置に表示させたいものがある場合は、中心線をまたいで少し先まで作図し、その先を省略する。
- 例2：省略部分に特別にかきたいものがない場合は、中心線ぴったりで切り取って省略する。このとき、切り取りに使った中心線の上下には、細い平行の実線2本で作図する「対称図示記号」を付ける。

4-2-2 作図の準備

テンプレート「A3_kikai_1.dwt」をもとに図面ファイルを新規作成します。作図補助設定など、詳しくは「3-1-2 作図の準備」P.78〜83 にならってください。

ただしここでは、図枠の右下に記入する図面名を「歯車」、図面番号を「HG-8020-40」とします。

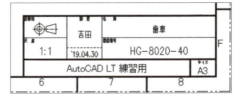

4-2-3 正面図の作図

歯車の正面図を作図します。歯車の場合、横から見た形状を「正面図」とします。

■ 線分で外形を作図する

作図見本に色付きで示したように、線分で任意の位置に外形を作図します。

○ トラックを使って線分をかいていきます。

1. 練習用ファイル「4-2-3.dwg」を開く（または 4-2-2 で作成した図面ファイルを引き続き使用）。

2. ［線分］コマンドを実行する。

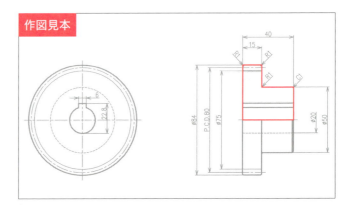

3. 1 点目として、図に示したあたりをクリックする。

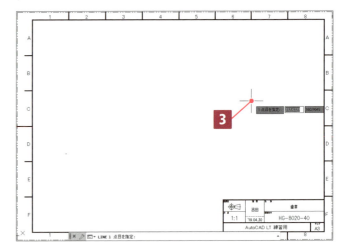

4. カーソルを下に動かして下方向のガイドを表示し、距離を「25」（ボス部分直径の 50 の半分）と入力して Enter キーを押す。

5. 手順 4 にならって、左方向に 40、上方向に 42、右方向に 15 の線をかく。

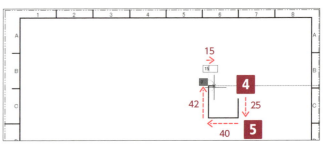

6. 線分のかき始めの点にカーソルを合わせる（クリックはしない）。

7. カーソルを左に動かすと水平のガイドが表示されるので、図に示した位置（手順5でかいた線分の終わりの端点の真下で、水平のガイドとの交点）をクリックする。

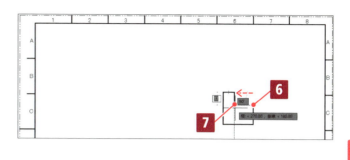

最後に、［閉じる（C）］オプションを使います。

8. 「C」と入力して Enter キーを押す。または、↓ キーで表示されるオプションリストやコマンドラインから［閉じる（C）］を選択する。

図のように線分が閉じて、［線分］コマンドが自動的に終了します。

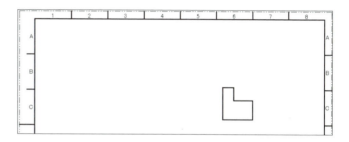

■ 歯車上半分の細部の処理をする

作図見本に色付きで示したように、歯車上半分の細部の処理をします。

具体的には、3つの角にフィレットをかけ、1つの角に面取りをします。

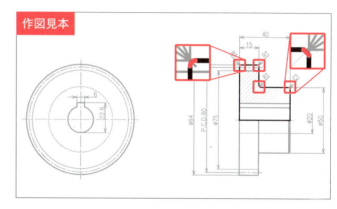

1. 直前の手順で作図した外形の細部が見やすいように、画面を拡大する。

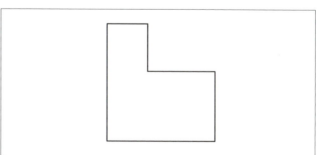

4-2 歯車の作図

225

2 [フィレット]コマンドを実行し、図に示した3カ所の角にR（半径）1のフィレットをかける（詳しい手順はP.142「フィレットをかける」を参照）。

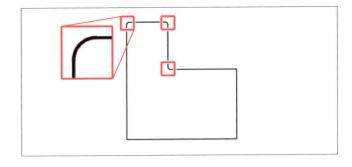

続けて、右上角にC1の面取りをします。

3 [ホーム]タブ－[修正]パネル－[面取り]をクリックする（あるいは「CHAMFER」または「CHA」と入力してEnterキーを押す）。

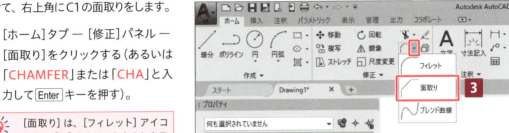

> **HINT** [面取り]は、[フィレット]アイコン右の[▼]をクリックすると表示されます。

4 コマンドラインでモードと面取り距離を確認する。

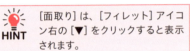

アイコンをクリックしてコマンドを実行した場合、モードは表示されませんが、コマンドライン右の[▲]をクリックするとコマンド履歴が展開されて確認できます。

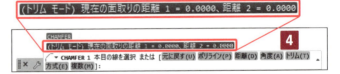

モードが「トリム（T）」で、「距離1」と「距離2」がそれぞれ「1」の場合：手順10に進んでください。

モードが「非トリム（N）」の場合：このまま手順5に進んでください。

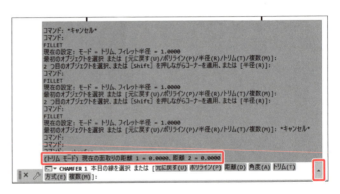

5 「T」と入力してEnterキーを押す。または、↓キーで表示されるオプションリストやコマンドラインから[トリム（T）]を選択する。

この[トリム（T）]は「トリムモードを変更する」というオプションです。

6 「T」と入力して Enter キーを押す。
またはオプションリストやコマンドラインから[トリム(T)]を選択する。

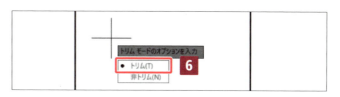

ここでの[トリム(T)]は、「モードをトリムモードにする」という選択です。

面取り距離が「1」ではなかった場合:

7 「D」と入力して Enter キーを押す。
または、↓キーで表示されるオプションリストやコマンドラインから[距離(D)]を選択する。

8 カーソル横に「1本目の面取り距離を指定」と表示されるので、「1」と入力して Enter キーを押す。

9 カーソル横に「2本目の面取り距離を指定」と表示されるが、現在値に「1」と入っているので、そのまま Enter キーを押して確定する。

10 カーソル横に「1本目の線を選択」と表示されるので、面取りしたいコーナーを構成する2本の線のいずれかをクリックする。

11 カーソル横に「2本目の線を選択」と表示されるので、面取りしたいコーナーを構成する残りの線をクリックする。

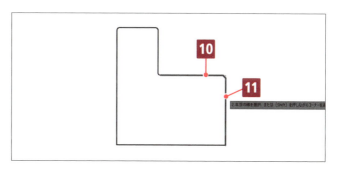

コーナーが面取りされ、[面取り]コマンドが自動的に終了します。

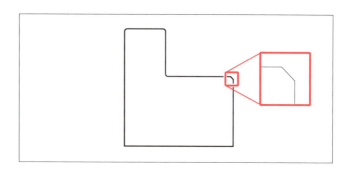

■ ピッチ部と歯底部を作図する

作図見本に色付きで示したように、ピッチ部と歯底部を作図します。

また、線分2本の画層を中心線に変更したうえで、外形からはみ出すように伸ばします。

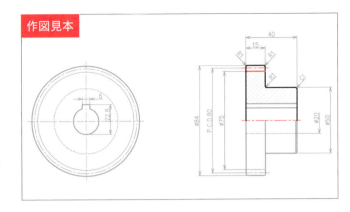

作図見本

1 ［線分］コマンドを実行する。

2 カーソル横に「1 点目を指定」と表示されるので、左下角部にカーソルを合わせる（クリックはしない）。

3 カーソルを上に動かすと垂直方向のガイドが表示されるので、「37.5」（歯底円直径の「75」の半分）と入力して Enter キーを押す。

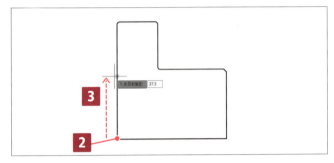

 HINT このときに中点スナップが表示されると、中点に吸着してしまうことがあるので、ガイドが表示されたままカーソルを中点や端点以外に置きます。

左下角から上に37.5の位置が1点目になります。

4 次の点として、カーソルを右に水平に動かし、［垂線］または［交点］のマーカーが表示されたところをクリックする。

5 ［線分］コマンドを終了する。

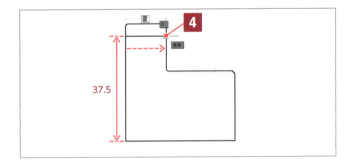

歯底の位置の線分が作図されます。

6 手順1〜5にならって、「40」（ピッチ円直径の「80」の半分）の位置にも線分を作図する。

ピッチ円直径の線分は、歯先円を表す線分と、歯底円を表す線分の中間の位置ではないので、ここで［中心線］コマンドは使いません。

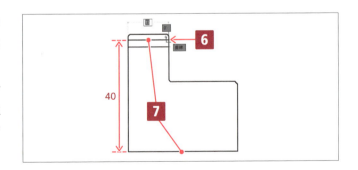

線分2本を中心線に変更したうえで、
伸ばします。

7 手順6で作図した線分と底辺をクリックして選択する。

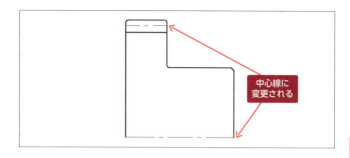

8 ［ホーム］タブ ―［画層］パネルで、画層を［04_中心線］に変更する。

9 ［長さ変更］コマンドを実行し、［増減（DE）］オプションを使って、3ずつ伸ばす（詳しい手順はP.125「十字中心線を伸ばす」を参照）。

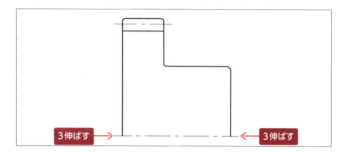

■ 鏡像を作成する

作図見本に色付きで示したように、鏡像を作成します。

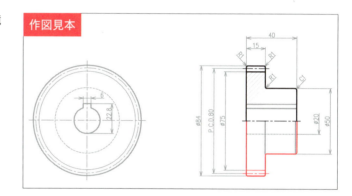

1 交差選択を使って、下の中心線以外を選択する。

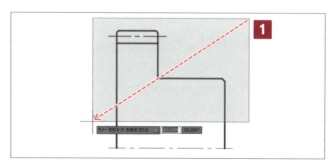

2 ［ホーム］タブ ―［修正］パネル ―［鏡像］をクリックする（あるいは「MIRROR」または「MI」と入力してEnterキーを押す）。

3 カーソル横に「対称軸の1点目を指定」と表示されるので、下の中心線の左端点をクリックして指定する。

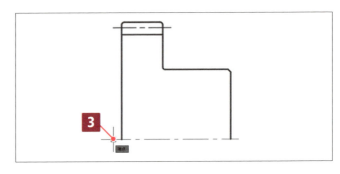

鏡像のプレビューが表示され、カーソルに一緒について動きます。

4 カーソル横に「対称軸の2点目を指定」と表示されるので、下の中心線の右端点をクリックする。

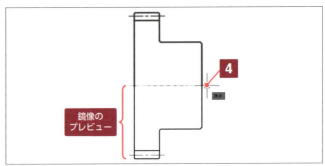

クリックすると、鏡像のプレビューはいったん消えます。

「元のオブジェクトを消去しますか?」という表示と選択リスト［はい（Y）］［いいえ（N）］が表示されます。

5 選択リストの［いいえ（N）］に●が付いている場合はそのまま Enter キーを押し、［はい（Y）］になっている場合は「N」と入力して Enter キーを押すか、［いいえ（N）］を選択する。

> **HINT** ここでは元のオブジェクトを残しますが、「Y」と入力して元のオブジェクトを削除することで、鏡像だけ残すこともできます。

鏡像が作成され、［鏡像］コマンドが自動的に終了します。

これで、正面図のおおまかな部分はできあがりです。正面図はまだ完成していませんが、側面図の作図に移ります。

> **HINT** ここまでの手順を終えた状態の図面ファイルが、教材データに「4-2-4.dwg」として収録されています。

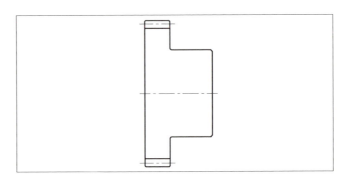

230

4-2-4 側面図の作図

歯車の側面図を作図します。まず中心の円を作図します。

■ 中心の円を作図する

作図見本に色付きで示したように、中心の円を作図します。

Oトラックを使って、正面図の中心から左延長上の任意の位置を中心点として指定して、円を作図します。

1. 練習用ファイル「4-2-4.dwg」を開く（または 4-2-2 で作成した図面ファイルを引き続き使用）。

2. 正面図の左側を広く空けるように、画面の縮小と移動をする。

3. ［円］コマンドの［中心、半径］オプションを実行する。

4. カーソル横に「円の中心点を指定」と表示されるので、カーソルを正面図の真中にある中心線の端点に合わせる（クリックはしない）。

5. カーソルを左に動かすと水平のガイドが表示されるので、左延長上の任意の位置をクリックする。

6. 半径として「10」と入力し、[Enter]キーを押す。

半径10の円が作図され、［円］コマンドが自動的に終了します。

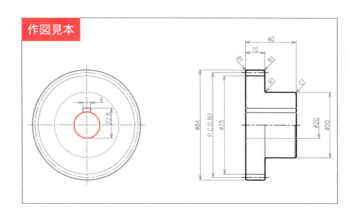

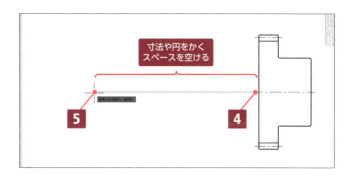

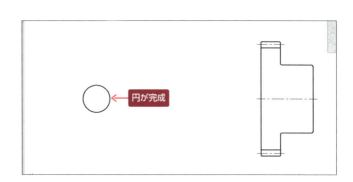

■ 残りの円を作図する

作図見本に色付きで示したように、残りの4つの円（ボス部を示す円、歯底円、ピッチ円、歯先円）と十字中心線を作図します。

円を作図するための位置決め用に構築線をかき、円をかいたら削除します。

1 ［構築線］コマンドを実行する。

水平な構築線をかきたいので、［水平（H）］オプションを使います。

2 「H」と入力してEnterキーを押す。または、↓キーで表示されるオプションリストやコマンドラインから［水平（H）］を選択する。

3 カーソルに水平線が一緒についてくるので、ボス部、歯底部、ピッチ部、歯先部（図の色付き点部分）を順にクリックする。

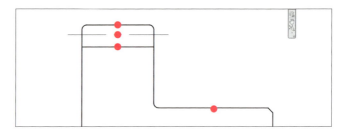

クリックするたびに、水平の構築線が作図されます。

4 ［構築線］コマンドを終了する。

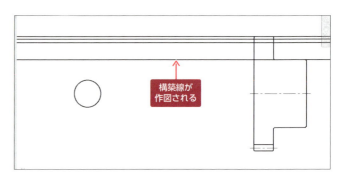

5 ［中心マーク］コマンドを使って、円の中心に十字中心線を記入する。

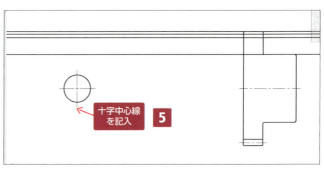

6 十字中心線の縦の上の■グリップを使って、一番上の構築線まで伸ばす。

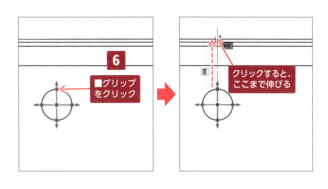

続けて、P.189の手順1～7を参考に円を連続オフセットします。

7 [オフセット]コマンドを実行する。

8 「T」と入力し、Enter キーを押す。または、↓キーで表示されるオプションリストやコマンドラインから[通過点(T)]を選択する。

9 「オフセットするオブジェクト」として、円をクリックする。

10 「M」と入力し、Enter キーを押す。または、↓キーで表示されるオプションリストやコマンドラインから[一括(M)]を選択する。

11 通過点として、中心線と構築線との交点(図の色付き点部分)を順にクリックして円をオフセットしていく。

12 [オフセット]コマンドを終了する。

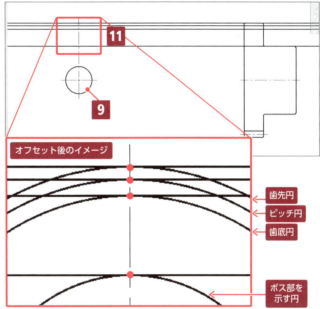

円をかき終わったので、構築線を削除します。

13 交差選択を使って、構築線をすべて選択する。

14 Delete キーを押す。

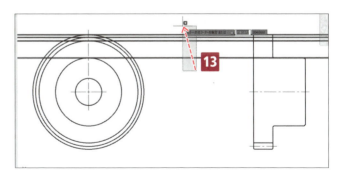

構築線が削除されます。

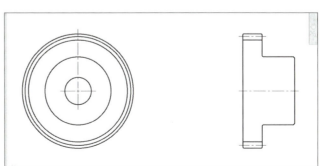

15 左右と下の十字中心線も、■のグリップを使って一番大きい円の円周上まで伸ばす。

16 Esc キーを押して十字中心線を選択解除する。

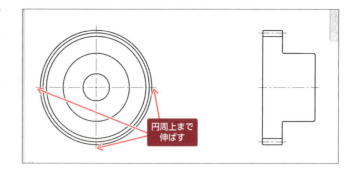

■ 画層を変更する

作図見本に色付きで示した円や線の画層を変更します。

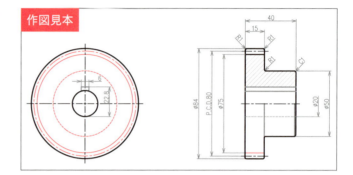

1 直径50の円をクリックして選択する。

2 ［ホーム］タブ ―［画層］パネルで、画層を［03_かくれ線］に変更する。

3 Esc キーを押してオブジェクトを選択解除する。

4 手順1〜3にならって、直径75の円と正面図の下の歯底の線の画層を［02_細線］に変更する。

5 手順1〜3にならって、直径80の円の画層を［04_中心線］に変更する。

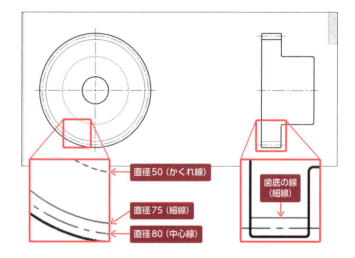

■ キー溝部を作図する

作図見本に色付きで示したように、キー溝部を作図します。

なお、キー溝の役割についてはP.236の「COLUMN」で解説します。

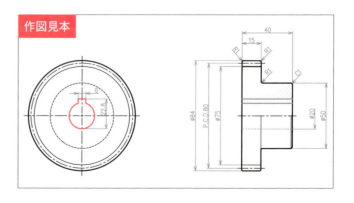

1. ［長方形］コマンドを実行する。

2. カーソル横に「一方のコーナーを指定」と表示されるので、円の中心点にカーソルを合わせる（クリックはしない）。

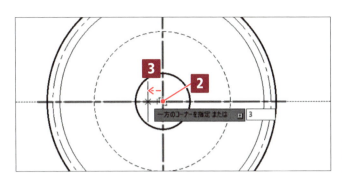

3. カーソルを左に動かして水平のガイドを表示し、「3」と入力して Enter キーを押す。

円の中心点から左に3の位置が一方のコーナーとして指定されます。

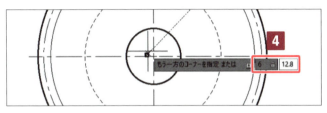

4. カーソル横に「もう一方のコーナーを指定」と表示されるので、「6,12.8」と入力して Enter キーを押す。

横6×縦12.8の長方形が作図され、［長方形］コマンドが終了します。12.8は22.8 – 10（円の半径）です。

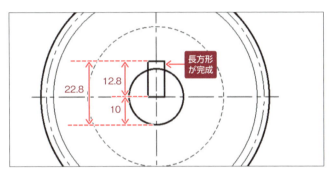

5. ［トリム］コマンドを実行する。

6. 「オブジェクト（切り取りエッジ）」として、直径20の円と長方形をクリックして Enter キーを押す。

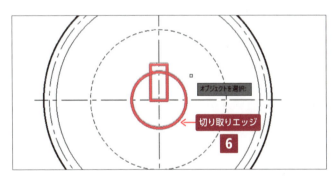

7. 「トリムするオブジェクト」として、長方形の内側の円弧と長方形の下の辺（3辺）をクリックする。

 HINT 3辺のうち、下の辺を最後に残すと［削除(R)］オプションが必要になるので、最後に残さないようにすると作業効率がよいです。

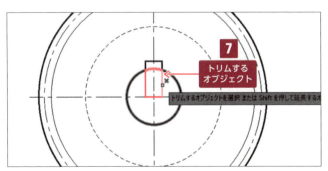

クリックした円弧と長方形の辺が削除されます。

8 ［トリム］コマンドを終了する。

> 💡 **HINT** ここまでの手順を終えた状態の図面ファイルが、教材データに「4-2-5.dwg」として収録されています。

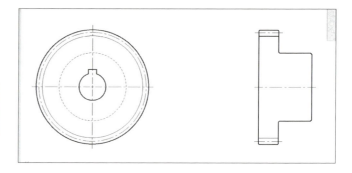

COLUMN　キー溝について

歯車の穴を軸に通すとき、そのままでは空回りするので、穴と軸の両方にキー溝を刻み、そこにキーと呼ばれる部品を通すことで空回りを防ぎます。

4-2-5　正面図の作図の続き

正面図の作図の続きを行います。

■ 正面図の左右の縦線をそれぞれ上下結合する

作図見本に色付きで示したように、正面図の左右の縦線をそれぞれ上下結合します。

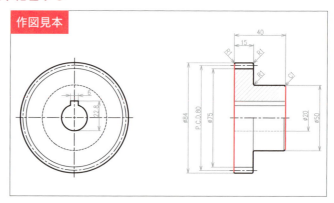

1 練習用ファイル「4-2-5.dwg」を開く（または 4-2-2 で作成した図面ファイルを引き続き使用）。

線をクリックすると、線が上下別になっていることが確認できます（確認したら、線を選択解除してください）。

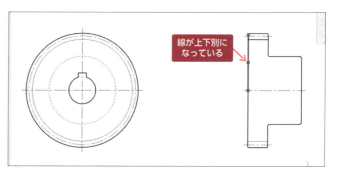

2 ［ホーム］タブ － ［修正］パネル － ［結合］をクリックする（あるいは「JOIN」または「J」と入力してEnterキーを押す）。

 ［結合］は、［修正］のパネル名右の［▼］をクリックすると表示されます。

3 カーソル横に「ソースオブジェクトを選択」と表示されるので、左の上の縦線をクリックする。

4 カーソル横に「結合するオブジェクトを選択」と表示されるので、左の下の縦線をクリックする。

5 Enterキーを押して確定する。

左の縦線の上下が結合され、［結合］コマンドが自動的に終了します。

6 手順2〜5にならって、右の縦線の上下も結合する。

結合した線分をクリックすると、オブジェクトが結合されたことを確認できます。

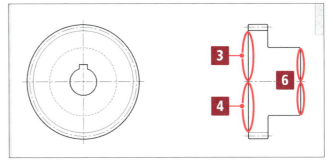

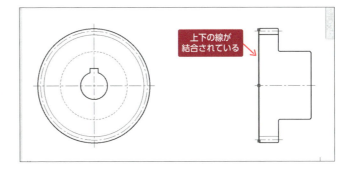

■ 穴の上下の線分を作図する

作図見本に色付きで示したように、穴の上下の線分を作図します。

まず構築線を作図し、その後で不要な部分をトリムします。

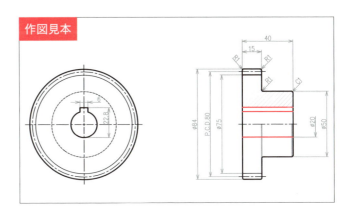

237

まず、以下の手順で構築線を作図します。詳しい手順は、P.232の手順1～4を参考にしてください。

1. ［構築線］コマンドを実行する。
2. ［水平(H)］オプションを実行する。
3. 穴とキー溝の位置（図の色付き点部分）を順にクリックして、構築線を3本作図する。
4. ［構築線］コマンドを終了する。

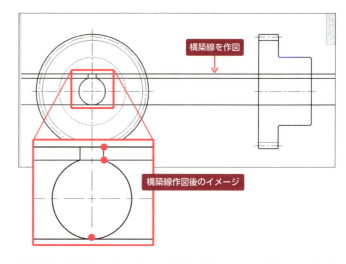

続けて、以下の手順で構築線の不要な部分をトリムします。詳しい手順は、P.235の手順5～8を参考にしてください。

5. ［トリム］コマンドを実行する。
6. 「オブジェクト（切り取りエッジ）」として、正面図の左右の縦線をクリックし、Enterキーを押して確定する。

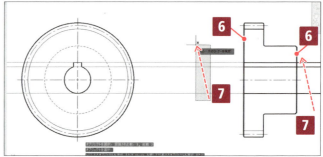

7. 「トリムするオブジェクト」として、構築線の左外側3本、右外側3本を交差選択（右から左に囲む）する。

不要な部分がトリムされます。

8. ［トリム］コマンドを終了する。

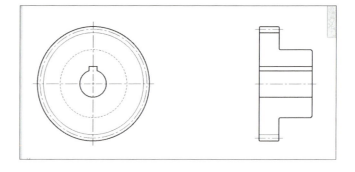

■ 仕上げ

作図見本に色付きで示したように、正面図の仕上げを行います。

具体的には、❶穴の下の線分の画層を［03_かくれ線］に変更、❷歯の厚み部分の線分を上に伸ばす、❸面取り部分の線分を下半分に作図、❹上の断面部分にハッチングを記入、を行います。

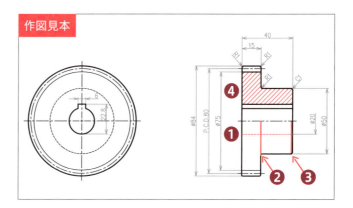

238

穴の下の線分の画層を変更します。

1 穴の下の線分をクリックして選択する。
2 ［ホーム］タブ ― ［画層］パネルで、画層を［03_かくれ線］に変更する。
3 [Esc]キーを押してオブジェクトを選択解除する。

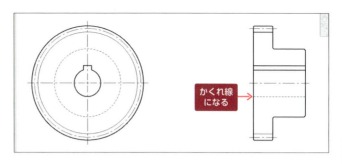

歯の厚み部分の線分を上に伸ばします。

4 歯の厚み部分をクリックして選択する。
5 グリップが表示されるので、上のグリップをクリックする。

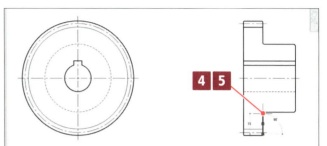

6 カーソルを上に動かして、中心線に［垂線］または［交点］のマーカーが表示された部分をクリックする。

歯の厚み部分の線分が上に伸びます。

7 [Esc]キーを押して線分を選択解除する。

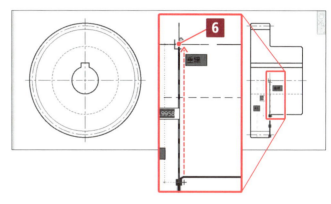

面取り部分の線分を下半分に作図します。

8 ［線分］コマンドを実行する。
9 1点目として、面取り部分の端点をクリックする。

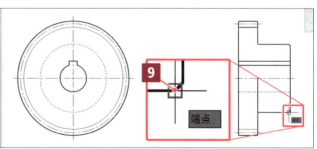

10 次の点として、カーソルを上に動かして、中心線に［垂線］または［交点］のマーカーが表示された部分をクリックする。
11 ［線分］コマンドを終了する。

面取り部分の線分が作図されます。

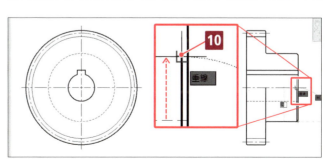

4-2 歯車の作図

239

上の断面部分にハッチングを記入します。

12 P.136「3-2-6　ハッチングの記入」を参考に、ハッチングを記入する。その際、[パターン]を[ANSI31]とし、[ハッチングパターンの尺度]を「0.75」に変更する。

これで正面図は完成です。

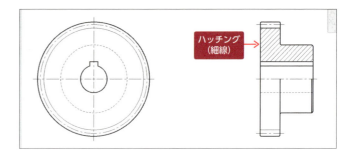

💡**HINT**　ここまでの手順を終えた状態の図面ファイルが、教材データに「4-2-6.dwg」として収録されています。

4-2-6　寸法の記入

歯車の寸法を記入します。

■ 寸法を記入する

作図見本に色付きで示したように、歯車の寸法を記入します。

1　練習用ファイル「4-2-6.dwg」を開く（または 4-2-2 で作成した図面ファイルを引き続き使用）。

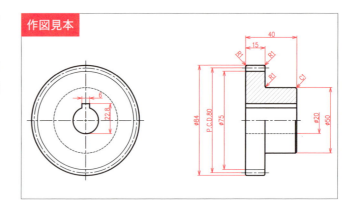

2　図の状態まで寸法を記入する。

長さ寸法や直列寸法、並列寸法については P.96「3-1-5　寸法の記入」を参考に、半径寸法「R1」と面取り寸法「C1」については P.218 の手順 8 〜 18 を参考に記入してください。

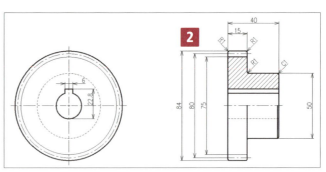

3　[長さ寸法]コマンドを実行する。

4　「1本目の寸法補助線の起点」として、穴の下の端点をクリックする。

正面図の「20」の寸法は、下の位置しか実在しません。そのため、上の位置は、Oトラックを使って始点からの距離を指定します。

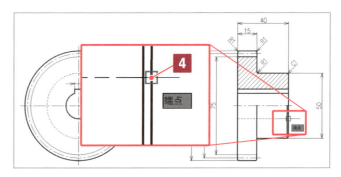

 注意　キー溝から投影した2本の線は、穴の径の位置とは異なります。

240

5 「2本目の寸法補助線の起点」として、カーソルを上に動かして垂直方向のガイドを表示し、「20」と入力して Enter キーを押す。

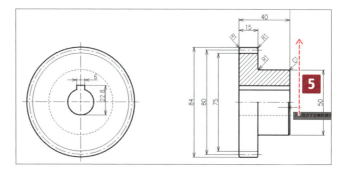

6 寸法を配置する位置をクリックする。

「20」の寸法が記入され、[長さ寸法] コマンドが自動的に終了します。

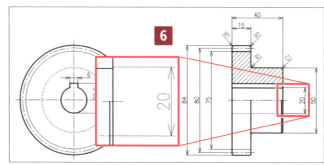

「20」の寸法の上の寸法補助線と矢印、寸法線を非表示にします。

7 「20」の寸法をクリックして選択する。

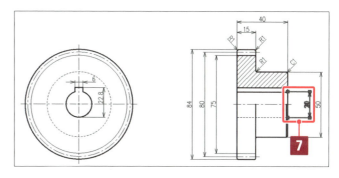

8 [プロパティ]パレットの[線分と矢印]項目にある[矢印2]を[なし]、[寸法線2]と[寸法補助線2]をそれぞれ[オフ]に指定する。

 「1本目の寸法補助線の起点」としてクリックしたほうが[寸法線1][寸法補助線1][矢印1]になります。

 「寸法線」を非表示にすれば、矢印も非表示になります。寸法線だけを表示して、矢印は非表示にすることもできます。

9 Escキーを押して「20」の寸法を選択解除する。

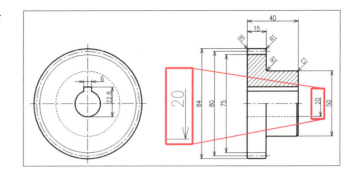

これで、「20」の寸法の上側の処理が完成です。

続けて、複数の寸法に直径記号「φ」を付けます。

10 直径記号を付ける寸法をまとめて選択する。

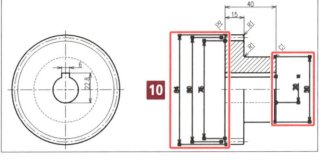

11 [プロパティ]パレットの[文字]項目にある[寸法値の優先]欄に「%%C<>」と入力してEnterキーを押す。

選択した寸法に「φ」が付いて表示されます。

12 Escキーを押して寸法を選択解除する。

「φ80」の寸法表示を「P.C.D.80」に変更します。「P.C.D.」とは「Pitch Circle Diameter」の略で、ピッチ円直径のことです。

13 「φ80」の寸法をダブルクリックする。

14 [文字編集](TEXTEDIT)コマンドに入り、テキストエディタが開くので、「φ」の代わりに「P.C.D.」と入力する。

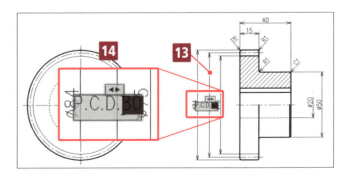

 HINT 「P.C.D.」には「直径」の意味もあるので、「φ」は付けません。また、各文字の後ろの「.」は単語の省略の意味のピリオドなので、最後の「D」の後ろにも必ず「.」を付けます。

15 文字以外の作図領域上をクリックしてテキストエディタを閉じ、Enterキーまたは Escキーを押して[文字編集]コマンドを終了する。

「φ80」の寸法表示が「P.C.D.80」に変わります。

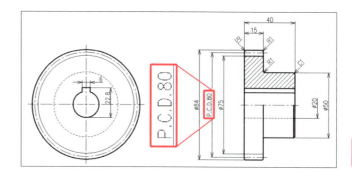

最後に、正面図と側面図の位置を整えましょう。

16 図枠内のすべてのオブジェクトを選択し、グリップ以外をドラッグして中央あたりの位置に移動する。

これで歯車の図面は完成です。

17 図面ファイルに名前を付けて保存する。

> ここまでの手順を終えた状態の図面ファイルが、教材データに「4-2-6_完成.dwg」として収録されています。

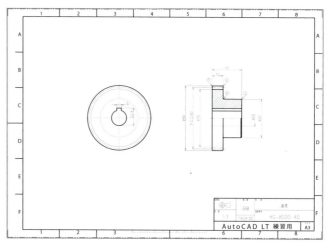

4-2 歯車の作図

243

4-3 六角ボルトの作図

📄 A4_kikai_1.dwt   📄 4-3-3.dwg   📄 4-3-4.dwg   📄 4-3-5.dwg

簡単な六角ボルトを作図しながら、［ポリゴン］［移動］コマンドなどのCAD操作や、ねじ部の省略図法などの製図の知識を学びましょう。

4-3-1 この節で学ぶこと

この節では、次の図のような簡単な六角ボルトを作図しながら、以下の内容を学習します。

六角ボルトは、いちばんよく使う機械要素です。六角ボルトも歯車同様、省略図法でかけます。六角頭部分の省略方法にはさまざまなものがありますが、ここではよく使われる省略図法で作図します。

 注意 ボルトは本来、規格通りのものを使うときには図面に寸法を入れませんが、ここでは解説の便宜上、寸法を入れます。

CAD操作の学習
- 多角形を作図する
- オブジェクトを移動する

製図の学習
- ねじ部や六角頭の省略図法

完成図面

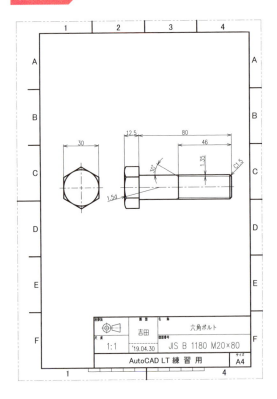

作図部品の形状

この節で学習するCADの機能

[ポリゴン] コマンド
(POLYGON／
エイリアス：POL)

● 機能
正多角形をかくコマンドです。作図するときに指定する項目がとても多いので、カーソル横の表示やコマンドラインを確認しながら操作を進めましょう。

● 基本的な使い方
1 [ポリゴン] コマンドを実行する。
2 エッジの数を入力する。
3 ポリゴンの中心を指定する。
4 円に外接するポリゴンか、内接するポリゴンかを指定する。
5 円の半径を指定する。

[移動] コマンド
(MOVE／
エイリアス：M)

● 機能
指定した方向にオブジェクトを移動するコマンドです。コマンドを実行してから移動するオブジェクトを指定、もしくは移動するオブジェクトを指定してからコマンドを実行、どちらの手順でも移動できますが、後者は選択を確定するEnterキーを押す操作を省くことができます。

● 基本的な使い方
1 移動したいオブジェクトを選択する。
2 [移動] コマンドを実行する。
3 基点を指定する。
4 目的点（移動先の点）を指定する。

4-3-2 作図の準備

　テンプレート「A4_kikai_1.dwt」をもとに図面ファイルを新規作成します。作図補助設定など、詳しくは「3-1-2　作図の準備」P.78〜83にならってください。

　ただしここでは、図枠の右下に記入する図面名を「六角ボルト」、図面番号を「JIS B 1180 M20×80」とします。

4-3-3 側面図の作図

六角ボルトの側面図として、六角部分を作図します。

■ 六角部分を作図する

作図見本に色付きで示したように、六角部分を作図します。

まず円をかき、その円に外接する正六角形をかいてから、十字中心線を記入します。

1 練習用ファイル「4-3-3.dwg」を開く（または 4-3-2 で作成した図面ファイルを引き続き使用）。

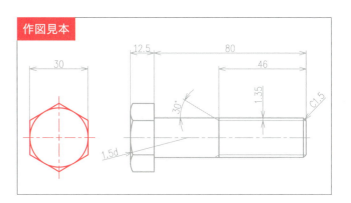

作図見本

2. [円]コマンドの[中心、半径]オプションを実行する。

六角形の中心にしたい位置を中心点として、二面幅(30)と同じ直径の円をかきます。

3. 円の中心点として、図に示したあたりをクリックする。

4. 円の半径として「15」と入力し、Enterキーを押す。

直径30の円が作図され、[円]コマンドが自動的に終了します。

続けて、その円に外接する正六角形を作図します。

5. [ホーム]タブ ー [作成]パネル ー [ポリゴン]をクリックする(あるいは「POLYGON」または「POL」と入力してEnterキーを押す)。

[ポリゴン]は、[長方形]アイコン右の[▼]をクリックすると表示されます。

6. カーソル横に「エッジの数を入力」と表示されるので、「6」と入力してEnterキーを押す。

7. カーソル横に「ポリゴンの中心を指定」と表示されるので、円の中心点をクリックする。

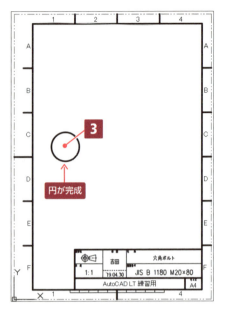

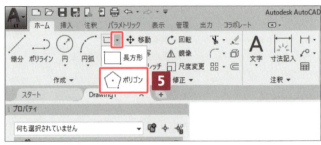

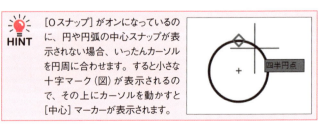
[Oスナップ]がオンになっているのに、円や円弧の中心スナップが表示されない場合、いったんカーソルを円周に合わせます。すると小さな十字マーク(図)が表示されるので、その上にカーソルを動かすと[中心]マーカーが表示されます。

8 カーソル横に「オプションを入力」と表示されるので、「C」と入力して Enter キーを押す。または、↓ キーで表示されるオプションリストやコマンドラインから［外接（C）］を選択する。

HINT ポリゴンのオプションは、多角形の中心から辺までの距離で指定して作図するときには［外接（C）］、多角形の中心から頂点までの距離を指定して作図するときは［内接（I）］を使います。

カーソル横に「円の半径を指定」と表示され、カーソルを動かすと六角形のプレビューが伸び縮みします。

9 円の右の四半円点をクリックする。

六角形が作図され、［ポリゴン］コマンドが自動的に終了します。

続けて、十字中心線を記入します。

10 ［中心マーク］コマンドを実行する。

11 円をクリックして十字中心線を記入する。

12 ［中心マーク］コマンドを終了する。

次に十字中心線の縦線を、六角形の上下の頂点に合わせた長さまで伸ばします。

13 十字中心線をクリックして選択する。

14 上の■グリップをクリックし、移動先として六角形の上の頂点をクリックして十字中心線の縦線を伸ばす。

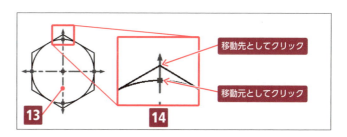

15 同様に下も伸ばす。

これで六角ボルトの側面図は完成です。

 HINT ここまでの手順を終えた状態の図面ファイルが、教材データに「4-3-4.dwg」として収録されています。

4-3 六角ボルトの作図

4-3-4 正面図の作図

六角ボルトの正面図を作図します。まず、六角頭の部分の概略を作図します。

■ 六角頭の部分の概略を作図する

作図見本に色付きで示したように、六角ボルトの頭の部分の概略を作図します。

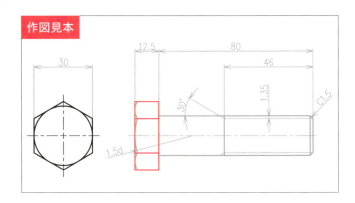

1. 練習用ファイル「4-3-4.dwg」を開く（または 4-3-2 で作成した図面ファイルを引き続き使用）。
2. ［線分］コマンドを実行する。

Oトラックを使って、六角形の下の頂点と同じ高さに線をかきます。

3. 六角形の下の頂点にカーソルを合わせる（クリックはしない）。
4. カーソルを右に動かすと水平のガイドが表示されるので、図に示したあたりを1点目としてクリックする。

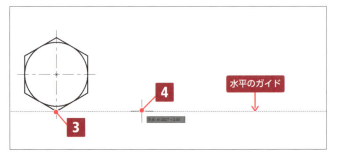

5. カーソルを右に動かして右方向のガイドを表示し、「12.5」と入力して Enter キーを押す。
6. ［線分］コマンドを終了する。

基準となる長さ12.5の線分が作図されます。

続けて、P.189の手順1〜7を参考に、この線分を連続オフセットします。

7. ［オフセット］コマンドを実行する。
8. 「T」と入力して Enter キーを押す。または、↓キーで表示されるオプションリストやコマンドラインから［通過点（T）］を選択する。

9 「オフセットするオブジェクト」として、基準となる線分をクリックする。

10 「M」と入力して[Enter]キーを押す。または、[↓]キーで表示されるオプションリストやコマンドラインから[一括(M)]を選択する。

11 通過点として、六角形の頂点3カ所(図に示した点)をクリックする。

3本の線分がオフセットされます。

12 [オフセット]コマンドを終了する。

続けて、縦線を作図します。

13 [線分]コマンドを実行する。

14 一番上と一番下の線分の左端点をクリックして、上下をつなぐ線分を作図する。

15 [線分]コマンドを終了する。

16 手順13〜15にならって、上下の線分の右端点をつなぐ線分を作図する。

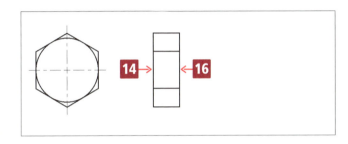

■ 軸側を作図する

作図見本に色付きで示したように、六角ボルトの軸側を作図します。

1 [線分]コマンドを実行する。

ここではOトラックを使って、線分の1点目を指定します。このとき、中点以外のスナップが先に反応してしまうと誤動作しやすいため、中点のスナップが最初に反応するように、右からカーソルを近づけ、手順3ではカーソルをあまり大きく動かさないのがコツです。

2 六角頭の右の縦線の中点にカーソルを合わせる(クリックはしない)。

3 カーソルを下に動かして垂直のガイドを表示する。「10」と入力して[Enter]キーを押す。

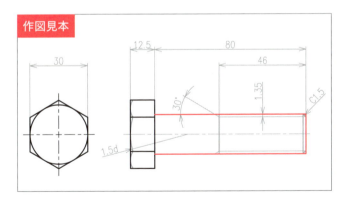

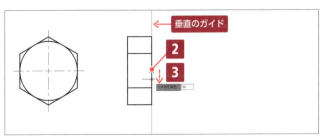

249

これで、右の縦線の中点から下に10の位置が1点目になります。

4　カーソルを右に動かして右方向のガイドを表示する。「80」と入力して Enter キーを押し、右方向に80の横線をかく。

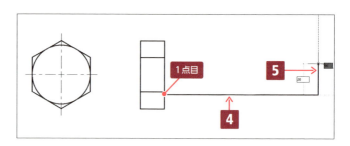

5　手順4にならって、上方向に20の縦線をかく。

6　続けてカーソルを左に動かして左方向のガイドを表示し、縦線に［垂線］または［交点］のマーカーが表示される位置をクリックする。

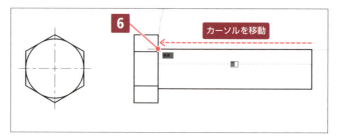

7　［線分］コマンドを終了する。

軸側が作図されます。

ねじ部を作図する

作図見本に色付きで示したように、ねじ部を作図します。

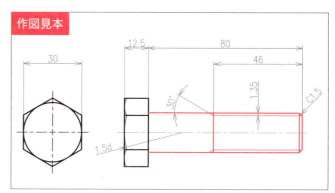

1　［オフセット］コマンドを実行する。

2　オフセット距離として、「1.35」と入力して Enter キーを押す。

3　「オフセットするオブジェクト」として、軸の上の横線をクリックする。

4　「オフセットする側の点」として、横線の下をクリックする。

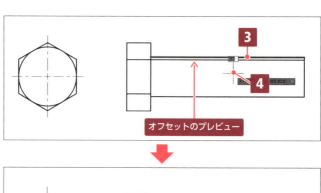

横線が1.35下にオフセットされます。

5　［オフセット］コマンドを終了する。

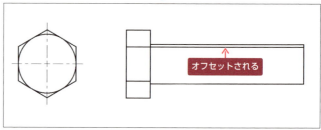

6 手順 1～5 にならって、オフセット距離「1.5」で右の縦線を左側にオフセットする。

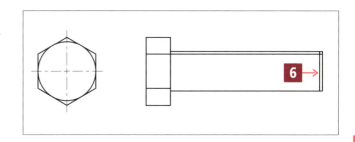

7 手順 1～5 にならって、オフセット距離「46」で右の縦線を左側にオフセットする。

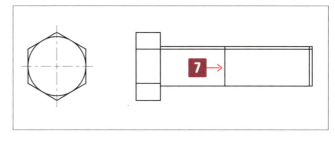

8 不完全なねじ部が見やすいように、画面を拡大する。

9 ［線分］コマンドを実行する。

10 1点目として、1.35オフセットした線分と縦線の交点をクリックする。

この1点目から斜線を作図します。

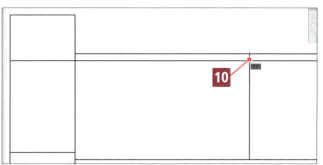

11 カーソルを左斜め上 30°（右水平から 150°の数値が表示される）の方向に動かし、上の横線に近づけると［交点］のマーカーが表示されるのでクリックする。

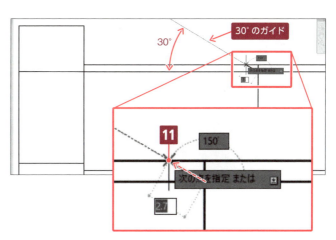

12 ［線分］コマンドを終了する。

斜線が作図されます。

1.35 オフセットした横線と斜線の画層を変更します。

13 横線と斜線をクリックして選択する。

14 ［ホーム］タブ ―［画層］パネルで、画層を［02_細線］に変更する。

15 Esc キーを押してオブジェクトを選択解除する。

ねじ部の右上角に面取りをします。詳しい手順は、P.226の手順 3～11 を参考にしてください。

16 ［面取り］コマンドを実行する。

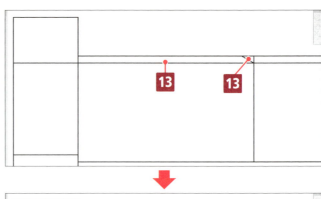

17 コマンドラインまたはコマンド履歴でモードが「トリム」になっていることを確認する。

18 「D」と入力して Enter キーを押す。または、↓ キーで表示されるオプションリストやコマンドラインから［距離（D）］を選択する。

19 「1本目の面取り距離」として、「1.5」と入力して Enter キーを押す。

20 「2本目の面取り距離」として、「1.5」が入力されているので Enter キーを押す。

21 「1本目の線」として、上の横線をクリックする。

22 「2本目の線」として、右の縦線をクリックする。

> **HINT** 「1本目の面取り距離」と「2本目の面取り距離」が同じ数値の場合は、縦横どちらの線を先にクリックしても結果は同じです。

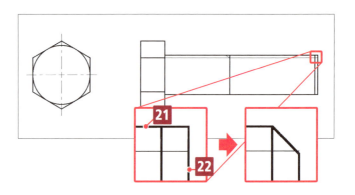

右上角が面取りされ、[面取り] コマンドが自動的に終了します。

23 手順16～22にならって、右下角にも同様の面取りをする。

不要な線をトリムします。

24 [トリム] コマンドを実行する。

25 図のように画面を拡大する。

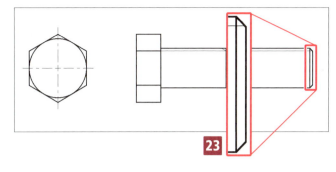

26 「オブジェクト（切り取りエッジ）」として、中央の縦線と面取りの斜線を指定し、Enter キーを押して確定する。

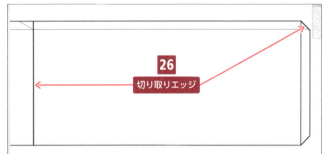

27 「トリムするオブジェクト」として、横の細線の両端をクリックする。

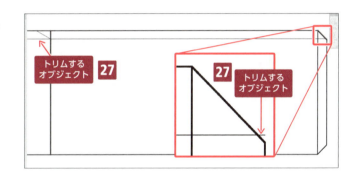

クリックした線がトリムされます。

28 [トリム] コマンドを終了する。

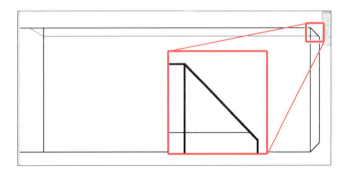

以下の手順で、ねじ部の上半分の鏡像を作成します。詳しくはP.229の手順1～5を参考にしてください。

29 図のように画面を縮小する。

30 細線2本をクリックして選択する。

31 [鏡像] コマンドを実行する。

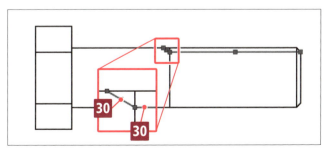

32 「対称軸の1点目」として、左の縦線の中点をクリックする。

33 「対称軸の2点目」として、右の縦線の中点をクリックする。

34 「元のオブジェクトを消去しますか?」に対して、[いいえ(N)]を選択する。

細線2本の鏡像がねじ部の下半分に作成され、[鏡像]コマンドが自動的に終了します。

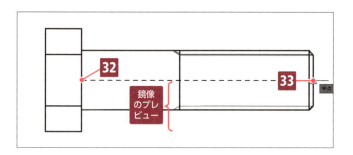

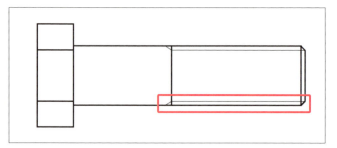

■ 中心線と六角頭の細部を作図する

作図見本に色付きで示したように、中心線と六角頭の細部を作図します。

六角頭の細部は、ゆるやかな山なりに見える部分を円として作図した後に、余分な線や円弧をトリムします。また、上半分を作図した後で、下半分に鏡像を作成します。

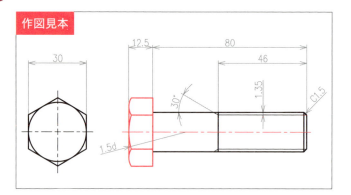

1 [中心線]コマンドを実行し、上の長い水平の外形線と下の長い水平の外形線をクリックする。

2 中心線が記入されるので、それをクリックして選択する。

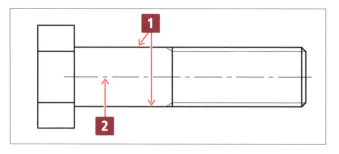

3 中心線の左の■グリップを六角頭の左の縦線まで移動する。

4 [円]コマンドの[中心、半径]オプションを実行する。

254

ここではOトラックを使って、円の中心点を指定します。

5 左の縦線の中点にカーソルを合わせる（クリックはしない）。

6 カーソルを右に動かして水平のガイドを表示し、「30」と入力してEnterキーを押す。

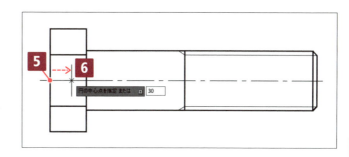

これで、左の縦線の中点から右に30の位置が円の中心点になります。

7 円の半径として、「30」と入力してEnterキーを押す。

 「30」と指定する代わりに、左端の縦線の中点をクリックしてもかまいません。

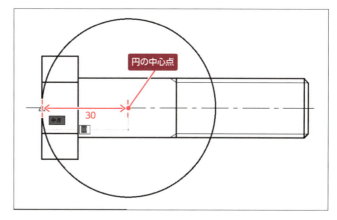

半径30の円が作図され、[円]コマンドが自動的に終了します。

 「作図見本」に記載されている半径の「1.5d」は、ねじの呼び径である20をdとして1.5倍（20×1.5＝30）という意味です。

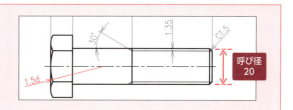

P.253の手順24～28を参考に、円の不要な部分をトリムします。

8 ［トリム］コマンドを実行する。

9 「オブジェクト（切り取りエッジ）」として、図に示した横線2本をクリックしてEnterキーを押す。

10 「トリムするオブジェクト」として、円の残したい部分以外をクリックしてトリムする。

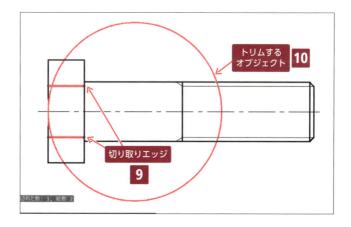

11 [トリム]コマンドを終了する。

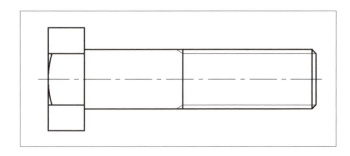

続けて、3点を指定して円を作図します。

12 [ホーム]タブ－[作成]パネル－
[3点]をクリックして、[円]コマンドの[3点]オプションを実行する。

> **HINT** [3点]は、[円]アイコン下の[▼]をクリックすると表示されます。

COLUMN　3点円

[円]コマンドの[3点]オプションは、円周の通過点となる3カ所を指定した円のかきかたです。
ここでかきたい円は、左図の色付き点部分を通過点の3点として指定します。この3点を指定する順番は問いません。
上下の位置は、先にかいたR30の円弧の端点と、その垂直方向に真上の位置です。
左側の通過点は、A点とB点の中間の位置です。この位置はクリックするときのスナップとなる要素が何もないので、[2点間中点]というスナップを使って位置の指定をします。[2点間中点]は、その名の通りクリックした2点の中間の位置をとるスナップです。2点の指定もまた、クリック順は問いません。

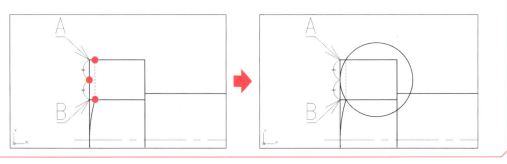

---

13 カーソル横に「円周上の1点目を指定」と表示されるので、図に示した点をクリックする。

カーソル横に「円周上の2点目を指定」と表示されますが、ここでは優先オブジェクトスナップ（一時オブジェクトスナップ）を使って指定します。

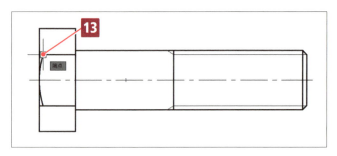

14 Ctrl キーを押しながら任意の位置を右クリックする。

15 ショートカットメニューから[2点間中点]を選択する。

> **注意** 通常は、右クリックしてショートカットメニューから[優先オブジェクトスナップ]を選択する方法と、Ctrl キーを押しながら右クリックして優先オブジェクトスナップ(一時オブジェクトスナップ)のメニューを表示する方法のどちらも使えます(P.66の「HINT」参照)。しかし、ここでは Ctrl キーを押す方法しか使えません。

16 左上の頂点をクリックする。

17 1段下の点をクリックする。

手順 **16** と **17** でクリックした2点の中点の位置が「円周上の2点目」として指定されます。

円周上の1点目と2点目を通る円のプレビューが表示され、カーソル横に「円周上の3点目を指定」と表示されます。

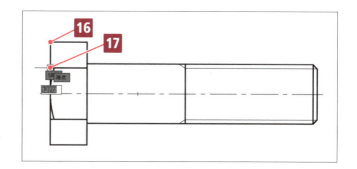

18 円弧の端点にカーソルを合わせる(クリックはしない)。

19 カーソルを真上に動かして垂直のガイドを表示し、横線に近づけるとカーソル横に[垂線]または[交点]の文字と、横線上に小さな黒い×印(「極トラッキング上の交点」の意味)が表示されるので、クリックする。

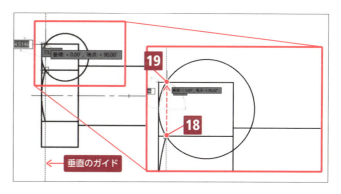

3点とも指定すると、円が確定され[円]コマンドが自動的に終了します。

20 P.255の手順 **8** ～ **11** にならって、図のように円をトリムする。

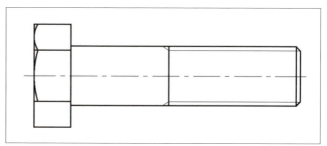

4-3 六角ボルトの作図

21 Enterキーを押して[トリム]コマンドを再び実行する。

22 「オブジェクト（切り取りエッジ）」として、六角頭を窓選択してEnterキーを押す。

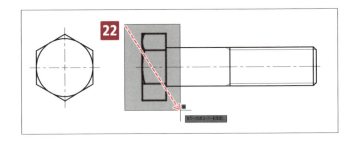

23 「トリムするオブジェクト」として、A～Eの順で線をクリックしてトリムする。

トリムで削除できない部分が残っているので、[削除(R)]オプションを使って削除します。

24 「R」と入力してEnterキーを押す。または、↓キーで表示されるオプションリストやコマンドラインから[削除(R)]を選択する。

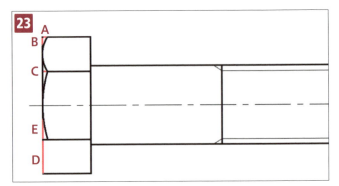

25 カーソル横に「削除するオブジェクトを選択」と表示されるので、不要な線（F、G）をクリックして選択する。

26 Enterキーを押して選択を確定する。

選択した線が削除されます。

27 [トリム]コマンドを終了する。

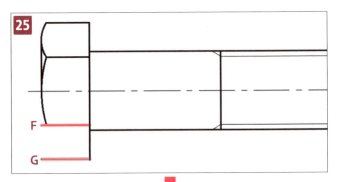

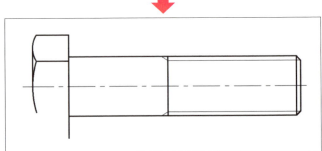

以下の手順で、六角頭の上半分の鏡像を作成します。詳しくはP.229の手順1～5を参考にしてください。

28 図のように、オブジェクトを選択する。

29 [鏡像]コマンドを実行する。

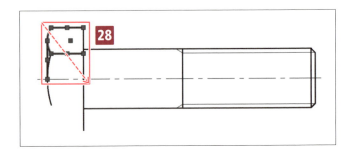

258

30 対称軸の1点目と2点目として、中心線上の2点をクリックする。

31 「元のオブジェクトを消去しますか?」に対して、[いいえ(N)]を選択する。

六角頭の上半分の鏡像が下半分に作成され、[鏡像]コマンドが自動的に終了します。

これで正面図は完成です。

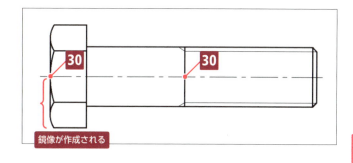

💡HINT ここまでの手順を終えた状態の図面ファイルが、教材データに「4-3-5.dwg」として収録されています。

4-3-5 作図の仕上げ

最後に作図の仕上げとして、寸法を記入して位置を整えます。

■ 寸法を記入する

作図見本に色付きで示したように、寸法を記入します(「1.5d」についてはP.255の「HINT」を参照)。

1 練習用ファイル「4-3-5.dwg」を開く(または 4-3-2 で作成した図面ファイルを引き続き使用)。

2 図の状態まで寸法を記入する。

長さ寸法や直列寸法、並列寸法については P.96「3-1-5 寸法の記入」を、角度寸法「30°」については P.204 の手順 1～3 を、半径寸法「R30」と面取り寸法「C1.5」については P.218 の手順 8～18 を、それぞれ参考にして記入してください。

3 「R30」の寸法をダブルクリックする。

4 [文字編集](TEXTEDIT)コマンドに入り、テキストエディタが開くので、「R30」の代わりに「1.5d」と入力する。

「R30」の寸法が「1.5d」に変更されます。

5 文字以外の作図領域上をクリックしてテキストエディタを閉じ、[Enter]キーまたは[Esc]キーを押して[文字編集]コマンドを終了する。

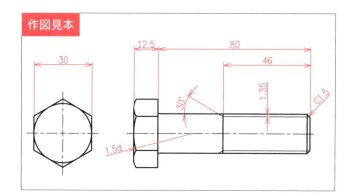

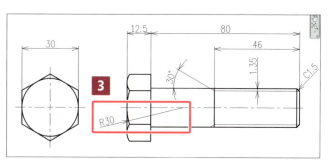

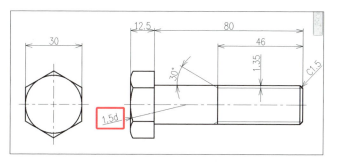

■ 位置を整える

枠外にはみ出した寸法などがあったり、全体の位置が片寄っていたりする場合、全体の移動を行い、位置を整えます。

ここでは右端の面取りの引出線と図枠の間隔が狭いので、[移動]コマンドを使って、高さを変えずに正面図全体を左に移動します。

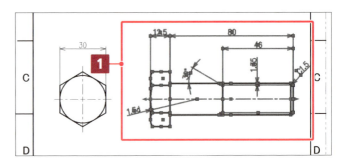

1 移動したいオブジェクトを選択する。

2 [ホーム]タブ －[修正]パネル －[移動]をクリックする(あるいは「MOVE」または「M」と入力してEnterキーを押す)。

3 カーソル横に「基点を指定」と表示されるので、任意の位置をクリックする。

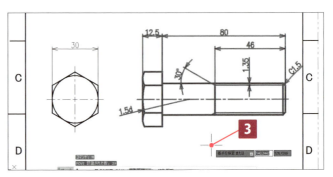

 HINT 基点はどこでもかまいませんが、線が混み合っていない下の空白部分あたりがよいでしょう。

4 カーソル横に「目的点を指定」と表示されるので、カーソルをまっすぐ左方向に動かして左方向のガイドを表示する。

5 そのまま左方向に、右端の面取りの引出線と図枠との間隔が狭くならない位置まで移動してクリックする。

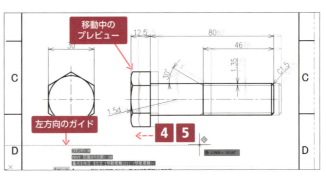

 HINT 手順5の代わりに数値を入力してEnterキーを押し、その距離だけ移動させることもできます。

オブジェクトが移動されたら、[移動]コマンドは自動的に終了します。

これで六角ボルトの図面は完成です。

6 図面ファイルに名前を付けて保存する。

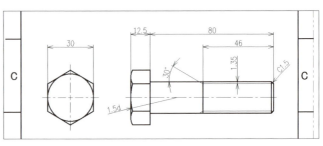

 HINT ここまでの手順を終えた状態の図面ファイルが、教材データに「4-3-5_完成.dwg」として収録されています。

第5章

図面を編集する／
便利なその他コマンド

この章では、図面の編集を行います。第4章で作成した六角ボルトの図面の修正と、形状の回転および分割の練習をしながら、図面編集の方法を習得します。また、本書の実習では使用しませんでしたが、知っておくと便利なコマンドをいくつか紹介するので、それも併せて覚えておきましょう。

5-1　六角ボルトの図面の修正
5-2　［回転］コマンドの練習
5-3　［点で部分削除］コマンドの練習
5-4　知っておくと便利なその他のコマンド

5-1 六角ボルトの図面の修正

📄 5-1-2.dwg

既存の六角ボルトの形状を修正しながら、尺度の変更やストレッチなどのCAD操作を学びましょう。この章では、学習済みのコマンドは実行手順を簡略化（単に「[○○] コマンドを実行する」のように記載）しているので、コマンドの使い方を覚えているか復習しながら操作してみてください。

5-1-1 この節で学ぶこと

この節では、4-3で作図したM20（ねじの呼び径が20mm）の六角ボルトのサイズを修正して、M16（ねじの呼び径が16mm）の六角ボルトの図面を作りながら、以下の内容を学習します。

ボルトの頭の大きさと軸の太さは尺度を変更して、またその他の部分はストレッチで長さを変えたり、面取りを作りなおしたりして仕上げます。

CAD操作の学習

- 尺度を変更する
- ストレッチでオブジェクトの長さを変更する
- オブジェクトを延長する

その他の学習

- 既存図面の流用のしかた

練習用図面

修正前の図面（M20の六角ボルト）

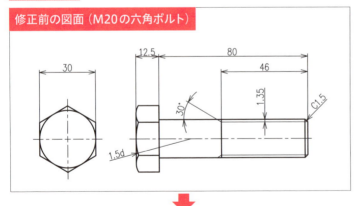

修正後の図面（M16の六角ボルト）

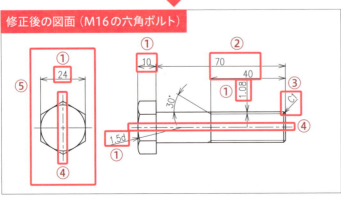

①尺度を変更したときに自動的に小さくなる部分
②尺度を変更した後にストレッチで指定の位置に変更
③面取りしなおして引出線の文字を修正
④中心線の長さを調整
⑤投影図の位置を整える
※「30°」は、ボルトの長さや呼び径が変わっても変えない

262

この節で学習するCADの機能

[尺度変更] コマンド
（SCALE／
エイリアス：SC）

●機能
形状の比率はそのままでサイズを変更するコマンドです。

●基本的な使い方
1. 尺度を変更したいオブジェクトを選択する。
2. [尺度変更] コマンドを実行する。
3. 尺度を指定する。

[ストレッチ] コマンド
（STRETCH／
エイリアス：S）

●機能
交差選択の枠内に一部が含まれるオブジェクトを伸び縮みさせます。枠内に完全に含まれるオブジェクトは、伸び縮みせずに移動します。
※ストレッチの対象にならないオブジェクトのタイプもあります。

●基本的な使い方
1. [ストレッチ] コマンドを実行する。
2. ストレッチ範囲を選択する（必ず交差選択）。
3. 基点を指定する。
4. 目的点を指定する。

[延長] コマンド
（EXTEND／
エイリアス：EX）

●機能
境界エッジとして指定したオブジェクトまで、選択したオブジェクトを延長するコマンドです。
延長したいオブジェクトを選択するときに Shift キーを押しながらクリックすることで、[トリム] コマンドのように境界エッジまで縮めることもできます。

●基本的な使い方
1. [延長] コマンドを実行する。
2. 境界エッジを指定する。
3. 延長したいセグメントの延長したい側をクリックして指定する。

5-1-2　準備

1. AutoCAD LT を起動する。
2. 練習用ファイル「5-1-2.dwg」を開く（または 4-3 で完成させた六角ボルトの図面ファイルを使用）。
3. 図面ファイルに名前を付けて保存する。

 注意　既存の図面を流用して他図面を作るときは、必ず [名前を付けて保存] するか、コピーを作成して作業を行います。うっかり修正後のデータに上書きしてしまうことを避けるためです。

5-1-3　尺度と長さの変更

六角ボルトの尺度と長さを変更します。

■ **尺度を変更する**

元のM20をM16に変更するために、まず［尺度変更］コマンドで大きさを変えます。

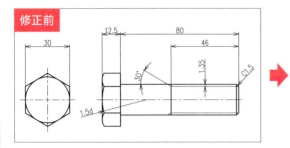
修正前

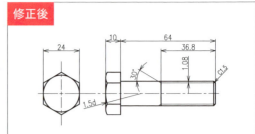
修正後

1 ボルトの側面図（六角部分）と正面図がよく見えるように、画面を拡大する。

2 側面図と正面図をすべて選択する。

図は選択した状態です。

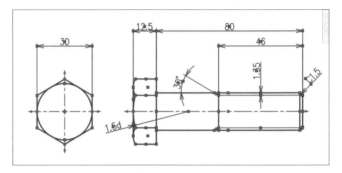

3 ［ホーム］タブ－［修正］パネル－［尺度変更］をクリックする（あるいは「SCALE」または「SC」と入力して Enter キーを押す）。

4 カーソル横に「基点を指定」と表示されるので、基点に指定する位置をクリックする。

基点はどこでもかまいませんが、ここでは図に示した位置を基点にします。

HINT 「基点」は図面上で動かしたくない点を指定します。基点を中心に、尺度が変更されます。

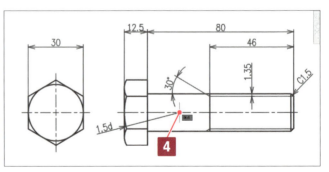

5 カーソル横に「尺度を指定」と表示されるので、「16/20」と入力して Enter キーを押す。

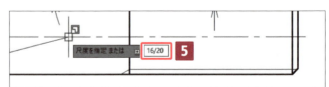

HINT 「尺度」に指定した数値は倍率を表します。体積や面積基準ではなく、長さ基準での倍率です。「2」と指定すれば2倍の長さになり、「0.5」と指定すれば半分（1/2）の長さになります。

ねじの呼び経の20が16に尺度変更され、[尺度変更] コマンドが自動的に終了します。

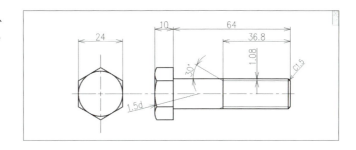

■ 全長とねじ部の長さを修正する目印を作る

修正見本に色付きで示したように2本の構築線を作図して、それを後でボルトの軸の全長およびねじ部の長さを修正する際の目印とします。軸の全長は64から70に、ねじ部の長さは36.8から40に変更するので、目印はその変更後の位置を示すものにします。

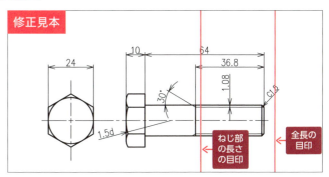

1　[構築線] コマンドを実行する。

カーソル横に「点を指定」と表示されますが、指定せずに [オフセット（O）] オプションを使います。

2　「O」と入力して Enter キーを押す。
　　または、↓キーで表示されるオプションリストやコマンドラインから [オフセット（O）] を選択する。

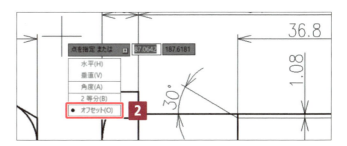

3　カーソル横に「オフセット間隔を指定」と表示されるので、「70」と入力して Enter キーを押す。

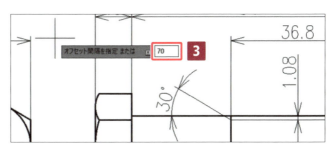

4　カーソル横に「線分オブジェクトを選択」と表示されるので、頭部分の右の縦線をクリックする。

5　カーソル横に「オフセットする側を指定」と表示されるので、縦線より右側をクリックする。

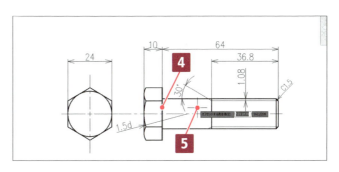

265

クリックした縦線から右に70の位置に、縦の構築線が作図されます。

6 ［構築線］コマンドを終了する。

続けて、構築線をもう1本作図します。

7 ［構築線］コマンドを再び実行する。

8 ［オフセット(O)］オプションを使い、「オフセット間隔」として「40」を指定する。

9 「線分オブジェクト」として、手順1～6で作図した構築線を指定する。

10 「オフセットする側」として左側を指定する。

クリックした縦線から左に40の位置に、縦の構築線が作図されます。

11 ［構築線］コマンドを終了する。

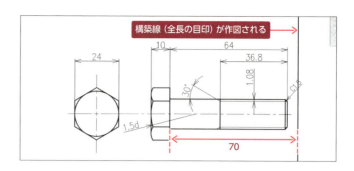

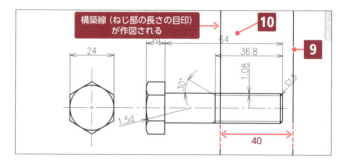

■ ［ストレッチ］コマンドで全長とねじ部の長さを変更する

［ストレッチ］コマンドを使って、修正見本に色付きで示したように全長とねじ部の長さを変更します。

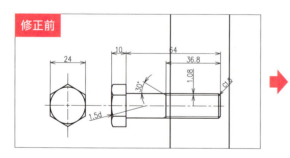

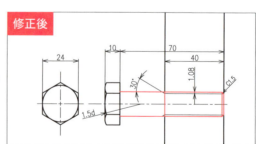

1 ［ホーム］タブ－［修正］パネル－［ストレッチ］をクリックする（あるいは「STRETCH」または「S」と入力して Enter キーを押す）。

2 カーソル横に「オブジェクトを選択」と表示されるので、必ず右側から交差選択で、図に示した範囲を囲む。

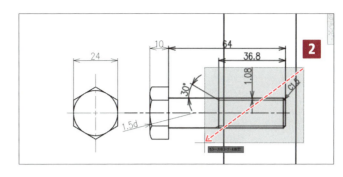

囲み終わると、図に色付きで示したように選択されます。

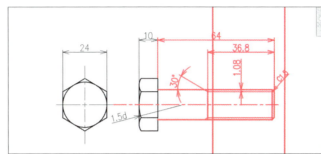

カーソル横には引き続き「オブジェクトを選択」と表示されており、オブジェクトを追加選択したり、選択解除することができます。ここでは構築線を選択解除した後、選択を確定します。

3 Shift キーを押しながら、構築線だけが入るように図のように交差選択をする。

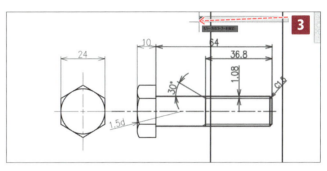

構築線が選択解除されます。

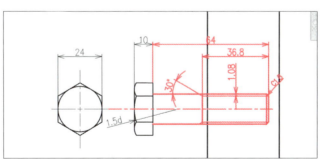

4 これ以上オブジェクトは選択しないので、Enter キーを押して確定する。

5 カーソル横に「基点を指定」と表示されるので、ボルトの先端、一番右の線の中点をクリックする。

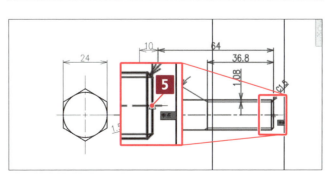

6 カーソル横に「目的点を指定」と表示されるので、右の構築線に垂直に交わる位置をクリックする。

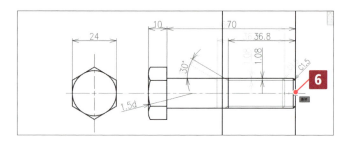

ねじ部が右に引き伸ばされ、[ストレッチ]コマンドが自動的に終了します。

線分の寸法の「36.8」部分はそのままに、「64」部分が「70」に伸びていることを確認します。

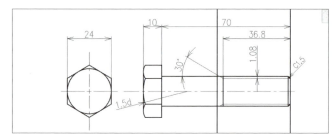

7 Enter キーを押して[ストレッチ]コマンドを繰り返し、ねじ部の左の縦線と30°の斜線が入るように交差選択で囲む。

図のように、左の構築線が入らないように囲むと、後から構築線を選択解除する手間が省略できます。

8 Enter キーを押して選択を確定する。

9 基点として、ねじ部の左の縦線の中点をクリックする。

10 目的点として、左側の構築線に垂直に交わる位置をクリックする。

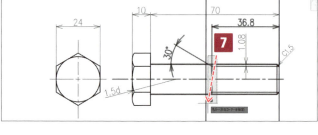

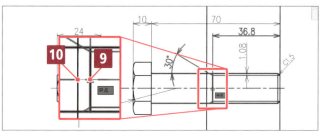

 HINT 手順では構築線を選択解除しましたが、構築線は選択したままでもストレッチを実行できます。ただし、構築線は選択の範囲によっては移動の対象になってしまいます。
ここではストレッチで構築線までボルトが伸びたことを確認したかったので、選択解除しました。

ねじ部が左に引き伸ばされ、[ストレッチ]コマンドが自動的に終了します。

ねじ部の長さの変更が終わったので、不要になった構築線を削除します。

11 構築線2本をクリックして選択する。

12 Delete キーを押す。

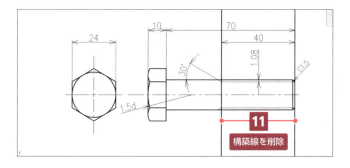

COLUMN　ストレッチについて

［ストレッチ］コマンドによる伸縮や変形には、オブジェクトのグリップが大きく関わります。選択には必ず交差選択を使いますが、交差選択の枠内に入った端点グリップは移動し、枠内に入らなかった端点グリップの位置は変わらずその場にとどまります。すべての端点グリップが交差選択の枠内に入ったオブジェクトは、変形せずに移動します。

例として、長方形を選択すると、❶のようにグリップが表示されます。
ポリラインの中点グリップは━、線分や円弧の中点グリップは■と、選択時に見た目で区別ができるようになっています。

※［長方形］コマンドや［ポリゴン］コマンドでかいた形状もポリラインに分類されるので、中点グリップは━です。

［ストレッチ］コマンドを実行し、❷のように交差選択すると、長方形の上の2つの端点グリップが選択されます。
流れとしては、この後 Enter キーで選択を確定し、基点と目的点を指定します。

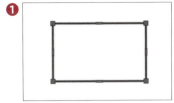

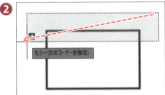

基点から目的点の方向と距離によって、❸-A、❸-B、❸-Cのような結果になります。

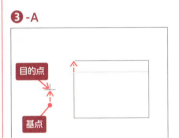

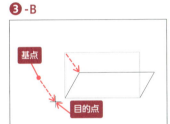

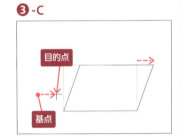

基点と目的点の方向・距離の関係がそのまま、移動するグリップ（交差選択の枠内に入れたグリップ）の移動方向・距離になります。

ストレッチで移動するのは端点のグリップなので、端点の存在しない構築線や円は伸縮はしません。ただし、円の場合はオブジェクト選択時に交差選択内に円の中心点グリップが入った場合のみ、影響を受けます。このとき、円は伸縮せず移動します。

構築線の場合も円と同様に端点はないのですが、選択をしたときに表示されるグリップが3つあります。真ん中のグリップは作成の基準になった位置に表示され、両側のグリップは画面表示の拡大／縮小で、表示される位置が変わるグリップです。［ストレッチ］コマンドでオブジェクトを選択したとき、構築線の3つのグリップすべてが選択されると構築線は移動し、両側のグリップのどちらかのみが選択されると構築線の角度が目的点の方向に変わります。構築線は画面の表示サイズによって基点以外のグリップの位置が変わり、どのように動くか予測しにくいため、P.267の手順3で行ったように構築線は選択に含めないほうがよいでしょう。ここで解説したように最終的に削除する構築線であれば動いてもかまいませんが、動くとストレッチ後の確認がしづらくなります。

寸法は、❹のように寸法の基点のグリップだけを囲んでストレッチしても、寸法補助線や寸法線の角度が変わることはありません。

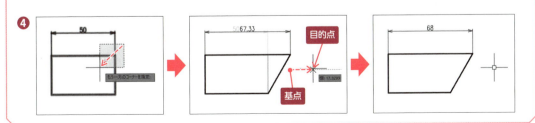

■ 面取り部を修正する

修正見本に色付きで示したように、面取り部を修正します。まず既存の面取りを削除してから、新しい面取りを作図します。そして、引出線の文字と矢印の位置も修正します。

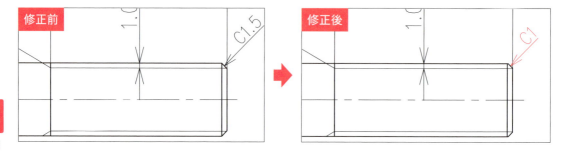

1 面取り部分がよく見えるように画面を拡大する。

まず既存の面取りを削除します。

2 右上と右下の面取り（斜線のみ）をクリックして選択し、Delete キーを押して削除する。

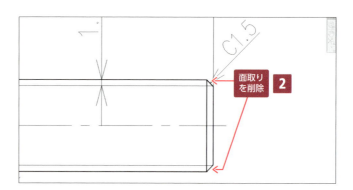

続けて、新しい面取りを作図します（詳しい手順は、P.226の手順3～11を参考にしてください）。

3 ［面取り］コマンドを実行し、C1の面取りを右上と右下に作る。

「C1.5」の引出線の文字を「C1」に修正します。

4 「C1.5」の文字をダブルクリックする。

文字部分に入力カーソルが表示され、［テキストエディタ］タブが表示されます。

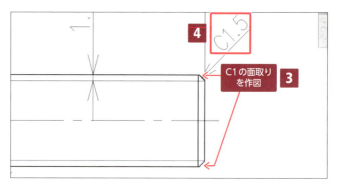

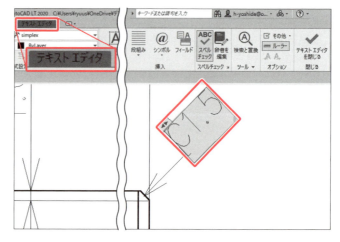

5 文字を「C1」に直す。

6 文字以外の作図領域上をクリックするか、[テキストエディタ]タブ ― [閉じる]パネル ― [テキストエディタを閉じる]をクリックし、テキストエディタを閉じる。

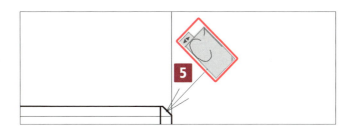

文字は修正しましたが、引出線の矢印先端が面取りの斜線からわずかにずれています。そこで、矢印の位置も修正します。

7 引出線をクリックして選択し、図のように矢印先端のグリップを面取りの斜線の中点まで移動する。

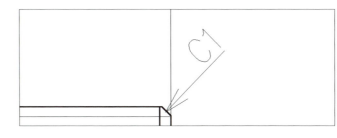

8 [Esc]キーを押して引出線を選択解除する。

 矢印と文字の距離が短いと、矢印が消えてしまうことがあります。その場合は、文字のグリップを先端から遠ざけると矢印が表示されます。

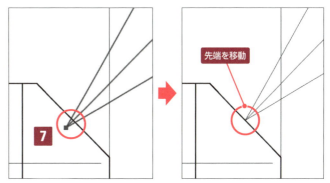

■ ねじ部の谷の線分を延長し、エッジの縦線を移動する

修正見本に色付きで示したように、ねじ部の谷の線分を延長し、エッジの縦線を移動します。

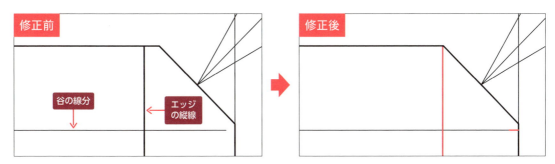

まず、ねじ部の谷の線分を延長します。

1 [ホーム]タブ ― [修正]パネル ― [延長]をクリックする(あるいは「EXTEND」または「EX」と入力して[Enter]キーを押す)。

 [延長]は、[トリム]アイコン右の[▼]をクリックすると表示されます。

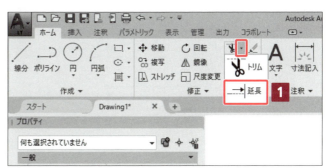

271

2 カーソル横に「オブジェクトを選択」と表示されるので、ねじ部先端の縦線をクリックして指定し、[Enter]キーを押して確定する。

3 カーソル横に「延長するオブジェクトを選択」と表示されるので、谷の線分の中点より右をクリックする。

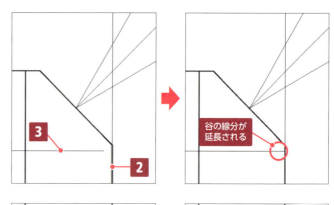

谷の線分が延長されます。

4 続けて下側の谷の線分もクリックして延長する。

5 [Enter]キーまたは[Esc]キーを押して[延長]コマンドを終了する。

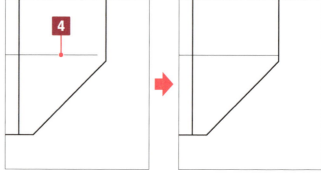

エッジの縦線を移動します。

6 P.260の手順1〜5を参考に、[移動]コマンドを実行して、面取りエッジの縦線を頂点が合う位置に移動する。

 HINT 移動の基点として図のAの位置、目的点としてBの位置をクリックすると、正確に移動できます。

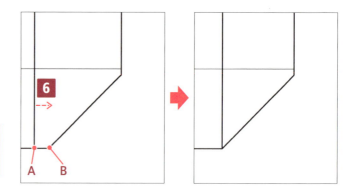

■ **中心線の長さを調整し、投影図の位置を整える**

修正見本に色付きで示したように、中心線の長さが飛び出しすぎているところを調整します。また、尺度を変更したことで、左側が広く、投影図どうしの間隔が狭く見えるので、左側の投影図を左に移動して全体バランスを整えます。

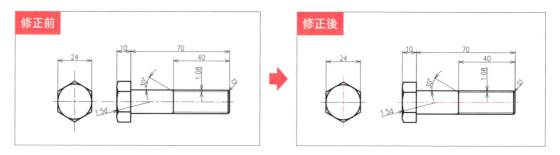

まず、中心線の長さが飛び出しすぎているところを調整します。

1. 十字中心線と中心線をクリックして選択する。
2. 飛び出しすぎている中心線の■グリップをクリックし、移動先をクリックして、図で示したように長さを調整する。
3. [Esc]キーを押してオブジェクトを選択解除する。

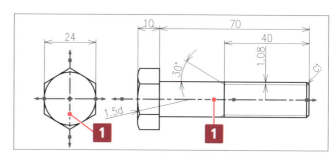

続けて、左側の投影図を左に移動して全体バランスを整えます。

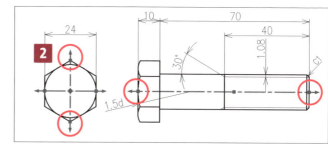

4. 左側の投影図を選択する（「1.5d」の寸法が含まれないよう、左から窓選択する）。

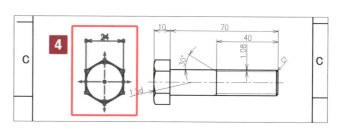

5. [移動]コマンドを実行し、混み合っていないあたりを基点にして左水平方向に移動する（水平が保たれていれば、移動距離は目分量でかまわない）。

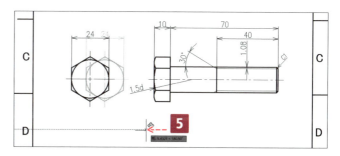

5-1-4 作図の仕上げ

作図の仕上げとして、図枠の表題欄を修正し、保存します。

1. 図枠をクリックして選択する。
2. [プロパティ]パレットで[属性]項目の[図面番号]欄を図のように修正し、[Enter]キーを押す。
3. 必要に応じて[製図日]欄、[図面名]欄も修正し、[Enter]キーを押す。
4. 入力した値が図枠の表題欄に反映されたことを確認する。
5. ファイル名が元の図面ファイルと変わっている（P.263の手順で名前を変更済みである）ことを確認し、上書き保存する。

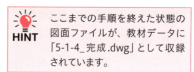

ここまでの手順を終えた状態の図面ファイルが、教材データに「5-1-4_完成.dwg」として収録されています。

5-2 ［回転］コマンドの練習

📄 5-2-2.dwg

既存図面の一部の形状の角度を修正しながら、回転のCAD操作を学びましょう。

5-2-1 この節で学ぶこと

この節では、形状の角度を修正します。次の図面下段の一部の形状を、上段の図にならって回転する練習をしながら、以下の内容を学習します。

CAD操作の学習

- オブジェクトを回転する
  ・現在位置からの角度を数値で指定
  ・任意の位置を指定

練習用図面

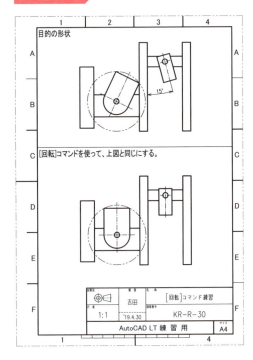

この節で学習するCADの機能

［回転］コマンド
（ROTATE／
エイリアス：RO）

●機能
形状を回転させるコマンドです。数値を入力、または回転後の位置をクリックして角度を指定します。複数のオブジェクトをまとめて回転させることができます。

●基本的な使い方
1 回転させたいオブジェクトを選択する。
2 ［回転］コマンドを実行する。
3 基点（回転の中心）を指定する。
4 回転角度を指定する。

［回転］コマンドの
［参照（R）］オプション

●機能
オブジェクトを回転させるときに、「現在位置から何度」ではなく、「参照角度（0°）から何度」と指定するオプションです。オプションを使わない場合と同様に、回転後の位置をクリックで指定することもできます。

5-2-2 現在位置からの角度を数値で指定して回転

修正見本に色付きで示したように、右上の長方形（画面上ではピンク色の線）を現在位置から反時計回りに15°回転させます。

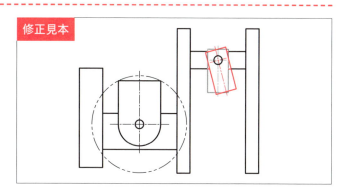

1. AutoCAD LT を起動する。
2. 練習用ファイル「5-2-2.dwg」を開く。
3. 図のように、修正前の図（下段の図）を拡大する。
4. 右上の長方形（画面上ではピンク色の線）と十字中心線を選択する。

図は選択した状態です。

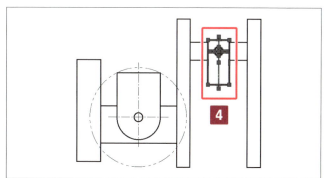

 円は選択しても、しなくてもかまいません。この場合、回転しても見た目に変化がないからです。

5. ［ホーム］タブ ー ［修正］パネル ー ［回転］をクリックする（あるいは「ROTATE」または「RO」と入力して Enter キーを押す）。

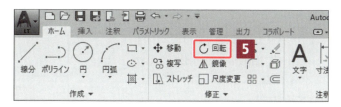

6. カーソル横に「基点を指定」と表示されるので、円の中心点をクリックする。

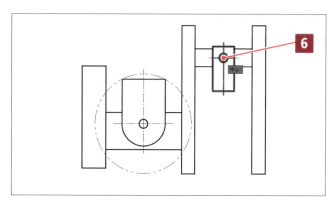

275

7 カーソル横に「回転角度を指定」と表示されるので、「15」と入力してEnterキーを押す。

長方形と十字中心線が反時計回りに15°回転し、[回転]コマンドが自動的に終了します。

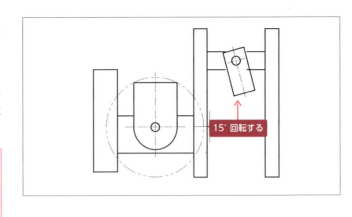

> 手順7で数値を入力する代わりにカーソルを動かすと、その動きに合わせてプレビューが回転します。そこで任意の位置まで動かし、クリックで角度を確定して回転させることもできます。

8 図のように画面を拡大する。

長方形を回転させたために、長方形と横線がうまく接続されていません。そこで、続けて横線の処理をします。

9 [トリム]コマンドを実行する。

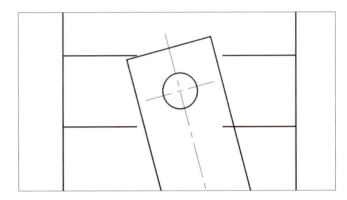

10 「オブジェクト（切り取りエッジ）」として、回転した長方形をクリックして選択し、Enterキーを押して確定する。

11 「トリムするオブジェクト」として、はみ出ている横線をクリックする。

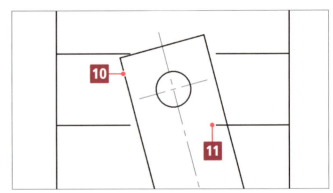

はみ出ている横線が削除されます。

続けて、[トリム]コマンドを実行したまま、長さが不足している横線を延長します。

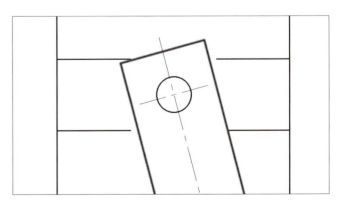

12 「トリムするオブジェクト」として、[Shift]キーを押しながら左下の横線をクリックする。

左下の横線が延長されます。

> **HINT** [トリム]コマンドを実行中に、トリムするオブジェクトを[Shift]キーを押しながらクリックして指定すると、そのオブジェクトを切り取りエッジまで延長できます。
> 延長には、P.271の手順1〜5のように[延長]コマンドを使うこともできます。

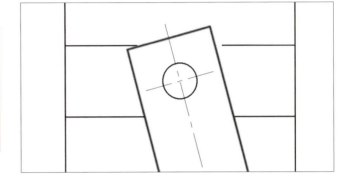

13 手順12にならって、図に示した2カ所を延長する。

14 [トリム]コマンドを終了する。

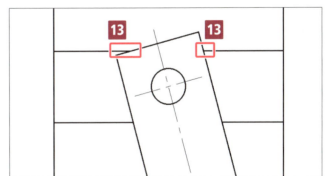

15 画面を縮小して、上段の図（見本）と下段の図を見比べる。

ピンク色の線の長方形と十字中心線の回転、および上下の横線の処理が見本通りに完成したことを確認できます。

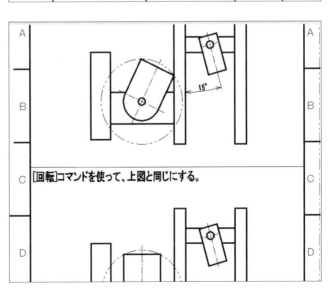

5-2-3 任意の位置を指定して回転

修正見本に色付きで示したように、左下の形状（画面上では青色の線）を右の長方形の辺に付くまで回転させます。

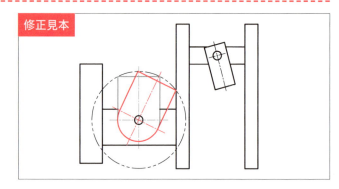

1. 5-2-2 で開いた図面ファイルを引き続き使用し、図のように画面を拡大する。

2. 左下の形状（画面上では青色の線）を左から窓選択する。

図は選択した状態です。十字中心線も含めて選択します。

 円は選択しても、しなくてもかまいません。この場合、回転しても見た目に変化がないからです。

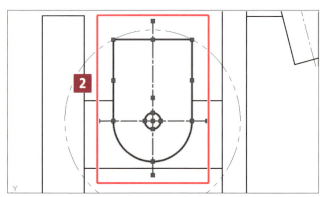

3. P.275の手順5〜6を参考に、[回転]コマンドを実行し、「基点」として円の中心点をクリックする。

回転のプレビューが表示され、カーソル横に「回転角度を指定」と表示されますが、ここでは[参照(R)]オプションを使います。

4. 「R」と入力してEnterキーを押す。または、↓キーで表示されるオプションリストやコマンドラインから[参照(R)]を選択する。

5. カーソル横に「参照する角度」と表示されるので、再び円の中心点をクリックする。

6. カーソル横に「2点目を指定」と表示されるので、右上の角をクリックする。

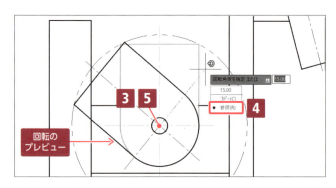

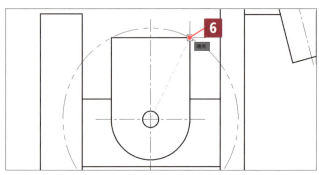

7 カーソル横に「新しい角度を指定」と表示されるので、図に示した位置（[交点]のスナップマーカーが表示される位置）をクリックする。

長方形と十字中心線が回転し、[回転]コマンドが自動的に終了します。

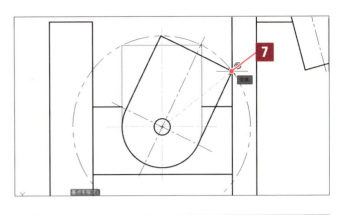

 [参照（R）]オプションを使うと、クリックで角度を指定する際、形状の任意の頂点（手順6で指定）を任意の位置（手順7で指定）に合わせるように回転できます。
なお、手順7の「新しい角度」を数値で指定することもできます。たとえば「15」と指定すれば、手順5～6で指定した線が参照角度（0°、つまり右水平）から反時計回りに15°の位置に合うように回転します。

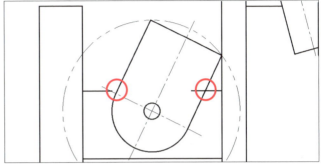

形状を回転させたために、形状と横線がうまく接続されていません。そこで、続けて横線の処理をします。

8 P.276の手順9～14を参考に、[トリム]コマンドを実行して、はみ出た横線を短縮し、長さが不足している横線を延長する。

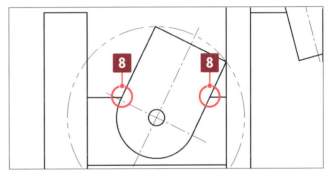

9 画面を縮小して、上段の図（見本）と下段の図を見比べる。

青色の形状と十字中心線の回転、および横線の処理が見本通りに完成したことを確認できます。

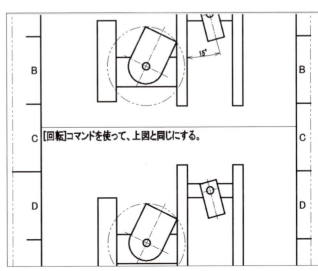

5-3 ［点で部分削除］コマンドの練習

📄 5-3-2.dwg

既存図面のオブジェクトを分割し、図面を修正しながら、［点で部分削除］コマンドのCAD操作を学びましょう。

5-3-1 この節で学ぶこと

この節では、オブジェクトの分割を行い、図面を修正する練習をします。次の図面下段の図を、上段と同じ（部分的にかくれ線）になるように修正しながら、以下の内容を学習します。

CAD操作の学習

- オブジェクトを分割する

練習用図面

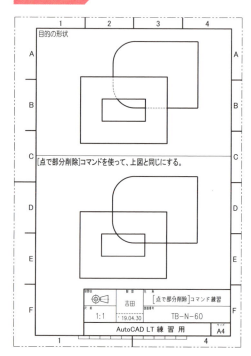

この節で学習するCADの機能

［部分削除］コマンド
（BREAK／
エイリアス：BR）

●機能
1つのオブジェクトを部分削除するコマンドです。オブジェクトを選択するときにクリックした位置から、2点目として指定した位置までを削除します。

●基本的な使い方
1 ［部分削除］コマンドを実行する。
2 部分削除したいオブジェクトをクリックして選択する。
3 削除したい範囲の2点目を指定する。

［点で部分削除］
コマンド

●機能
1つのオブジェクトを2つに分割するコマンドです。オブジェクトを選択するときにクリックした位置とは関係なく、「分割位置」を指定して分けます。

●基本的な使い方
1 ［点で部分削除］コマンドを実行する。
2 分割したいオブジェクトをクリックして選択する。
3 分割位置を指定する。

> 1つのオブジェクトを分割するコマンドとして、［部分削除］コマンドと［点で部分削除］コマンドがあります。［点で部分削除］コマンドは［部分削除］コマンドの「1点目」と「2点目」を一度のクリックで同じ位置として指定するもので、［部分削除］コマンドのオプション的なコマンドといえます。

5-3-2 かくれ線に変更するオブジェクトの分割

修正見本に色付きで示したように、かくれ線に変更するオブジェクトを分割します。

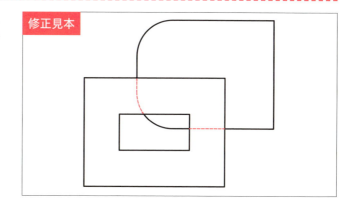

1 AutoCAD LT を起動する。

2 練習用ファイル「5-3-2.dwg」を開く。

3 図のように、修正前の図（下段の図）を拡大する。

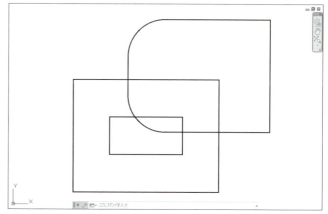

4 ［ホーム］タブ －［修正］パネル －［点で部分削除］をクリックする。

> ［点で部分削除］は、［修正］パネル名右の［▼］をクリックすると表示されます。

281

5 カーソル横に「オブジェクトを選択」と表示されるので、分割する線分をクリックして選択する。

6 カーソル横に「部分削除する1点目を指定」と表示されるので、分割位置をクリックする。

1つのオブジェクトが2つに分割され、[点で部分削除]コマンドが自動的に終了します。

分割した線分にカーソルを重ねると、オブジェクトが分割されたことを確認できます。

7 Enter キーを押す。

[点で部分削除]コマンドは、[部分削除]コマンドのオプションをそのまま抜き出したコマンドなので、Enter キーを押すと[部分削除]コマンドが実行されます（コマンドの繰り返し実行では、オプションまで指定することができません）。ここでは[部分削除]コマンドのまま、オプションを使って指定の位置で分割してみましょう。

8 カーソル横に「オブジェクトを選択」と表示されるので、分割したい線分をクリックする。

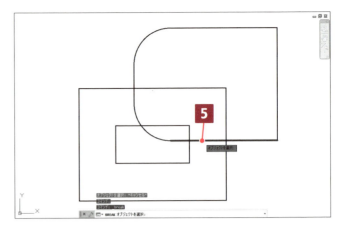

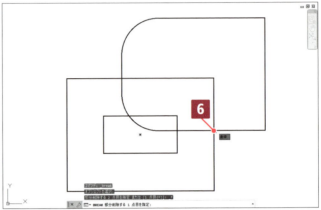

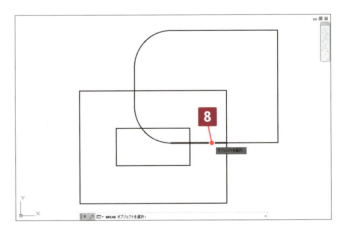

線分を選択した位置が自動的に部分削除の「1点目」になり、2点目を指定するように促されます。

線分の選択時には交点などオブジェクトスナップを使うことができないので、「1点目」は正確な位置の指定ではありません。ここでは、内側の長方形の縦線の位置を1点目にしたいので、1点目を選びなおすオプションを使います。

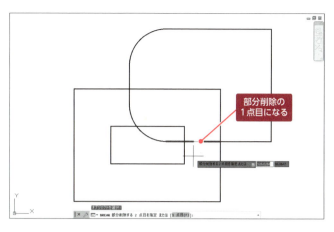

9 「F」と入力して Enter キーを押す。または、↓キーで表示されるオプションリストやコマンドラインから[1点目(F)]を選択する。

カーソル横に「部分削除する1点目を指定」と表示され、「1点目」が選びなおせるようになります。

10 「1点目」として、図の交点の位置をクリックする。

11 「2点目」として、同じ位置をクリックする。

1つのオブジェクトが2つに分割され、[部分削除]コマンドが自動的に終了します。

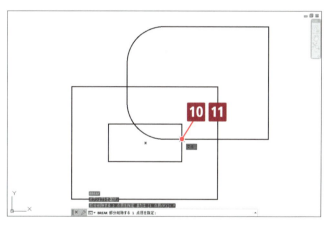

同じ要領で、残りの分割も行います。

12 [点で部分削除]コマンドを実行し、左下のフィレット部分の円弧を分割する。

13 [点で部分削除]コマンドを実行し、左上の縦線を分割する。

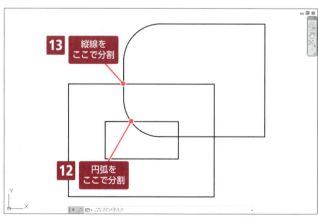

283

分割したオブジェクトの画層を［03_かくれ線］に変更します。

14 分割したオブジェクト（縦線、円弧、横線）をクリックして選択する。

15 ［ホーム］タブ ― ［画層］パネルで、画層を［03_かくれ線］に変更する。

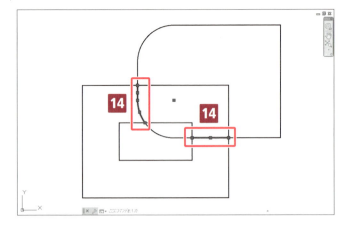

選択したオブジェクトがかくれ線（破線）になります。

16 Esc キーを押してオブジェクトを選択解除する。

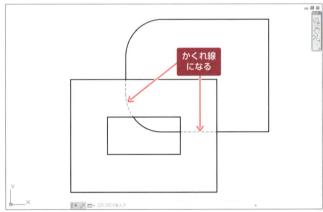

5-4 知っておくと便利なその他のコマンド

練習用ファイルなし

最後に、本書の実習では使用しませんでしたが、知っておくと便利なその他のコマンドを紹介します。

5-4-1 ドーナツ形状を作成する［ドーナツ］コマンド

［ドーナツ］コマンドは、ドーナツ形状を作成するコマンドです。機械製図では、右図のように実体がない部分に寸法を記入するときの基点の位置を示すのに使うことがあります。

［ドーナツ］コマンドを使うには、［ホーム］タブ －［作成］パネル －［ドーナツ］をクリックします（左図）。もしくは「DONUT」またはエイリアス「DO」を入力して Enter キーを押します。

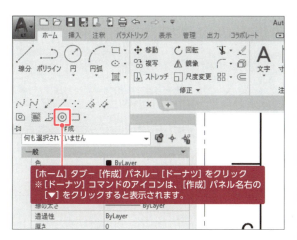

［ホーム］タブ－［作成］パネル－［ドーナツ］をクリック
※［ドーナツ］コマンドのアイコンは、［作成］パネル名右の［▼］をクリックすると表示されます。

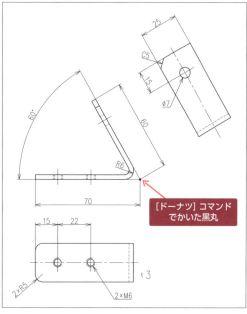

［ドーナツ］コマンドでかいた黒丸

●基本的な使い方

1　［ドーナツ］コマンドを実行する。

2　内側の直径を指定する。

3　外側の直径を指定する。

4　配置する位置をクリックする（複数可）。

5　コマンドを終了する。

※上の右図では内側の径を「0」、外側の径を「1.5」で作図してあります。内側の径を「0」にすることで、このように塗りつぶした●（黒丸）にすることができます。

5-4-2 点を作成する［点］コマンド

　［点］コマンドは点を作成するコマンドです。点は作図中の目印に使うことがあります。点はそのままでは図中のどこにあるかわかりにくいので、×など形状を変えて表示します。表示する形状は［点スタイル管理］で変更することができます（詳しくはP.298を参照）。

　点の位置を指定するには、クリック、相対座標入力、絶対座標入力、オブジェクトスナップトラッキング（Oトラック）を使った基点設定などの方法があります。

　［点］コマンドを使うには、［ホーム］タブ ―［作成］パネル ―［複数点］をクリックします（図）。もしくは「POINT」またはエイリアス「PO」を入力して Enter キーを押します。

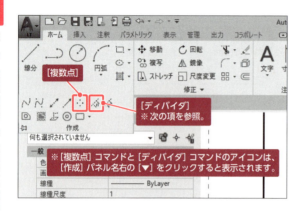

> **HINT**　点を作図するコマンドには、終了するまで点を作図し続けられる［複数点］と、一度作図すると自動的にコマンドが終了する［単一点］があります。
> アイコンは［複数点］しかありません。［複数点］で作図を終了するには Esc キーを押します（このコマンドは Enter キーで終了することはできません）
> 「POINT」または「PO」のキーボード入力では、［単一点］コマンドが実行されます。［単一点］を続けて行いたいときは、Enter キーを押すことで繰り返せます。

●基本的な使い方

1. ［点］コマンドを実行する。
2. 位置を指定する。

5-4-3 均等に点を配置する［ディバイダ］コマンド

　［ディバイダ］コマンドは、指定したオブジェクトを均等に分割した位置に、点やブロックを配置するコマンドです。選択したオブジェクトは分割されません。点の形状は、［点スタイル管理］で設定したものが使われます。

　［ディバイダ］コマンドを使うには、［ホーム］タブ ―［作成］パネル ―［ディバイダ］をクリックします（上の図）。もしくは「DIVIDE」またはエイリアス「DIV」を入力して Enter キーを押します。

　次の図では、線分を5分割する位置に点を打っています。

●基本的な使い方

1. ［ディバイダ］コマンドを実行する。
2. 分割表示するオブジェクトを選択する。
3. 分割数を入力する。

5-4-4 幾何公差を記入する［リーダー］コマンド

［リーダー］コマンドは引出線に注釈やブロックなどを付けて表示させるコマンドです。このほか引出線を作成するコマンドとしては、［マルチ引出線］や［クイックリーダー］があります。［リーダー］や［クイックリーダー］は［マルチ引出線］コマンドが搭載される前から存在するコマンドで、マルチ引出線のように個別のスタイルは指定できず、寸法スタイルが適用されます。そのため、AutoCAD/AutoCAD LT 2008で［マルチ引出線］コマンドが搭載されてからは、幾何公差の記入ぐらいにしか使われなくなりました（幾何公差についてはP.290の「COLUMN」参照）。

［リーダー］コマンドを使うには、「LEADER」と入力してEnterキーを押します。

図は幾何公差を記入した例です。

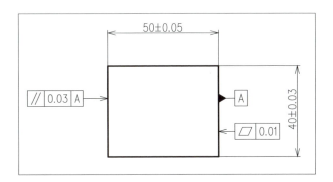

●幾何公差を記入する場合の基本的な使い方

1 ［リーダー］コマンドを実行する。

 「LE」と入力すると候補に「LEADER」が表示されるので、それを選択すると素早くコマンドを実行できます（「LE」はエイリアスではありません）。

2 カーソル横に「引出線の始点を指定」と表示されるので、引き出し矢印の始点にする位置をクリックして指定する。

3 カーソル横に「次の点を指定」と表示されるので、左水平方向の任意の位置をクリックして指定する。

 幾何公差の引き出し矢印は、必ず引き出す要素に対して垂直（円弧や円の場合は中心を向く方向）に引き出します。

 矢印の長さは決められていませんが、寸法を配置するときの位置を目安にするとよいでしょう。なお、始点から次の点までが矢印の2倍くらいの長さ（距離）になるまで、矢印は表示されません。

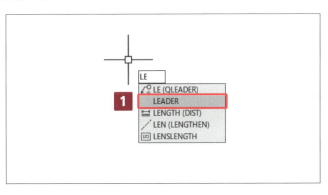

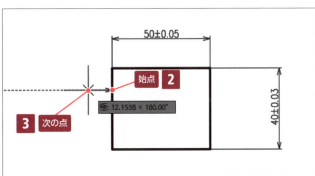

4 さらにカーソル横に「次の点を指定」と表示されるが、これ以上は不要なので Enter キーを押して引き出し矢印を確定する。

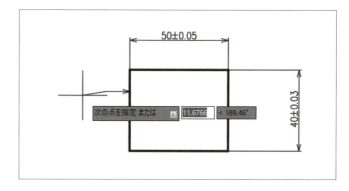

5 カーソル横に「注釈の最初の行を入力 または＜オプション＞」と表示されるので、Enter キーを押してオプションリストを表示する。

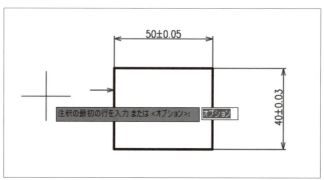

 ここでは、オプションリストを表示するために Enter キーを押します。すでにオプションが選べる状態になっている場合は、↓キーを押すことでオプションリストが表示されますが、ここではその前に「注釈を入力するのか」「オプションを使うのか」を選択しています。

6 ［幾何公差（T）］を選択する。

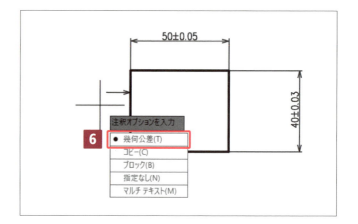

7 ［幾何公差］ダイアログボックスが表示されるので、黒いボックスをクリックして記号を指定したり、入力欄に文字や数字を入力したりする。

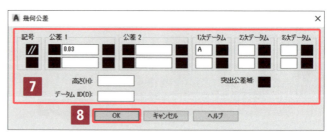

黒いボックスをクリックすると、［公差の種類の記号］ダイアログボックスに記号の候補が表示されるので、クリックして記号を指定します。記号を付けたくないボックスを間違えてクリックしてしまった場合は、表示された候補の中から空欄をクリックすると、記号が付かない状態となります。

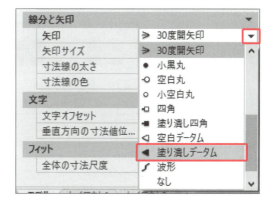

8 ［OK］ボタンをクリックして［幾何公差］ダイアログボックスを閉じる。

　データム（ A ）を作成するには、手順7で［1次データム］の欄だけに文字を入力します（データムについてはP.290の「COLUMN」参照）。

　データムの矢印を変更するには、作図領域上で矢印を選択して［プロパティ］パレットの［線分と矢印］項目にある［矢印］を変更します（図では［◀ 塗り潰しデータム］を選択）。

　［注釈］タブ ―［寸法記入］パネルを展開すると［幾何公差］ボタンがあり、クリックすると矢印のない幾何公差が記入できます。

　幾何公差の記入後に後から矢印を追加することもできますが、その場合は記号と矢印は連動しません。

　矢印単体は［クイックリーダー］コマンドや［マルチ引出線］コマンドで作成できます。
　［クイックリーダー］コマンドの場合は、「QLEADER」または「LE」と入力して Enter キーを押し、始点と次の点を指定し、 Esc キーで終了すると矢印だけをかくことができます。［リーダー］コマンドでも同様の方法で矢印だけを記入できます。しかし、指定した終点の位置より少し線が長くなり調整しづらいため、矢印だけをかくときは［クイックリーダー］コマンドのほうがおすすめです。
　［リーダー］コマンドで幾何公差を作成すると、引き出し方向は左右のどちらかになります。図のようにデータムを上下方向に引き出したい場合は、［寸法記入］パネルから幾何公差だけを作成した後に、［クイックリーダー］コマンドで上下に矢印を記入するとよいでしょう。
　複雑な幾何公差は［幾何公差］ダイアログボックスでの設定がわかりにくいので、次ページの表でいくつか例を示します。記号の指定をしないボックス、文字や数字を入力しない入力欄は省略され、詰めて表示されます。

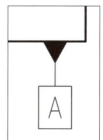

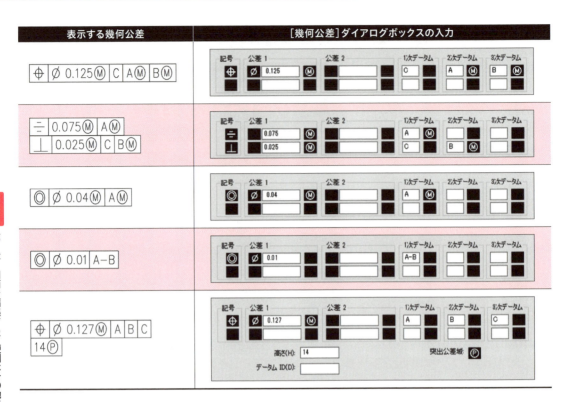

COLUMN　幾何公差について

幾何公差とは、JISでは「幾何偏差（形状、姿勢、及び位置の偏差並びに振れ）の許容差」としています。
ものを作るときの幾何偏差に対する許容範囲の値が「幾何公差」です。一方、寸法に対する許容範囲は「サイズ公差」といいます（P.134参照）。
幾何公差には指定した部分だけに適用するものと、基準（データム）を必要とするものがあります。たとえば、どのくらい平らにしたいかを指示する「平面度」であれば、その面だけの指示で成立するのでデータムの指定は不要です。しかし、「平行度」や「直角度」などは「どこと平行（直角）にするのか」というデータムの指定が必要です。
P.287の記入例では、左側の ∥（平行度）は後ろに「A」を付けて、データムの面（右側の A ）を指定していますが、右側の ▱（平面度）にはデータムの指定が不要なので記入しません。
幾何公差については、「JISハンドブック」の「製図」でも100ページ近くにわたって解説されています。ここでは基本しか触れることができませんが、初心者も次の各記号の特性は覚えておくとよいでしょう。

記号	特性	記号	特性
⊕	位置度	∥	平行度
◎	同心度	⊥	直角度
＝	対称度	∠	傾斜度
⌭	円筒度	▱	平面度
○	真円度	―	真直度
⌒	面の輪郭度	⌒	線の輪郭度
↗	円周振れ	↗↗	全振れ

5-4-5 線に幅を指定できる［ポリライン］コマンド

3-3でフックを連続線でかくときに使った［ポリライン］コマンドは、複数の直線と円弧を1つのオブジェクトとして扱えるため、線をオフセットさせて板の厚みを表すのに適していました。

ここでは、この［ポリライン］コマンドの便利な使い方として、画層で指定してある「線の太さ」に関係なく、線の幅を指定して図のような太い矢印を作図する方法を紹介します。

●ポリラインで幅を指定して矢印を作図する場合の基本的な使い方

1. ［ポリライン］コマンドを実行する。
2. 「始点」を指定する。

3. ↓キーで表示されるオプションリストから［幅(W)］を選択する。

4. 始点での幅の数値を入力してEnterキーを押す（ここでは「5」と入力）。

5. 終点での幅の数値を入力してEnterキーを押す（ここでは「5」と入力）。矢印の軸部分は始点と終点を同じ幅にする。

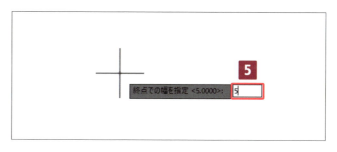

6 「終点」の位置を指定する（ここではカーソルを左水平方向に動かし、「10」と入力して Enter キーを押す）。

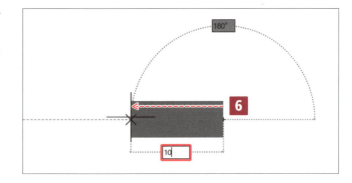

7 手順3にならって、オプションリストから［幅（W）］を選択する。

8 矢の部分の始点（軸側）の幅の数値を指定して Enter キーを押す（ここでは「8」と入力）。

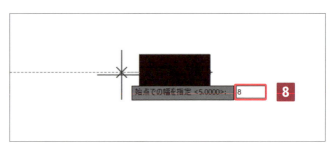

9 矢の部分の終点（先端側）の幅の数値を指定して Enter キーを押す。矢の先端はとがらせるので、幅は「0」と入力する。

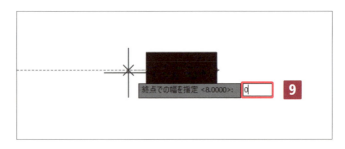

10 先端の位置を指定する（ここではカーソルを左水平方向に動かし、「10」と入力して Enter キーを押す）。

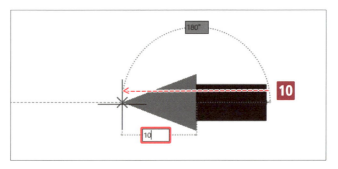

11 [Esc]キーまたは[Enter]キーを押してコマンドを終了する。

手順3〜6を繰り返したり、途中で[円弧（A）]オプションを使ってカーブをかいたりすることで、図のような矢印もかくことができます。

[幅（W）]オプションで指定した幅は、次回のポリライン作図時にも継続されます。[幅（W）]オプションで始点の幅、終点の幅ともに「0」を入力すれば、元通り画層の指定に準じた線の太さになります。

5-4-6 不揃いの寸法をそろえる［寸法線間隔］コマンド

［寸法線間隔］コマンドは、不揃いの寸法をきれいにそろえるコマンドです。

［寸法線間隔］コマンドを使うには、［注釈］タブ−［寸法記入］パネル−［寸法線間隔］をクリックします。もしくは「DIMSPACE」と入力して[Enter]キーを押します。

図は［寸法線間隔］コマンドで寸法の間隔をそろえた例です。

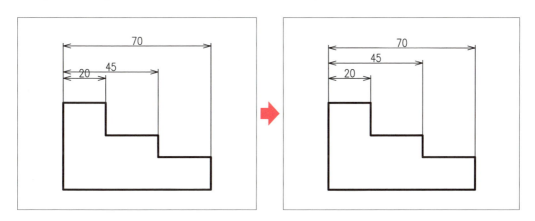

●基本的な使い方

1 ［寸法線間隔］コマンドを実行する。

2 基準の寸法を選択する（ここでは「20」の寸法をクリック）。

3 間隔を調整する寸法を選択する（ここでは「45」と「70」の寸法をクリック）。

4 Enterキーを押して、間隔を調整する寸法の選択を終了する。

5 カーソル横に「値を入力」とオプションリストが表示される。初期設定で［自動（A）］が選択されているので、そのままEnterキーを押す。

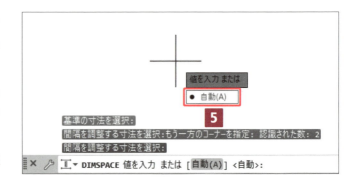

 ［自動（A）］オプションを使うと、寸法スタイルで指定した「並列寸法の寸法線間隔」が適用されます。
オプションを使わずに数値を入力してEnterキーを押すことで、指定した数値の間隔でそろえることもできます。
また、「0」と入力してEnterキーを押すことで、図のように直列にそろえることもできます。ここでは「基準の寸法」として「20」の寸法を選択しています。

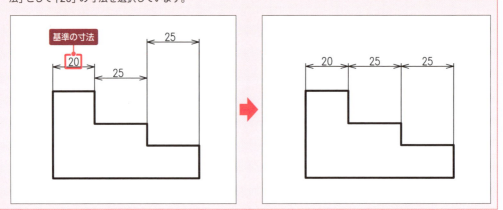

第3章から第5章までに解説してきたコマンドを組み合わせて使うことで、ほとんどの機械図面の作図が行えます。ここではコマンドやオプションなど、基本的なもの、よく使うものを紹介しましたが、作図実習で使わなかったオプションもぜひ試してみてください。同じ図形をかくにもさまざまなアプローチがあり、場面ごとに作図効率のよいかき方があります。たくさんのオプションを知ることで、いろいろなかき方を使い分けられるようになります。

また、補助線を極力かかずに作図を行うことで作業スピードが上がります。オブジェクトスナップトラッキング（Oトラック）や優先オブジェクトスナップ（一時オブジェクトスナップ）の［基点設定］（P.119参照）などを積極的に使っていきましょう。

第6章
テンプレートを作成する

テンプレートとは、作図に必要な設定をあらかじめ行った「ひな形」のファイルのことです（詳しくはP.39の「COLUMN」を参照）。AutoCAD LTは汎用CADのため、業種や業務ごとにテンプレートをカスタマイズできる作りになっています。最低限の設定のテンプレートがいくつか用意されているので、それをベースに各種設定を追加・編集して機械製図用のテンプレートを作成しましょう。

6-1 テンプレートに必要な各種設定
6-2 線、画層の設定
6-3 画層の割り当て
6-4 図枠と表題欄の作成
6-5 ページ設定
6-6 テンプレートとしての保存
6-7 図面ファイルの新規作成

6-1 テンプレートに必要な各種設定

練習用ファイルなし

この章では、AutoCAD LTにあらかじめ用意されているテンプレートの中から機械製図用にカスタマイズしやすいものを選び、それをもとに各種設定を追加・編集して簡単なテンプレートを作成します。この節では、まず単位や図面範囲、および点、文字、寸法、マルチ引出線といった各種スタイルを設定します。

6-1-1 この章で作るテンプレートについて

一般的にはテンプレートでは主に次の内容を設定しますが、本書では❶～❽までを設定します。

❶ 単位
❷ 図面範囲（図面サイズ）
❸ 各種スタイル
・点
・文字
・寸法
・マルチ引出線
❹ 線種
❺ 画層の作成
❻ 中心線と寸法、ハッチングの画層の固定
❼ 図面枠と表題欄の作成
❽ ページ設定（印刷設定）
❾ その他（企業や組織などによっては、溶接記号や断面図示記号などを登録するところもあります）

6-1-2 テンプレート作成の準備

まず、もとにするテンプレートを開きます。また、初期設定では表示されていないメニューバーを表示します。

1　AutoCAD LTを起動する。

2　[スタート]タブの[スタートアップ]から[テンプレート]をクリックし、プルダウンリストから[acadltiso.dwt]（レギュラー版のAutoCADの場合は[acadiso.dwt]）を選択する。

「acadltiso.dwt」を開くことで、そのテンプレートをもとにした図面ファイルが「Drawing*.dwg」という名前（"*"には数字が入る）で新規作成されます。

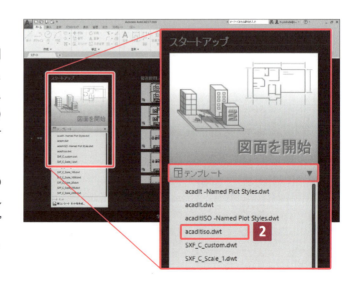

続けて、メニューバーを表示させます。

メニューバーを表示させなくても、以降で解説する各設定は行えますが、表示させておくとメニューからすぐ設定画面を呼び出せるので便利です。

3　クイックアクセスツールバー右の▼ボタンをクリックし、表示されたメニューから[メニューバーを表示]を選択する。

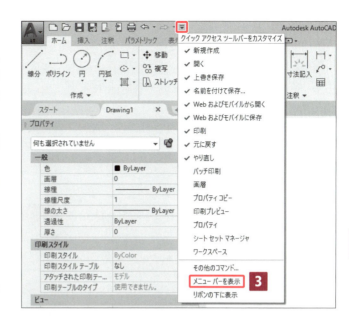

リボンタブの上にメニューバーが表示されます。

| 手順としては明記していませんが、適宜保存をしながら作業を進めましょう。テンプレート形式での保存は最後に行うので、作成途中に保存する際は通常のDWGファイルとして保存してかまいません。

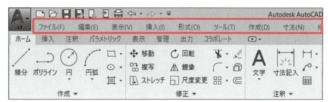

6-1-3　単位の設定

　図面で使う1作図単位をmmにするか、インチにするかを設定します。単位を変更しても1作図単位であることに変わりはないので、大きさ自体は変更されません(詳しくはP.85の「COLUMN」を参照)。

1　メニューバーから[形式]―[単位管理...]を選択する。

[単位管理]ダイアログボックスが表示されます。

6-1-2で開いたテンプレートは「mm」単位のものなので、[挿入尺度]を変更する必要はありません。

2　[角度]の[精度]欄右の▼をクリックし、プルダウンリストから[0.00]を選択する。

3　[OK]ボタンをクリックする。

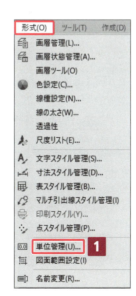

297

6-1-4 図面範囲の設定

　無限の領域であるモデル空間の作図領域内において、どこからどこまでを図面の範囲とするかを設定します。範囲を指定しても、範囲外への作図は可能です。

1 メニューバーから［形式］—［図面範囲設定］を選択する。

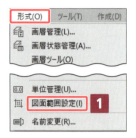

カーソル横に「左下コーナーを指定」と表示されます。

2 左下コーナーの座標の現在値が「0.0000,0.0000」であることを確認し、Enterキーを押して確定する。

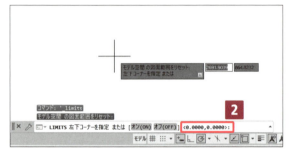

カーソル横に「右上コーナーを指定」と表示されます。

3 ここでは縦型のA4サイズ（210×297mm）に設定するので、「210,297」と入力し、Enterキーを押して確定する。

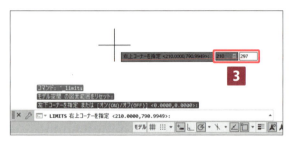

6-1-5 点スタイルの設定

　5-4-2で解説した通り、点を作成するには［点］コマンドを使用します（P.286を参照）。しかし、点のままでは画面上で見つけにくいため、ここでは画面上で点をどのような形、大きさで表示するかを決めます。

1 メニューバーから［形式］—［点スタイル管理...］を選択する。

［点スタイル管理］ダイアログボックスが表示されます。

2 上の形状から［×］を選択する。

3 ［OK］ボタンをクリックする。

点サイズは、スクリーンに対する相対サイズが5.0000%になっていますが、そのままでよいでしょう。

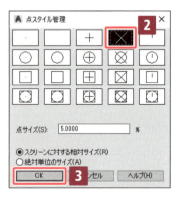

6-1-6 文字スタイルの設定

図面上で使用する文字の設定を行います。機械製図では込み入った図面をかくことも多いので、寸法に使う文字は読み取りやすいベクトルフォント（線分で構成された文字）にします。表題欄のタイトルなどに使う文字として、ゴシック体のスタイルも作成します。

1 メニューバーから［形式］—［文字スタイル管理…］を選択する。

［文字スタイル管理］ダイアログボックスが表示されます。［スタイル］（左の大きい枠の中）には、設定されている文字スタイルが表示されています。ここでは、既存のスタイルをもとに表題用と寸法用の文字スタイルを新規作成します。

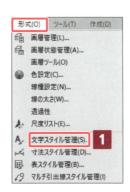

2 ［Standard］スタイルをもとに新しいスタイルを作成するので、［スタイル］の枠から［Standard］をクリックして選択する。

3 ［新規作成…］ボタンをクリックする。

4 ［新しい文字スタイル］ダイアログボックスが表示されるので、［スタイル名］に「表題用」と入力する。

5 ［OK］ボタンをクリックする。

自動的に［文字スタイル管理］ダイアログボックスに戻ります。左側の文字スタイルに［表題用］が追加されます。

6 次のように設定する。

　　［フォント名］：MS Pゴシック
　　［異尺度対応］：チェックを入れる
　　［用紙上の文字の高さ］：0.0000

> **HINT** フォント名の前に「@」マークが付いているものは縦書きフォントです。

> **HINT** ［用紙上の文字の高さ］を0にしているのは、さまざまな文字高さに対応させるためです。

7 ［適用］ボタンをクリックする。

続けて寸法用のスタイルを設定します。

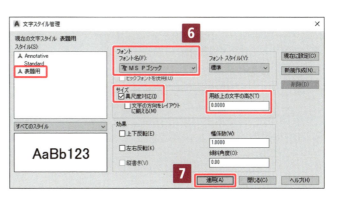

8 手順2～5にならって、[表題用]スタイルをもとに[寸法用]スタイルを作成する。

9 次のように設定する。

[フォント名]：simplex.shx
[ビッグフォントを使用]：チェックを入れる

※[ビッグフォントを使用]にチェックを入れると[フォント名]が[SHXフォント]に、[フォントスタイル]が[ビッグフォント]に変わる。

[ビッグフォント]：extfont2.shx
[異尺度対応]：チェックを入れる
[用紙上の文字の高さ]：0.0000
[幅係数]：0.8

10 [適用]ボタンをクリックする。

11 [閉じる]ボタンをクリックする。

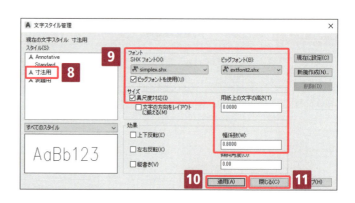

HINT 寸法数値をMSゴシックやMS Pゴシックのような太いゴシック体のフォントにすると見づらくなってしまうため、寸法用にはベクトルフォントがよく使われます。ここで指定した「simplex」はAutoCAD/AutoCAD LTに同梱されているベクトルフォントなので、AutoCAD/AutoCAD LTどうしで図面のやり取りをする場合に互換性が保てます。ただ、simplexには全角文字（和文）がないので、「ビッグフォント」（全角に対応したベクトルフォント）を指定します。ここで指定した「extfont2」は第2水準の漢字までサポートしています。
手順6で指定した「MS Pゴシック」のように、もともと全角文字に対応しているフォントを使うときには、[ビッグフォントを使用]チェックボックスは使えません。

6-1-7 寸法スタイルの設定

図面上で使用する寸法の設定を行います。テンプレート作成のベースとした「acadltiso.dwt」は機械製図用というわけではないので、端末記号など「JIS機械製図」の規定に沿った寸法設定を作成します。

1 メニューバーから[形式]―[寸法スタイル管理...]を選択する。

[寸法スタイル管理]ダイアログボックスが表示されます。

2 [ISO-25]スタイルをもとに新しいスタイルを作成するので、[スタイル]の枠から[ISO-25]をクリックして選択する。

3 [新規作成...]ボタンをクリックする。

4 [寸法スタイルを新規作成]ダイアログボックスが表示されるので、[新しいスタイル名]に「機械製図用」と入力する。

5 [続ける]ボタンをクリックする。

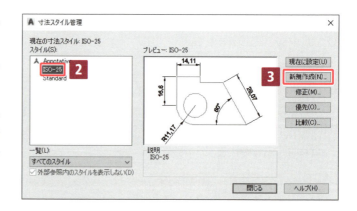

[寸法スタイルを新規作成：機械製図用]ダイアログボックスに切り替わります。

項目が多いので、ここでは初期設定から変更する部分のみ記載します。

6 [寸法線]タブを次のように設定する。

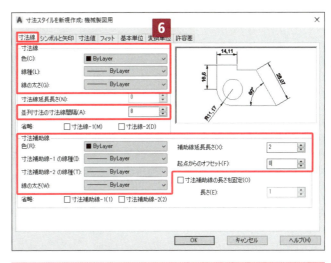

[寸法線]
- [色]：ByLayer
- [線種]：ByLayer
- [線の太さ]：ByLayer
- [並列寸法の寸法線間隔]：8

[寸法補助線]
- [色]：ByLayer
- [寸法補助線-1の線種]：ByLayer
- [寸法補助線-2の線種]：ByLayer
- [線の太さ]：ByLayer
- [補助線延長長さ]：2
- [基点からのオフセット]：0

 ByLayerとは、対象となるオブジェクト（この場合は寸法）の線種や色などプロパティを画層通りにする設定です（ちなみにByBlockはブロックにしたときに個別にプロパティを変えられるようにする設定）。寸法の場合は、画層を変更したときにまるごと変更できるByLayerにしておくほうが便利です。

7 [シンボルと矢印]タブを次のように設定する。

[矢印]
- [1番目]〜[引出線]まで：30度開矢印
- [矢印のサイズ]：3.5

[中心マーク]：なし

[折り曲げ半径寸法]
- [折り曲げ角度]：30

8 [寸法値]タブを次のように設定する。

[寸法値の表示]
- [文字スタイル]：寸法用
- [文字の色]：Black
- [文字の高さ]：3.5

[寸法値の配置]
- [寸法線からのオフセット]：1.2

9 ［フィット］タブを次のように設定する。

　［寸法図形の尺度］
　・［異尺度対応］：チェックを入れる

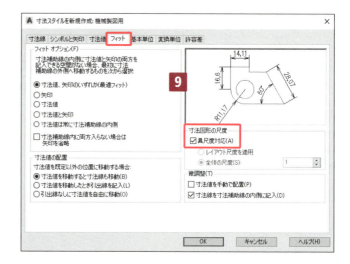

10 ［基本単位］タブを次のように設定する。

　［長さ寸法］
　・［十進数の区切り］：'.'（ピリオド）
　［角度寸法］
　・［精度］：0.00
　・［0省略表記］：［末尾］にチェックを入れる

［変換単位］タブでは特に変更個所はありません。

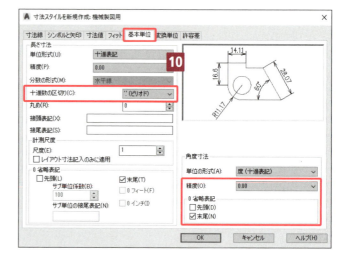

11 ［許容差］タブを次のように設定する。

　［許容差の形式］
　・［方法］：上下
　・［高さの尺度］：0.75

上記のように設定してから［方法］欄を［なし］に戻す。

 ［方法］欄が［なし］のままでは［高さの尺度］の設定ができないため、いったん［上下］にします。しかし、［上下］のままにしておくと寸法記入のたびに許容差が表示されてしまうため、［なし］に戻します。

12 ［OK］ボタンをクリックする。

続けて、直径用の寸法スタイルを作成します。

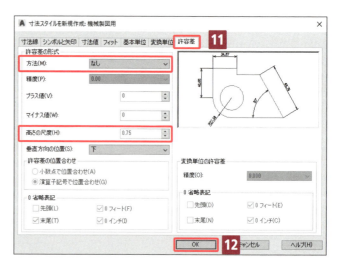

302

> **COLUMN** 直径寸法用のスタイルについて
>
> 記入した直径寸法には直径記号φが付きます。JIS機械製図の規格では、直径記号を付ける場合、付けない場合の決まりがあります（P.107の「COLUMN」を参照）。
> ここでは、直径寸法にJISの規定を反映させるため、同じ［機械製図用］のスタイルを使ったまま右図のような新規の直径寸法スタイルを作成します（左図は直径寸法用のスタイルを作成する前の状態です。中心を通る両方向矢印がある状態で、数値の前に直径記号が付いています）。

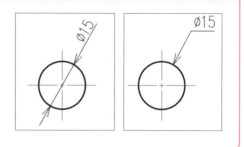

13 ［寸法スタイル管理］ダイアログボックスで［スタイル］の枠から［機械製図用］をクリックして選択する。

14 ［新規作成…］ボタンをクリックする。

15 ［寸法スタイルを新規作成］ダイアログボックスが表示されるので、スタイル名は入力せずに、［適用先］を［直径寸法］にする。

16 ［続ける］ボタンをクリックする。

［寸法スタイルを新規作成：機械製図用：直径寸法記入］ダイアログボックスが表示されます。

17 ［寸法線］タブを次のように設定する。

　［寸法線］
　・［省略］：［寸法線-1］にチェックを入れる

［シンボルと矢印］タブでは特に変更箇所はありません。

18 ［寸法値］タブを次のように設定する。

　［寸法値の位置合わせ］：常に水平

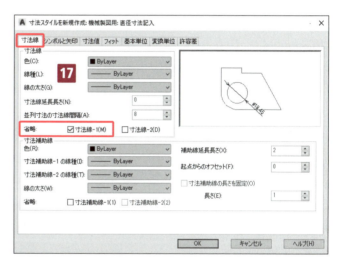

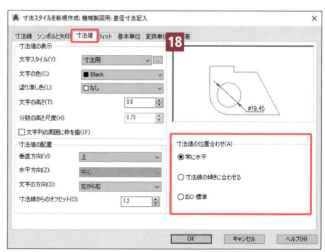

19 [フィット]タブを次のように設定する。

[微調整]
- [寸法線を寸法補助線の内側に記入]のチェックを外す

20 [OK]ボタンをクリックする。

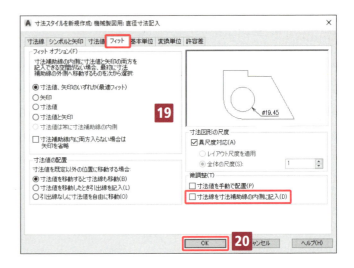

[寸法スタイル管理]ダイアログボックスに戻ります。[スタイル]の[機械製図用]の下に[直径寸法記入]が作成されています。

21 [閉じる]ボタンをクリックする。

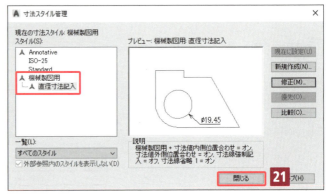

6-1-8 マルチ引出線スタイルの設定

図面上で使用するマルチ引出線の設定を行います。一般的な引出線に使う[注記用]のほか、[面取り用]のスタイルを作成します。

1 メニューバーから[形式]―[マルチ引出線スタイル管理]を選択する。

[マルチ引出線スタイル管理]ダイアログボックスが表示されます。

2 [スタイル]の[Standard]を選択する。

3 [新規作成...]ボタンをクリックする。

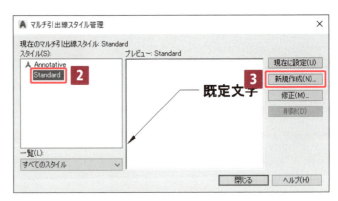

4 [新しいマルチ引出線スタイルを作成]ダイアログボックスが表示されるので、[新しいマルチ引出線スタイル名]に「注記用」と入力する。

5 [続ける]ボタンをクリックする。

［マルチ引出線スタイルを修正：注記用］ダイアログボックスが表示されます。

6 ［引出線の形式］タブを次のように設定する。

　　［一般］
　　・［色］：ByLayer
　　・［線種］：ByLayer
　　・［線の太さ］：ByLayer
　　［矢印］
　　・［記号］：30度開矢印
　　・［サイズ］：3.5

7 ［引出線の構造］タブを次のように設定する。

　　［参照線の設定］
　　・［参照線を自動的に含める］のチェックを外す
　　［尺度］
　　・［異尺度対応］にチェックを入れる

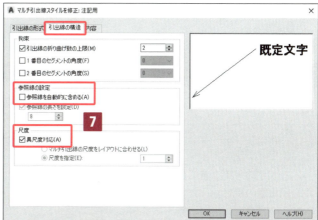

8 ［内容］タブを次のように設定する。

　　［文字オプション］
　　・［文字スタイル］：寸法用
　　・［文字の色］：Black
　　・［文字の高さ］：3.5
　　［引出線の接続］
　　・［左側の接続］：先頭行に下線
　　・［右側の接続］：先頭行に下線

9 ［OK］ボタンをクリックする。

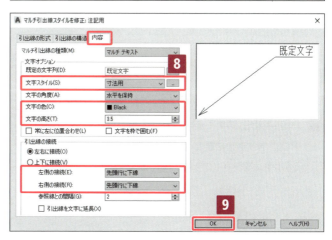

続けて［面取り用］のスタイルを作成します。

10 ［マルチ引出線スタイル管理］ダイアログボックスで［スタイル］の［注記用］をクリックして選択する。

11 ［新規作成...］ボタンをクリックする。

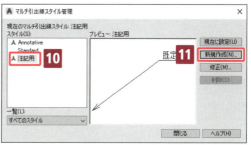

305

12 ［新しいマルチ引出線スタイルを作成］ダイアログボックスが表示されるので、［新しいマルチ引出線スタイル名］に「面取り用」と入力する。

13 ［続ける］ボタンをクリックする。

［マルチ引出線スタイルを修正：面取り用］ダイアログボックスが表示されます。

［引出線の形式］タブでは特に変更個所はありません。

14 ［引出線の構造］タブを次のように設定する。

　［拘束］
　・［1番目のセグメントの角度］：45

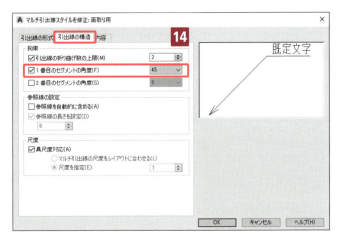

15 ［内容］タブを次のように設定する。

　［文字オプション］
　・［文字の角度］：常に右方向へ読む
　［引出線の接続］
　・［参照線との間隔］：0

16 ［OK］ボタンをクリックする。

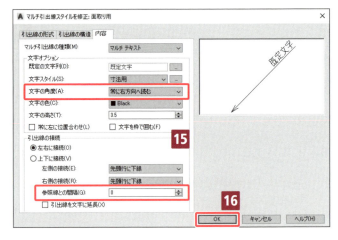

17 ［マルチ引出線スタイル管理］ダイアログボックスに戻るので、［閉じる］ボタンをクリックする。

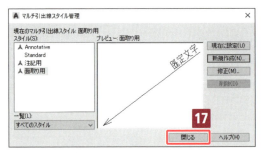

6-2 線、画層の設定

練習用ファイルなし

引き続き、テンプレートを作成していきます。この節では、線種をロード(読み込み)して、画層を作成する方法を学びます。

6-2-1 線種のロード

機械製図に必要な線種として、破線、一点鎖線、二点鎖線をロードします。

1 メニューバーから[形式]-[線種設定...]を選択する。

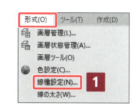

2 [線種管理]ダイアログボックスが表示されるので、[ロード...]ボタンをクリックする。

3 [線種のロードまたは再ロード]ダイアログボックスが表示されるので、[線種]の中から[CENTER2]をクリックして選択する。

4 [OK]ボタンをクリックする。

[線種管理]ダイアログボックスに新たに[CENTER2]の線種が追加されます。

5 手順2〜4にならって、[HIDDEN2]と[PHANTOM2]の線種を追加する。

> **HINT** 手順3で Ctrl キーを押しながら3つの線種を順にクリックし、まとめて追加することもできます。

6 [OK]ボタンをクリックする。

6-2-2 画層の作成

機械製図に使う画層を作成します。

1. [ホーム]タブ −[画層]パネル −[画層プロパティ管理]をクリックする。

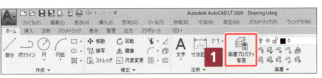

2. [画層プロパティ管理]パレットが表示されるので、[新規作成]アイコンをクリックする。

[0]という画層の下に[画層1]が作成されます。

3. [名前]欄の[画層1]が反転表示されているので、そのまま「01_外形線」と入力して画層名を変更する。

4. [01_外形線]の[線の太さ]欄([—既定]と表示されている個所)をクリックする。

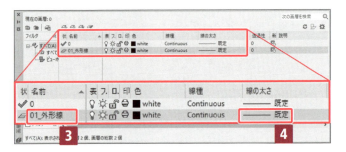

5. [線の太さ]ダイアログボックスが表示されるので、[0.35mm]をクリックして選択する。

6. [OK]ボタンをクリックする。

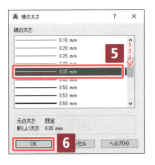

7. 再び[新規作成]アイコンをクリックし、作成された画層の[名前]欄に「02_細線」と入力する。

8. [02_細線]の[色]欄の■をクリックする。

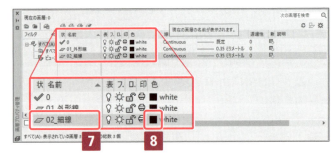

9 [色選択]ダイアログボックスが表示されるので、インデックスカラーから[blue]をクリックして選択する。

10 [OK]ボタンをクリックする。

11 手順4～6にならって、[02_細線]の[線の太さ]欄の[―0.35ミリメートル]をクリックして太さを[―0.18mm]に変更する。

12 [新規作成]アイコンをクリックし、作成された画層の[名前]欄に「03_かくれ線」と入力する。

13 [03_かくれ線]の[色]欄をクリックし、[色選択]ダイアログボックスで[Magenta]を選択して[OK]ボタンをクリックする。

14 [03_かくれ線]の[線種]欄の[Continuous]をクリックする。

15 [線種を選択]ダイアログボックスが表示されるので、[HIDDEN2]を選択し、[OK]ボタンをクリックする。

16 これまでと同様の手順を繰り返し、図のように[04_中心線]から[99_図中枠]の画層を作成する。

17 印刷しない画層（ここでは[10_補助線]と[98_用紙サイズ]）の[印刷]欄のプリンタマークをクリックし、印刷禁止マーク（赤い⊘）を付ける。

18 [画層プロパティ管理]パレットの[×]ボタンをクリックして、パレットを閉じる。

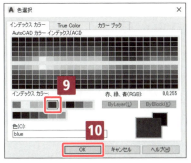
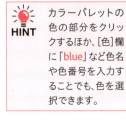

カラーパレットの色の部分をクリックするほか、[色]欄に「blue」など色名や色番号を入力することでも、色を選択できます。

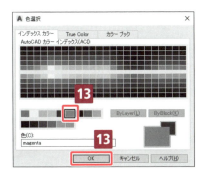

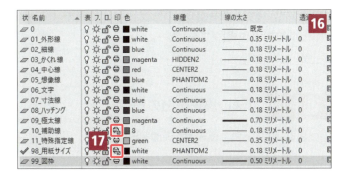

機械製図に使う線の太さや種類についての規格は、P.20を参照してください。

6-3 画層の割り当て

練習用ファイルなし

通常オブジェクトはアクティブ画層に作図されますが、ハッチング、寸法、中心線、中心マークはあらかじめ優先する画層を割り当てておくことで、作図時にアクティブ画層への切り替え操作を省くことができます。

6-3-1 ハッチングの優先画層の設定

ハッチングを記入する際に優先する画層を設定します。

1. [ホーム]タブ−[作成]パネル−[ハッチング]をクリックする。

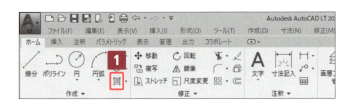

2. リボンに[ハッチング作成]タブが表示されるので、[プロパティ]パネル名右の[▼]をクリックしてパネルを展開する。

3. [ハッチング画層の優先]の[▼]をクリックし、プルダウンリストから[08_ハッチング]を選択する。

4. リボンの右端の[ハッチング作成を閉じる]ボタンをクリックして[ハッチング作成]タブを閉じる。

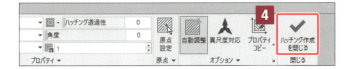

6-3-2 寸法の優先画層の設定

寸法を記入する際に優先する画層を設定します。

1. [注釈]タブ−[寸法記入]パネルで[寸法画層を優先]の[▼]をクリックし、プルダウンリストから[07_寸法線]を選択する。

6-3-3 中心線、中心マークの優先画層の設定

中心線、中心マークを記入する際に優先する画層や線種などを設定します。

1 「CENTERLAYER」と入力する。

 HINT 途中までコマンド名を入力するとコマンドの候補が表示されるので、それをクリックすると素早く入力できます。

2 カーソル横に「CENTERLAYERの新しい値を入力、または.=現在を使用」と表示されるので、「04_中心線」と入力し、Enterキーを押して確定する。

 注意 必ず画層名と同じ名前を入力します。半角／全角やアンダーバー／ハイフンなどが誤っていると認識しません。

これで中心線、中心マークを記入する際に優先する画層を設定できました。

続けて、中心線、中心マークに使う線種を設定します。

3 「CENTERLTYPE」と入力してEnterキーを押す。

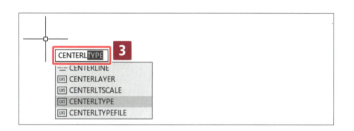

4 カーソル横に「CENTERLTYPEの新しい値を入力、または.=現在を使用」と表示されるので、「bylayer」と入力し、Enterキーを押して確定する。

続けて、オブジェクトから中心線や中心マークが飛び出す長さを設定します。

5 「CENTEREXE」と入力してEnterキーを押す。

HINT CENTERLTYPEには、初期設定では[CENTER2]の線種が割り当てられています。このままでも一点鎖線になっているのですが、[ByLayer]にすることで、中心線用の画層（このテンプレートでは[04_中心線]）で使う線種をほかの一点鎖線の線種に変更した場合、自動的に同じ線種が割り当てられるようになります。このテンプレートをもとにほかのサイズ・ほかの用途のテンプレートを作成したいときや、使う線種をほかの一点鎖線に変えたいときに便利です。

6 カーソル横に「CENTEREXEの新しい値を入力」と表示されるが、現在値が<3.5000>となっているので、このまま変更せずにEnterキーを押して確定する。

6-4 図枠と表題欄の作成

練習用ファイルなし

引き続き、テンプレート作成の基本を学びます。この節では、図枠と表題欄を作成します。

6-4-1 用紙サイズの作成

印刷時に用紙サイズ（A4縦）がわかるように、目印の長方形を作図します。

1. ［グリッド］をオフにし、［ダイナミック入力］［極トラッキング］［オブジェクトスナップトラッキング］［オブジェクトスナップ］［線の太さ］をオンにする。
2. 画層を［98_用紙サイズ］にする。
3. ［長方形］コマンドを実行する。
4. 「一方のコーナー」として「0,0」と入力し、Enter キーを押して原点を指定する。
5. 「もう一方のコーナー」として「210,297」と入力し、Enter キーを押して確定する。
6. 作図した長方形が見やすいように、画面を拡大する。

6-4-2 図枠の作成

続けて、図枠を作図します。図枠の左側は「とじしろ」を考慮し、広めに空けるようにします。

1. ［オフセット］コマンドを実行する。
2. 用紙サイズから内側に10オフセットした長方形を作図し、コマンドを終了する。
3. 内側の長方形を選択し、画層を［99_図枠］に変更する。
4. 内側の長方形の左の辺をクリックして選択する。
5. 長方形の中点グリップをクリックすると、カーソル横に「ストレッチ点を指定」と表示されるので、右水平方向にカーソルを移動する。「10」と入力して Enter キーを押す。

長方形の左の辺が右水平方向に10移動します。

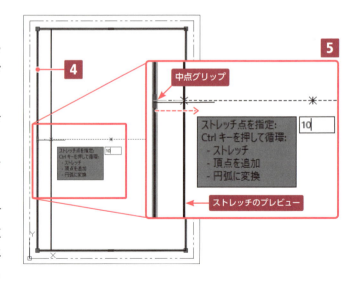

6-4-3 表題欄の作成

簡単な枠と文字で表題欄を作成します。図面に共通のタイトル文字は、通常の文字として記入します。図面ごとに違う文字は、ブロック化した後に簡単に入力できる「属性定義」という方法で作成します。

1 図枠の右下に図のような線を作図する。

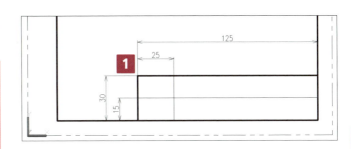

 外側は[01_外形線]画層、枠内の縦横の細い線は[02_細線]画層で作図します。寸法は記入しません。
また、線分の1点目を指定する際は、[線分]コマンドを実行してから[基点設定]の優先オブジェクトスナップ（一時オブジェクトスナップ）を使用します（P.119の手順 **2**〜**5** を参照）。

2 文字を記入する目印となる線を、図のように交点を通る連続のポリラインで作図する。

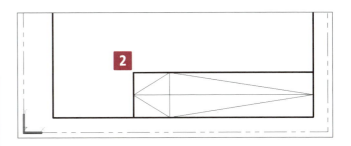

 ポリラインは後で削除するので、画層は何でもかまいません。なお、ここでポリラインを使うのは、ポリラインを連続でかくと線が折り曲がっていても1つの要素になるため、削除が簡単だからです。

続けて、図面ごとに変更しないタイトル文字を記入します。

3 画層を[06_文字]にする。

4 [注釈]タブ−[文字]パネルで[文字スタイル]右の[▼]をクリックして、表示された文字スタイル一覧から[表題用]を選択する。

5 [文字記入]コマンドを実行し、[位置合わせオプション]から[中央]を選択する。

 文字記入の詳しい手順は、P.180〜182を参考にしてください。途中で[注釈尺度を選択]ダイアログボックスが表示されたら、[1:1]が選択されていることを確認して[OK]ボタンをクリックします。

6 「文字列の中央点」として、左上のマス目内のポリライン中点をクリックして指定する。

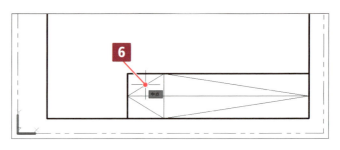

7 「用紙上の文字の高さ」として「4」と入力し、Enterキーを押す。

8 「文字列の角度」として「0」と入力し、Enterキーを押す。

9 入力カーソルが表示されるので、「図名」と入力してEnterキーを押す。

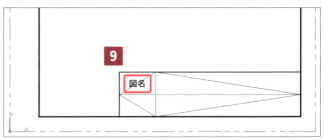

10 再びEnterキーを押して[文字記入]コマンドを終了する。

11 [文字記入]コマンドを実行し、コマンドラインの上の[現在の文字スタイル]を確認する。

直前に使用したスタイル、文字高さ、位置合わせになっています。この後の文字記入にあたっては、これらのオプションを変更せずに利用します。

 現在の文字スタイルが表示されない場合は、コマンドライン右端の[▲]をクリックすれば、コマンド履歴から確認できます。

12 図を参考に、手順6～10にならって「図番」と入力する（「用紙上の文字の高さ」と「文字列の角度」は現在値のまま変更せず、Enterキーを押す）。

続けて、属性定義された文字を作ります。

13 [挿入]タブー[ブロック定義]パネルー[属性定義]をクリックする（あるいは「ATTDEF」または「AT」と入力してEnterキーを押す）。

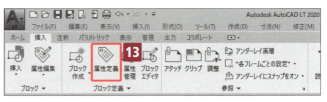

14 [属性定義]ダイアログボックスが表示されるので、図のように設定する。

15 [OK]ボタンをクリックする。

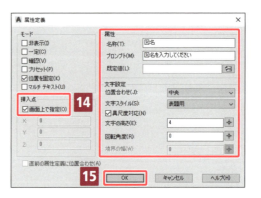

16 カーソル横に「始点を指定」と表示されるので、右上の枠内のポリライン中点をクリックする。

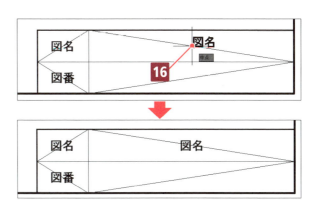

右上の枠内中央に「図名」が記入され、[属性定義]コマンドが自動的に終了します。

クリックするまでは文字の左下が起点になっているように見えますが、クリックすると、手順14で指定した通り[中央]に配置されます。

17 手順13～16にならって、右下の枠内に「図番」を作成する。属性は次の項目以外は手順14と同じ。

　名称：図番
　プロンプト：図番を入力してください

18 目印のために作図したポリラインを選択し、Delete キーを押して削除する。

これで、図のような簡単な図面枠・表題欄ができました。

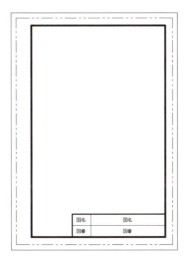

6-4-4　図枠と表題欄をブロック化

　作成した用紙サイズを表す枠、図枠、表題欄をブロック化します。ブロック化すると、複数のオブジェクトをまとまった1つのオブジェクトとして扱うことができるようになります。

1 [挿入]タブー[ブロック定義]パネルー[ブロック作成]をクリックする(あるいは「BLOCK」または「B」と入力して Enter キーを押す)。

[ブロック定義]ダイアログボックスが表示されます。

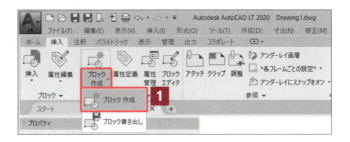

2 ［名前］欄に「A4縦-図枠」と入力する。

3 図のように設定する。

4 ［OK］ボタンをクリックする。

5 カーソル横に「挿入基点を指定」と表示されるので、「0,0」と入力して Enter キーを押す。

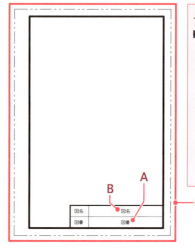

> [保持]［ブロックに変換］［削除］は、「ブロック作成に使ったオブジェクトをどうするか」を決めるものです。ここで［保持］や［削除］を選んでも、ブロック登録は行われますが、［保持］では選択したオブジェクトはブロックにならずバラバラのまま、［削除］では画面上からオブジェクトがなくなります。

6 カーソル横に「オブジェクトを選択」と表示されるので、ブロック化するものを選択する。ここでは次のA、B、Cの順序で選択する。

　A　属性定義で作成した［図番］をクリックする。
　B　属性定義で作成した［図名］をクリックする。
　C　範囲選択ですべてを選択する。

7 Enter キーを押して選択を確定する。

8 ［属性編集］ダイアログボックスが表示されるので、［OK］ボタンをクリックして閉じる。

このダイアログボックスには、手順6で選択した順（A、Bの順）に入力欄が表示されます。図番や図名を記入したいときは、ここに入力することで表題欄に反映されます（後から入力することもできます）。ここでは何も入力せずに［OK］ボタンをクリックします。

作成されたブロックでは、表題欄の右側が空白になっています。

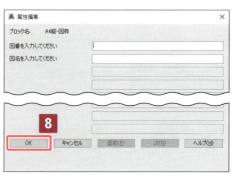

> 手順6で一度に範囲選択（A、Bを省略）してもブロック化することはできます。しかし、ここでは手順8の［属性編集］ダイアログボックスに表示される項目順（上から［図番］、［図名］の順）を指定するために、この順序で選択してブロック化しています。

| COLUMN | ブロックとは

「ブロック」とは、複数のオブジェクトで構成された図形をブロック(かたまり)として登録した図形のことで、登録しておけば簡単に呼び出して挿入できます。
登録したブロックは挿入時の設定で、尺度を変更したり回転させた状態で挿入することもできます。
また、1つのブロックを編集すると図面内の同一ブロックすべてに編集が反映されるので、設計変更に対応させやすいのも利点です。
このような利点があるため、通常はブロックのまま挿入しますが、図中で使うときにブロックを個別に変更したいときなどは、同一編集を行いたくないブロックを分解して挿入することもできます。

 6-4-3 で行ったような属性定義をした文字列は、同一ブロックでも文字をブロックごとに編集できます。また、「ダイナミックブロック」と呼ばれるアクションを与えて登録したブロックは、同一ブロックであっても与えたアクションごとに編集することができます。

ブロックを挿入するにはいくつかの方法がありますが、ここではリボンから [ブロック挿入] コマンドを実行して、ブロックのリストから先ほど登録した [A4縦-図枠] を挿入する手順を紹介します (テンプレート作成の流れの中では、実際には挿入しません)。

1 [挿入] タブ−[ブロック] パネル−[挿入] をクリックする。

図面内に登録されているブロックのリストが表示されます。このファイルには、[_Open30] というブロックと [A4縦-図枠] というブロックが登録されていることが確認できます。

 [_Open30] というブロックは、テンプレート作成に使用した [acadltiso.dwt] に元から登録されているブロックで、寸法スタイルで使われています。

2 表示されたリストから [A4縦-図枠] をクリックして選択する。

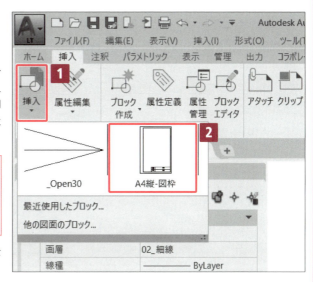

選択したブロックがカーソルに付いて表示され、カーソルを動かすとブロックも追従します。
クリックした位置にブロックが配置されますが、配置前にオプションで尺度や角度を変更することができます。オプションを指定する順番は問いません。

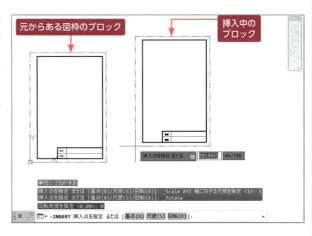

> [ブロック挿入] コマンドには次の3つのオプションがあります。
>
> - 基点（B）：挿入基点を決めなおすことができます。挿入基点をオプション実行前の位置（カーソルの位置が基点）からX方向、Y方向にどれだけずらすかを、座標入力かクリック操作で指定します。
> - 尺度（S）：配置する際の大きさを変更できます。現在の尺度を1とし、1より小さい数値を入力すると縮小、1より大きい数値を入力すると拡大されます。たとえば、「0.5」と入力すれば半分の尺度、「2」と入力すれば倍の尺度になります。
> - 回転（R）：配置する際の角度を変更できます。反時計回りが角度のプラス方向です。[回転] コマンドのように、クリック操作で回転角度を指定することもできます。

3 配置する位置をクリックする。

オプションの指定が終わったら、配置する位置を決めます。
ここでは、[A4縦-図枠] ブロックの [尺度] を「0.5」、[回転] を「30」にして既存の図枠の右上の角をクリックして配置しました。

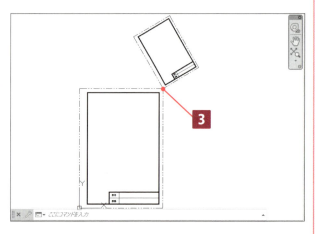

> ブロックの位置の指定はクリック操作のほか、座標入力や、基点設定、極トラッキングなど、通常のオブジェクトの位置指定と同じ方法が使えます。
> 属性定義したオブジェクトが含まれるブロックを配置すると、[属性編集] ダイアログボックスが表示され、ブロックに表示させる文字を入力できます（入力せずにダイアログボックスを閉じても大丈夫です）。また、ブロックをダブルクリックして直接文字を入力したり、ブロックを選択して [プロパティ] パレットの [属性] 項目に文字を入力したりすることでも、ブロックに文字を表示させることができます。

6-5 ページ設定

練習用ファイルなし

テンプレート作成時に印刷設定をしておくことで、印刷時のさまざまな指定を省略できます。印刷設定を複数作成しておき、使用する設定を印刷時に選択することも可能です。

6-5-1 ページ設定の作成

印刷に関する設定を［ページ設定］として作成します。

1 ［出力］タブ─［印刷］パネル ─［ページ設定管理］をクリックする（あるいは「PAGESETUP」と入力して Enter キーを押す）。

2 ［ページ設定管理］ダイアログボックスが表示されるので、［新規作成…］ボタンをクリックする。

3 ［ページ設定を新規作成］ダイアログボックスが表示されるので、［新しいページ設定名］に「A4縦」と入力する。

4 ［OK］ボタンをクリックする。

5 ［ページ設定 - モデル］ダイアログボックスが表示されるので、図のように設定する。

> **HINT** ［ページ設定 - モデル］ダイアログボックスの設定項目は、［印刷 - モデル］ダイアログボックスとほぼ共通なので、詳しくはP.111の印刷設定を参照してください。

設定が終わったら、プレビューで印刷の状態を確認してみましょう。

6 ［プレビュー…］ボタンをクリックする。

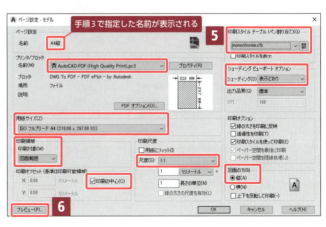

319

プレビューが表示されるので、確認します。

7 確認が終わったら、⊗ボタンをクリックしてプレビューを閉じる。

8 [ページ設定 - モデル]ダイアログボックスに戻るので、[OK]ボタンをクリックして閉じる。

9 [ページ設定管理]ダイアログボックスに戻るので、作成したページ設定[A4縦]が追加されていることを確認し、クリックして選択する。

10 [現在に設定]ボタンをクリックする。

11 [閉じる]ボタンをクリックする。

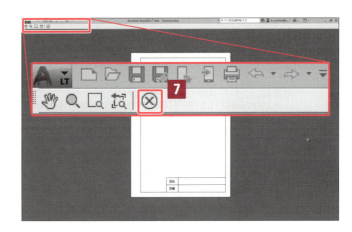

 [現在に設定]をクリックすることで、印刷時にこの設定が優先的に表示されます。

6-5-2 印刷の確認

作成したページ設定を使って印刷（ここではPDFファイルへの書き出し）をしてみましょう。

1 クイックアクセスツールバーの[印刷]ボタンをクリックする。

2 [印刷 - モデル]ダイアログボックスが表示されるので、[名前]欄に「A4縦」と表示されていることを確認する。

 6-5-1の手順9〜10で[現在に設定]をせず、自動で「A4縦」と表示されない場合、[名前]欄をクリックして、プルダウンリストから[A4縦]を選択してください。

3 [プレビュー...]ボタンをクリックし、プレビューを確認する。

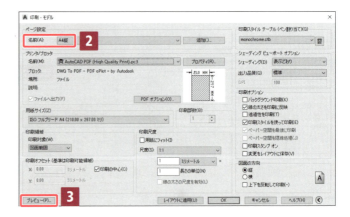

4 P.112の手順6〜9にならって、図面をPDFとして保存する。

6-6 テンプレートとしての保存

練習用ファイルなし

ここまでは一般的なDWGファイルとして保存をしてきましたが、AutoCAD (LT) では、一般の図面ファイルの保存形式とテンプレートファイルの形式が分かれています。そのため、設定が終わったファイルをテンプレート形式（DWTファイル）で保存します。

6-6-1 DWT形式での保存

DWGファイルをテンプレート形式（DWTファイル）で保存します。

1 クイックアクセスツールバーの[名前を付けて保存...]ボタンをクリックする。

[図面に名前を付けて保存] ダイアログボックスが表示されます。

2 [ファイルの種類]のプルダウンリストから[AutoCAD LT 図面テンプレート(*.dwt)]を選択する。

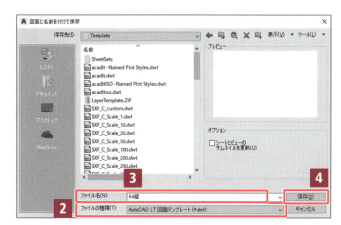

> **HINT** 選択すると、保存先が自動的にAutoCAD LTが元々指定している[Template] フォルダになります。保存先は変更できますが、ここに保存することで新規作成時にスムーズに選択できるようになります。

3 [ファイル名]に「A4縦」と入力する。

4 [OK]ボタンをクリックする。

> **HINT** ファイル名は、ページ設定と別の名前にしても問題ありません。

[テンプレートオプション] ダイアログボックスが表示されます。

5 [説明]欄に説明（覚え書きなど）を入力する。

6 [OK]ボタンをクリックする。

7 テンプレートファイルを閉じる。

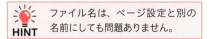

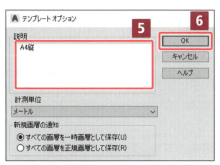

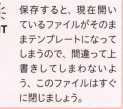

> **HINT** 保存すると、現在開いているファイルがそのままテンプレートになってしまうので、間違って上書きしてしまわないよう、このファイルはすぐに閉じましょう。

> **HINT** ここまでの手順を終えた状態のテンプレートファイルが、教材データに「6-6_完成.dwt」として収録されています。

6-7 図面ファイルの新規作成

📄 6-6_完成.dwt

作成したテンプレートを使って、図面を新規作成してみましょう。

6-7-1 テンプレートをもとにした新規作成

図面を新規作成します。

1. P.38の手順1〜3にならって、作成したテンプレートをもとにファイルを新規作成する。

2. 開いたファイルがテンプレートではなく、新たな図面ファイルになっていることを確認する。

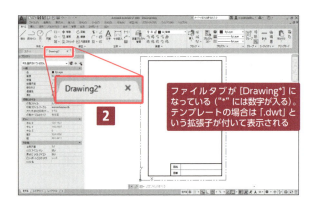

ファイルタブが [Drawing*] になっている ("*" には数字が入る)。テンプレートの場合は「.dwt」という拡張子が付いて表示される

3. 図枠をダブルクリックして表示される[拡張属性編集]ダイアログボックスで、図番、図面を入力する。

   図番：12345
   図名：テスト

4. [OK]ボタンをクリックする。

5. 図枠に手順3で入力した内容が反映されていることを確認する。

6. 図面を閉じて終了する。

COLUMN 詳細な図枠の製図規定や参考寸法など

この章では簡易的な図枠を作成しましたが、もう少し本格的な図枠を作成したい場合は、次の製図規定や寸法を参考に作成してみましょう。

- **中心マーク**：内側（輪郭線）の中心位置に線分で作図。用紙の端から輪郭線の内側約5mmまで、最小0.5mmの太さの直線を用いる。

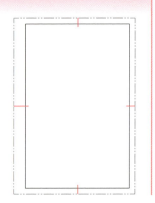

- **比較目盛**：長さが最小100mmで、10mm間隔の、数字の記載がない目盛を設けることが望ましい。線は太さが最小0.5mmの直線とする。ここでは縦の長さを3mmにしてあるが、規定では「最大5mm」となっている。

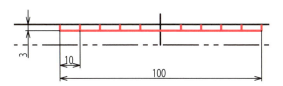
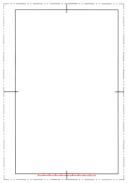

- **格子参照方式**：分割数は偶数にし、図面の複雑さによって25mm〜75mmの間隔にする。用紙の1つの辺に沿ってローマ字の大文字、他の辺に沿って数字を用いて参照するのがよい。記入する文字・数字の順番は表題欄の反対側の隅から始まるようにし、対辺にも同じ記入をする。分割する線は最小0.5mmの太さの実線にする。

※ここでは横を4等分、縦を6等分にしている。等分の目印作成には［ディバイダ］コマンドを使うと便利。

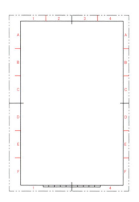

- **表題欄**：図面の管理上必要な事項、図面内容に関する定型的な事項などをまとめて記入するために、図面の一部に設ける欄。図面番号、図名、企業名などを記入する。図面の右下に、長さ170mm以下で作成する。

寸法例：
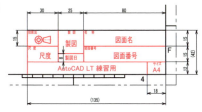

- **図記号**：第三角法であることを示す図記号を表題欄に作図する。サイズ・比率には表のような規定がある。本書のテンプレートでは、表の一番左端の列の値を用い、hを3.5、dを0.35、Hを7で作図している。

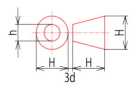

円すいの直径（小）、h	3.5	5	7	10	14	20
線の幅、d	0.35	0.5	0.7	1	1.4	2
円すいの直径（大）と長さ、H	7	10	14	20	28	40

索引

記号・数字

φ 107, 133, 206, 303
%%C 107, 134
%%D 134
%%O 134
%%P 134
%%U 134
(R) 161, 162
< > 106
3点円 256

A

ANSI31 .... 197, 199
ARRAY 213
ARRAYRECT 209, 213
ATTDEF 314
AutoCAD LTの起動 33
AutoSnapマーカー 62

B

BLOCK 315
BREAK 280
ByBlock 301
ByLayer 301, 311

C

C (45°の面取り) 107
CENTEREXE 311
CENTERLAYER 311
CENTERLINE 77, 94, 148
CENTERLTYPE 311
CENTERMARK 77, 88, 147, 177
CHAMFER 222, 226
CIRCLE 77, 86, 124, 155, 174
COPY 78, 128, 192
CR (コントロール半径) 107

D

DIMALIGNED 200
DIMANGULAR 204
DIMBASELINE 101, 103, 203
DIMCONTINUE 100
DIMDIAMETER 104
DIMLINEAR 96, 103, 201
DIMRADIUS 159
DIMSPACE 293
DIVIDE 286
DONUT 285
DWTファイル 321

E

ELLIPSE 184, 191
EXPLODE 139, 162
EXTEND 263, 271

F

FILLET 139, 142, 176

H

HATCH 115, 136, 197

I

ISO-25 300

J

JIS 17
JOIN 222, 237

L

LAYER 78, 110
LEADER 287
LENGTHEN 115, 125
LINE 93, 118, 165

M

MIRROR 222, 229
MLEADER 209, 219
MOVE 245, 260

O

OFFSET 115, 121, 130, 145, 166, 185
Oスナップ 52, 53, 60, 79
Oトラック 52, 53, 64, 79, 86, 87, 92

P

P.C.D. 242
PAGESETUP 319
PDF書き出し 110
PLINE 139, 140, 185
POINT 286
POLYGON 245, 246

Q

QLEADER 289

R

R (半径) 107
RECTANG 77, 84, 91, 117
ROTATE 274, 275

S

SCALE 263, 264
SPLINE 184, 195
SR (球半径) 107
STRETCH 263
Sφ 107

T

t (厚さ) 107, 160, 162, 182
TEXT 164, 180
TEXTEDIT 217, 242
TRIM 115, 123, 153, 171

U

UCSアイコン 33, 35

X

XLINE 139, 150

あ

厚さ (t) 107, 160, 162, 182
アプリケーションボタン 33, 34
アプリケーションメニュー 34

い

位置合わせパス 58
一時オブジェクトスナップ 65
[移動] コマンド 245, 260
色の変更 28
印刷 110

う

ウィンドウ操作ボタン 33, 35

え

エイリアス 48
[円] コマンド 77, 86
　　[2点 (2P)] オプション 169
　　[3点 (3P)] オプション 169
　　[3点] オプション 256
　　[接、接、半 (T)] オプション 168, 169
　　接円の作図 167
　　[接点、接点、半径] オプション 167
　　[中心、半径] オプション
　　　　.............................. 86, 124, 155, 174
　　[直径 (D)] オプション 87, 169
[延長] コマンド 263, 271
　　～の代わりに [トリム] コマンドを使う
　　　　... 277
円の大きさ変更 129

お

オブジェクト 34
[オブジェクトスナップ] 52, 53, 60, 79
[オブジェクトスナップトラッキング]
　　.............................. 52, 53, 64, 79, 86, 87, 92
オブジェクトの削除 73
オブジェクトの選択と選択解除 68
[オブジェクトプロパティ管理] パレット
　　... 30, 34
オプション 50
オフセット
　　オフセット後にフィレットをかける場合
　　　　... 146
　　ポリラインと線分による連続線の
　　　　オフセット 146
　　面取りやフィレットのある長方形の
　　　　オフセット 212
[オフセット] コマンド
　　............... 115, 121, 130, 145, 166, 185
　　　　[一括 (M)] オプション 189
　　　　[通過点 (T)] オプション 189

か

カーソル 33, 34
[回転] コマンド 274
　角度を数値で指定して回転 275
　　[参照 (R)] オプション 278
　任意の位置を指定して回転 278
回転図示断面図 116
ガイド 58
[鏡像] コマンド 222, 229
拡張子の表示 32
[角度寸法] コマンド 204
角度の＋方向、ー方向 54
かくれ線の省略 195
ガスケット 208
画層 81
画層の作成 308
画層の変更 95, 126
画層の割り当て 310
[画層プロパティ管理] コマンド 78, 110, 308
片側断面図 116, 221, 222
画面各部名称 33
画面操作 43
画面の移動 44
画面の拡大・縮小 43
間隔が狭い範囲の寸法数値 98

き

キー溝 223, 236
機械系CAD 14
機械製図の規格 17
機械部品 207
機械要素 207
規格 17
幾何公差 134, 287, 290
キューブの作図 114
極座標 52, 53
[極トラッキング]
　.......................... 52, 53, 58, 79, 80, 86, 90, 91
許容差 134, 302

く

クイックアクセスツールバー 33, 35
[クイックリーダー] コマンド 289
[矩形状配列複写] コマンド 209, 213
[グリッド] 52, 53, 55
グリップ
　...........68, 108, 126, 149, 156, 178, 205, 271

け

[結合] コマンド 222, 237
現尺 19

こ

交差選択 69, 72
格子参照方式 323
[構築線] コマンド 139
　[オフセット (O)] オプション 265
　[垂直 (V)] オプション 150
　[水平 (H)] オプション 151
コマンドウィンドウ 35
コマンドオプション 50
コマンドの実行とキャンセル／終了方法 47
コマンド名のキー入力 48
コマンドライン 33, 35, 49

さ

[再作図] コマンド 46
サイズ公差 134
[削除] コマンド 73
作図補助設定 52, 79
作図補助設定のボタンの追加 31
作図領域 33, 35
座標系アイコン 35
座標入力 52
三面図 24

し

シール 208
尺度 19, 97
[尺度変更] コマンド 263, 264
十字中心線 88
縮尺 19
主投影図 24
情報センター 33, 35
正面図 24

す

図記号 323
ステータスバー 33, 35
ストッパーの作図 163
[ストレッチ] コマンド 263, 266
　伸縮や変形の詳細 269
[スナップモード] 52, 53, 55
[スプライン] コマンド 184, 195
　[制御点] 195
　[フィット] 195
図面に用いる文字 21
図面の尺度 19
図面範囲 298
図面ファイルの新規作成 38, 78, 322
図枠 18
図枠と表題欄をブロック化 315
図枠の作成 312
図枠の製図規定や参考寸法 322
寸法 21, 96
　間隔が狭い範囲の寸法数値 98
　寸法記入の規定と寸法配置の注意点 22
　寸法の調整や編集 108
　寸法の編集 160
　寸法の優先画層の設定 310
　縦方向の寸法 103
寸法公差 134
寸法コマンド 78
寸法数値 21
寸法数値の位置調整 205
寸法スタイル 300
寸法線 21
[寸法線間隔] コマンド 293
　[自動 (A)] オプション 294
寸法線の間隔 98
寸法線を上下左右に配置できる場合 99
寸法補助記号 21, 107
寸法補助線 21
寸法補助線と矢印、寸法線の非表示 241

せ

接円の作図 167
接線の作図 169
絶対座標入力 52, 53
全画面表示 45

た

線種 89
線種と線の太さ 19
線種の優先順位 20, 99, 202
線種のロード 307
全断面図 114, 116
[線の太さ] 31, 52, 53, 79, 80
線の太さの表示を調整する 80
[線分] コマンド 77, 93, 118
　接線の作図 169
　　[閉じる (C)] オプション 225
　連続した直線を作図 164
　連続線のオフセット 146
　連続線のフィレット 146

そ

相対座標入力 52, 53, 84, 91
[属性定義] コマンド 314
側面図 24
側面図の省略 223

た

第一角法 24
第三角法 24, 25
タイトルバー 33, 35
[ダイナミック入力] 31, 50, 52, 53, 79, 84
[楕円] コマンド 184
　[中心 (C)] オプション 191
　[中心記入] オプション 191
多角形 (ポリゴン) の作図 245, 246
単位 22, 85, 297
端末記号 21
断面図 116
断面部の作図 195

ち

注釈尺度 97
中心線 88
[中心線] コマンド 77, 94, 148
中心線の線種 89
中心線の優先画層の設定 311
中心線の優先順位 99
中心マーク 18, 322
[中心マーク] コマンド 77, 88, 147, 177
中心マークの優先画層の設定 311
[長方形] コマンド 77, 84, 91, 117
　[面取り (C)] オプション 210
[直列寸法記入] コマンド 100
直径記号 133, 206, 303
[直径寸法] コマンド 104
直径寸法に文字を追加 105
直径寸法用のスタイル 303
直交座標 52, 53
[直交モード] 52, 53, 56

て

[ディバイダ] コマンド 286
[点] コマンド 286, 298
点スタイル 298
[点で部分削除] コマンド 281
テンプレート 39
テンプレートの作成 296
　画層の作成 308
　図面範囲の設定 298
　図枠と表題欄をブロック化 315
　図枠の作成 312

325

寸法スタイルの設定 300
寸法の優先画層の設定 310
線種のロード 307
単位の設定 297
中心線、中心マークの優先画層の設定
.... 311
点スタイルの設定 298
テンプレートとしての保存 321
ハッチングの優先画層の設定 310
必要な各種設定 296
表題欄の作成 313
ページ設定の作成 319
マルチ引出線スタイルの設定 304
文字スタイルの設定 299
用紙サイズの作成 312

と

投影図 24
投影図の省略 96
投影線 150
投影法の種類 24
透視投影 24
［ドーナツ］コマンド 285
留め金の作図 183
［トリム］コマンド 115, 123, 153, 171
　　［削除 (R)］オプション 172, 258
　　トリムでなく延長する 277
　　トリムのされ方の詳細 173
トリムモード 143, 226

な

［長さ寸法］コマンド 96, 103
［長さ寸法］コマンドの［回転 (R)］オプション
.... 201, 202
　　平行寸法との違い 203
長さ寸法に直径記号を表示 133
［長さ変更］コマンド 115, 125
　　［全体 (T)］オプション 126
　　［増減 (DE)］オプション 125, 126
　　［ダイナミック (DY)］オプション 126
　　［比率 (P)］オプション 126
ナビゲーションバー 33, 35

は

倍尺 19
［配列複写］コマンド 213
歯車の各部名称 222
歯車の作図 221
歯車の略図に使う線 222
歯先円 222, 223
パス 58
パッキンの作図 208
［ハッチング］コマンド 115, 136, 197
ハッチングの角度 198
ハッチングの優先画層の設定 310
歯底円 222, 223
板金 138
板金図 138
板金部品 138
［半径寸法］コマンド 159, 218
　　小さな半径寸法の記入 218

ひ

比較目盛 18, 323
引出線 21

引出線の文字の修正 270
ビッグフォント 300
ピッチ円 222, 223
ピッチ円直径 242
表題欄 18, 323
表題欄の作成 313

ふ

ファイル操作 38
ファイルタブ 33, 34
ファイルの種類 41
フィレット
　　オフセット後にフィレットをかける場合
.... 146
　　フィレットや面取りのある長方形の
　　　オフセット 212
　　ポリラインと線分による連続線の
　　　フィレット 146
［フィレット］コマンド 139, 142, 176
　　［トリム (T)］オプション 143, 176
　　トリムモード 143
　　［半径 (R)］オプション 143, 176, 215
　　［複数 (M)］オプション 176
　　［ポリライン (P)］オプション 215
［複写］コマンド 78, 89, 128, 192
フックの作図 138
［部分削除］コマンド 280
　　［1 点目 (F)］オプション 283
部分断面図 116, 183, 195
プレートの作図 76
ブロック 139, 317
［ブロック作成］コマンド 315
［ブロック挿入］コマンド 317
［プロパティ］パレット 30, 33, 34, 82, 106,
109, 129, 133, 135, 160, 179, 182, 241, 242
［分解］コマンド 139, 162

へ

［平行寸法］コマンド 200
　　長さ寸法の［回転 (R)］オプションとの
　　　違い 203
平行投影 24
平面図 24
［並列寸法記入］コマンド 101, 103, 203
ページ設定 319
［ページ設定管理］コマンド 319
変更履歴表 18

ほ

ポインタ 34
ポインタキュー 62
［ポリゴン］コマンド 245, 246
［ポリライン］コマンド 139, 140, 185
　　［円弧 (A)］オプション 141, 293
　　線に幅を指定できる 291
　　［線分 (L)］オプション 142
　　［幅 (W)］オプション 291
　　連続線のオフセット 146
　　連続線のフィレット 146
ポリラインの分解 161

ま

マーカー 62
窓選択 69, 72
［マルチテキスト］コマンド 164

［マルチ引出線］コマンド 209, 219, 289
マルチ引出線スタイル 219, 304

め

メニューバーの表示 297
［面取り］コマンド 222, 226, 252
　　［距離 (D)］オプション 227, 252
　　［トリム (T)］オプション 226
　　トリムモード 226
面取りした長方形の作図 210
面取り寸法 218
面取り部の修正 270
面取りやフィレットのある長方形の
　　オフセット 212

も

［文字記入］コマンド 164, 180
　　［位置合わせオプション (J)］ 180
文字スタイル 299
文字の編集 182
［文字編集］コマンド 217, 242
モデルタブ 33, 35

ゆ

優先オブジェクトスナップ 65
　　［2 点間中点］ 257
　　［基点設定］ 119, 121, 174
　　［近接点］ 196
　　［接線］ 170

よ

用紙サイズ 17
用紙サイズの作成 312
呼び 21

り

［リーダー］コマンド 287
リボン 33, 36
輪郭線 18

れ

レイアウトタブ 33, 35
レイヤー 81

ろ

六角ボルトの作図 244
六角ボルトの図面の修正 262

送付先FAX番号▶03-3403-0582　メールアドレス▶info@xknowledge.co.jp
インターネットからのお問合せ▶http://xknowledge-books.jp/support/toiawase

FAX質問シート

AutoCAD LTできちんと機械製図ができるようになる本

P.2の「必ずお読みください」と以下を必ずお読みになり、ご了承いただいた場合のみご質問をお送りください。

● 「本書の手順通り操作したが記載されているような結果にならない」といった本書記事に直接関係のある質問にのみご回答いたします。「このようなことがしたい」「このようなときはどうすればよいか」など特定のユーザー向けの操作方法や問題解決方法については受け付けておりません。

● 本質問シートでFAXまたはメールにてお送りいただいた質問のみ受け付けております。お電話による質問はお受けできません。

● 本質問シートはコピーしてお使いください。また、必要事項に記入漏れがある場合はご回答できない場合がございます。

● メールの場合は、書名と本シートの項目を必ずご記入のうえ、送信してください。

● ご質問の内容によってはご回答できない場合や日数を要する場合がございます。

● パソコンやOSそのもの、ご使用の機器や環境についての操作方法・トラブルなどの質問は受け付けておりません。

ふりがな

氏名　　　　　　　　　　　　　　年齢　　　　歳　　　性別　男　・　女

回答送付先（FAXまたはメールのいずれかに○印を付け、FAX番号またはメールアドレスをご記入ください）

FAX　・　メール

※送付先ははっきりとわかりやすくご記入ください。判読できない場合はご回答いたしかねます。※電話による回答はいたしておりません

ご質問の内容（本書記事のページおよび具体的なご質問の内容）
※例）2-1-3の手順4までは操作できるが、手順5の結果が別紙画面のようになって解決しない。

【本書　　　　ページ　～　　　　ページ】

ご使用のWindowsのバージョンとビット数　※該当するものに○印を付けてください

　10　　　8.1　　　8　　　7　　　その他（　　　　　　　　　　　　）　　　　32bit　／　64bit

ご使用のAutoCAD LTのバージョン　※例）2020

　（　　　　　　　　　）

＜著者紹介＞

吉田 裕美（よしだ ひろみ）

大手自動車会社に入社後、研究開発部門での設計を経て独立。
現在は設計事務所を営むかたわら、ビジネス系スクールでのCAD講座カリ
キュラム作成、映像教材の開発を手がけ、職業訓練センターや専門学校な
どでは製図講座や2次元、3次元CAD講座、資格対策講座の講師をしている。
Autodesk認定トレーナー。

AutoCAD LTできちんと
機械製図ができるようになる本
AutoCAD LT 2020/2019対応

2019年7月12日　初版第1刷発行

著　者―――――　吉田裕美

発行者―――――　澤井聖一
発行所―――――　株式会社エクスナレッジ
　　　　　　　　〒106-0032　東京都港区六本木7-2-26
　　　　　　　　http://www.xknowledge.co.jp/

問合せ先
編集　327ページのFAX質問シートを参照してください
販売　TEL 03-3403-1321／FAX 03-3403-1829／info@xknowledge.co.jp

無断転載の禁止
本誌掲載記事（本文、図表、イラスト等）を当社および著作権者の承諾なしに無断で転載（翻訳、複写、
データベースへの入力、インターネットでの掲載等）することを禁じます。

©2019 Hiromi Yoshida